“十四五”时期国家重点出版物出版专项规划项目

中国褶蚊科和网蚊科志

Ptychopteridae and Blephariceridae of China

● 杨 定 康泽辉 张 晓 著

中国农业科学技术出版社

图书在版编目(CIP)数据

中国褶蚊科和网蚊科志 / 杨定，康泽辉，张晓著. 北京：中国农业科学技术出版社，2024. 8. -- ISBN 978-7-5116-6984-1

Ⅰ. Q969. 44

中国国家版本馆 CIP 数据核字第 2024JC5921 号

责任编辑 姚　欢
责任校对 王　彦
责任印制 姜义伟　王思文

出 版 者 中国农业科学技术出版社
北京市中关村南大街 12 号　　邮编：100081
电　　话 (010) 82106631 (编辑室)　(010) 82106624 (发行部)
(010) 82109709 (读者服务部)
网　　址 https://castp. caas. cn
经 销 者 各地新华书店
印 刷 者 北京建宏印刷有限公司
开　　本 185 mm×260 mm　1/16
印　　张 12. 25　彩插　32 面
字　　数 300 千字
版　　次 2024 年 8 月第 1 版　2024 年 8 月第 1 次印刷
定　　价 100. 00 元

Ptychopteridae and Blephariceridae of China

Ding YANG Zehui KANG Xiao ZHANG

China Agricultural Science and Technology Press

本书编写人员（Authors）

杨　定　Ding YANG
（贵州大学　Guizhou University；
中国农业大学　China Agricultural University）
康泽辉　Zehui KANG
（青岛农业大学　Qingdao Agricultural University）
张　晓　Xiao ZHANG
（青岛农业大学　Qingdao Agricultural University）

内容简介

褶蚊科和网蚊科隶属于双翅目长角亚目，幼虫均为水生，对水质变化敏感；部分幼虫以有机质为食，可作为有机物分解者；部分成虫具有捕食性和访花习性，可作为环境指示昆虫、天敌昆虫和传粉昆虫加以利用，具有重要的生态和一定的经济价值。

本书分为总论和各论两大部分。总论部分包括研究概况、材料与方法、形态特征、生物学及应用价值、系统发育和地理分布等内容。各论部分系统记述我国褶蚊科 2 属 26 种和网蚊科 7 属 28 种，共计 9 属 54 种，其中包括 2 新种和 1 中国新记录种；编制分亚科、分属和分种检索表，并提供特征图，书末附参考文献、英文摘要、中名和学名索引、彩色图版 29 幅。本书可供从事昆虫学教学和研究，以及植物保护、森林保护及生物防治等领域工作者参考。

前　　言

褶蚊科 Ptychopteridae 和网蚊科 Blephariceridae 分别隶属于双翅目 Diptera 长角亚目 Nematocera 中的褶蚊次目 Ptychopteromorpha 和网蚊次目 Blephariceromorpha，是具有生态价值和应用意义的昆虫类群。两科在世界广泛分布，褶蚊科世界已知 3 属 100 余种，网蚊科世界已知 30 属 330 余种。幼虫均为水生，很多种类对水质变化敏感，可用作水质监测的指示生物；幼虫以有机质为食，可作为有机物分解者参与物质循环；部分成虫具有捕食和访花习性，可作为天敌昆虫和传粉昆虫加以利用。开展褶蚊科和网蚊科分类研究对我国这两类昆虫多样性保护和利用、害虫防治以及开展长角亚目系统发育研究具有重要意义。

我国褶蚊科和网蚊科早期的分类研究工作均由国外研究者完成。其中 Alexander（1924—1937）发表我国褶蚊科 3 种，Kitakami（1931—1950）、Mannheims（1938）、Alexander（1953）和 Zwick（1990）发表我国网蚊科 9 种。直到 20 世纪 80 年代起，杨集昆和陈红叶开展我国褶蚊科和网蚊科的分类研究，发表 3 新种，并对部分已知种类进行了补充记述和修订。近些年，我国褶蚊科和网蚊科的分类研究工作主要由杨定、康泽辉和张晓等人完成。

本书在之前的研究工作基础上，对我国褶蚊科和网蚊科昆虫的分类研究进行了系统性总结和进一步研究，分为总论和各论两大部分。总论部分包括研究概况、材料与方法、形态特征、生物学及应用价值、系统发育和地理分布等内容。各论部分系统记述我国褶蚊科 2 属 26 种、网蚊科 7 属 28 种，共计 9 属 54 种，其中包括 2 新种和 1 中国新记录种；编制分亚科、分属和分种检索表，并提供特征图，书末附参考文献、英文摘要、中名索引和学名索引等。

本书编写所用标本主要来源于中国农业大学昆虫标本馆多年采集收藏的标本，部分标本来源于青岛农业大学昆虫标本馆以及国内院校和科研单位馈赠或交换。少数未能获得检视标本的种类，根据前人的描述和绘图进行整理。研究过程中，俄罗斯科学院动物研究所的 Emilia Narchuk 教授、Nikolay M. Paramonov

博士，日本九州大学的 Toyohei Saigusa 教授，美国德雷塞尔大学的 Jon Gelhaus 教授，美国爱荷华州立大学 Andrew Fasbender 博士等交换宝贵的标本和文献资料。

在野外考察过程中，浙江农林大学吴鸿教授、王义平教授和黄俊浩教授，以及云南农业大学李强教授、沈阳师范大学张春田教授、河北大学任国栋教授、国家林业局森林病虫害防治总站盛茂领教授、东北林业大学韩辉林教授、中国农业科学院植物保护研究所张泽华研究员、乐山师范学院曹成全教授、中国农业科学院草原研究所王宁研究员、内蒙古师范大学白晓拴教授等提供大力支持和帮助。

在本书的编写过程中，得到李彦、刘启飞、张婷婷、王玉玉、王俊潮、任金龙、姚刚、薛兆祥、马烁、高港、邵嘉琦、张艳丽、崔文晓、李译群、徐圆圆、吕韩慧颖等人的支持和协助。本书初稿得到了国家自然博物馆李竹研究员的精心审阅。李彦、姜春燕、杨棋程、王勇、李世春等拍摄并提供生态照片。

作者对上述国内外同行的支持和帮助在此一并表示衷心感谢。

本研究得到贵州大学自然科学类专项（特岗）科研基金项目（2023-06）、黔科合平台人才（BQW〔2024〕012）、国家自然科学基金“中国褶蚊科昆虫物种多样性及地理分布格局研究”（41901061）和山东省自然科学基金“中国网蚊科系统分类研究”（ZR2019BC034）的资助。

本书所涉及内容较广，由于作者水平有限，书中难免存在缺点和不足，请读者给予批评指正。

杨　定

2024 年 7 月

目 录

总 论

各 论

 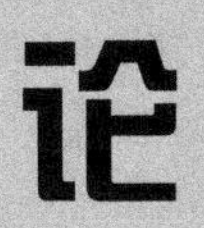

一、研究概况

（一）世界研究概况

1. 褶蚊科

褶蚊科昆虫最早被认为属于大蚊科 Tipulidae，Linneaus（1758）和 Fabricius（1781）发表的一些种类均被归为大蚊属 *Tipula*。Meigen 在 1803 年对早期发表的褶蚊种类作了修订，建立了褶蚊属 *Ptychoptera* 并为褶蚊属指定了模式物种。Westwood 在 1835 年也将部分原归属于大蚊属的种类作了修订并建立了真幻褶蚊属 *Bittacomorpha*。Alexander 在 1916 年依据真幻褶蚊属中后足跗节未膨大的种类建立了幻褶蚊亚属 *Bittacomorphella*，他未明确将其提升为属，但他在 *The Crane-Flies of New York* 一书中将幻褶蚊亚属视为一个属，之后的研究者都遵循了这个用法。至此，褶蚊科三属的分类体系建立并沿用至今。

褶蚊科的系统分类研究经历了 220 多年的发展，在此期间大量新种被发现和描记，基于各大动物地理区系总结性研究工作日趋完善，系统发育和生物学研究也进一步深入。

整体来看，美洲的 Alexander（1916—1981）、Fasbender（2014—2017）和 Courtney（2017）以及欧洲的 Rozkošný（1992—1997）和 Zwick（1993—2004）几位学者均较为系统地研究了世界范围内的褶蚊，对世界褶蚊科分类与系统发育研究作出了巨大贡献。Alexander 发表了世界各大洲褶蚊近 30 种，系统整理了美洲和东洋区褶蚊名录（Alexander，1965；Alexander & Alexander，1973），并在 1981 年撰写了新北区双翅目手册的褶蚊科部分；Fasbender 和 Courtney 对世界已知褶蚊科昆虫的分类与系统发育作了大量整理研究工作，发表很多新种，并利用形态和分子数据探讨褶蚊科的系统发育关系，研究期间建立了大量亚属，为世界褶蚊的分类和系统发育研究作出了突出贡献。Fasbender 还于 2017 年撰写了非洲区双翅目手册的褶蚊科部分。Rozkošný 对古北区的褶蚊分类作了突出贡献，他对欧洲和亚洲的 10 种进行重新描记，发表了一些新种，并于 1992 年系统地整理了褶蚊科古北区名录，还在 1997 年撰写古北区双翅目手册的褶蚊科部分。Zwick（2004）除描记了大量欧洲种类外，对马来西亚地区的褶蚊种类也作了系统记述，还同 Wolf 一起在 1997—2001 年对褶蚊的生物学进行了研究。

就各个区系来看，美洲区系除 Alexander、Fasbender 和 Courtney 做过大量研究外，还有 Osten Sacken（1874）、Johnson（1905）、Harris & Carlson（1978）、Bowles（1998）和 Hancock（2006）等人展开了研究。Osten Sacken 和 Johnson 在 19 世纪末和

20世纪初发表2新种，为美洲区系的褶蚊研究打下基础。Harris 和 Carlson 在 1978 年对广布于美洲的2种褶蚊在北达科他州东南部的山丘溪流中的分布情况作了探讨。Bowles（1998）对幻褶蚊亚科昆虫的生物学进行了深入研究。Hancock 等人在 2006 年首次发现了墨西哥1新种，为新热带区褶蚊的首次记录，丰富了褶蚊科区系研究。

欧洲区系早期主要由 Meigen（1800，1818）和 Westwood（1842）等人研究，他们发表了当地大量新种，对褶蚊科分类研究奠定重要基础。后期欧洲的褶蚊分类研究除了 Zwick 和 Rozkošný，还有 Freeman（1950）、Stubbs（1993）、Krzemiński（1993，2012）、Lukashevich（2008，2012）、Ujvárosi（2011）、Török（2015）和 Wiberg-Larsen（2021）等研究。其中 Freeman 于 1950 年发表了欧洲地区部分新种，Stubbs 于 1993 年发表了英国和爱尔兰的褶蚊图集。Krzemiński 系统地描记了波兰的褶蚊，还发表了褶蚊科几种化石新种，为欧洲的褶蚊研究作出了巨大的贡献。Lukashevich 于 2012 年根据褶蚊科现生和化石成虫形态特征研究了褶蚊属种间的系统发育关系，完善了其系统分类研究。近期的 Ujvárosi 和 Török 等人均结合分子和形态的鉴定的手段，对欧洲褶蚊科昆虫进行物种界定和分类研究。Wiberg-Larsen 等人在 2021 年对欧洲褶蚊科幼虫的分类、地理分布和生物学进行了较为系统的研究，促进了该地区褶蚊科的分类与生物学研究。

亚洲区系除 Alexander 发表了大量新种外，Krzemiński 和 Zwick（1993）、Rozkošný（1992）也对亚洲已知种进行重新描述，并发表一些新种。Paramonov 于 2013 年对菲律宾的褶蚊新种作了记述。这些研究主要集中在日本、韩国、菲律宾和马来西亚等地。其中日本的褶蚊研究基础较强，早期由 Alexander（1916—1924）、Tokunaga（1938，1939）和 Peus（1958）研究，发表日本褶蚊8新种。Nakamura 和 Saigusa 在 2009 年系统整理了日本的褶蚊种类并发表3新种，将日本褶蚊种数增至11种，促进了该科在日本的分类研究。Nakamura 在 2018 年还对日本的褶蚊幼虫阶段进行了总结。

非洲区系除 Alexander 发表部分褶蚊新种以及 Fasbender 编写非洲区双翅目手册的褶蚊科部分外，Hutson（1980）和 Boardman（2020）也对该科进行了一些研究。

2. 网蚊科

自 1843 年 Macquart 建立网蚊科第一个属网蚊属 *Blephariceru* 后，世界网蚊科的系统分类研究至今经历了 180 多年的发展，在此期间大量新属种被建立，分类系统也逐步建立。19 世纪中期到 19 世纪末是网蚊科分类研究的起步阶段，该阶段网蚊科的各个属陆续被建立，其中主要的研究学者有 Loew（1844—1878）、Bigot（1862）、Schiner（1866）、Osten Sacken（1874）、von Röder（1890）等。Loew 建立了网蚊科3新属，即 *Liponeura*、*Hammatorrhina* 和 *Hapalothrix*，并发表了一些新种，他还在 1878 年对网蚊科已知种类进行了修订。此外，Bigot 建立了蜂网蚊属 *Apistomyia*，Schiner 建立了 *Paltostoma*，Osten Sacken 建立了毛网蚊属 *Bibiocephala*，von Röder 建立了丽网蚊属 *Agathon*，他们还相继发表很多新种，为网蚊科的分类研究奠定了坚实基础。

20 世纪是网蚊科分类发展的繁荣阶段，该阶段大量属种被建立和描述，分类体系日趋完善，并开始对网蚊科的分类系统和高级阶元系统发育进行探索。该阶段建立网

蚊科20个属，涉及的研究学者主要有Kellogg、Williston、Lamb、Edwards、Lutz、Alexander、Brodsky、Tonnoir、Kitakami、Enderlein、Dumbleton、Craig、Stuckenberg和Zwick等。起初，在1900—1920年，网蚊科的分类还处于稳步发展阶段，部分属种被建立和描述，包括最早Kellogg于1903年建立的望网蚊属 *Philorus*，Williston于1907年建立的 *Kelloggina*，Lamb于1913年建立的 *Neocurupira* 和 *Peritheates* 以及Edwards于1915年建立的 *Elporia*。他们还对这些属中部分种类进行描述，为网蚊科的分类打下坚实基础。之后的近60年间，网蚊科各属种的描述剧增，这一时期建立了13属，包括：*Limonicola* Lutz，1928、*Edwardsina* Alexander，1922、霍氏网蚊属 *Horaia* Tonnoir，1930、*Tianschanella* Brodsky，1930、迪网蚊属 *Dioptopsis* Enderlein，1937、新网蚊属 *Neohapalothrix* Kitakami，1938、*Paulianina* Alexander，1952、*Austrocurupira* Dumbleton，1963、*Nothohoraia* Craig，1969、*Curupirina* Stuckenberg，1970、*Nesocurupira* Stuckenberg，1970、*Asioreas* Brodsky，1972和 *Parapistomyia* Zwick，1977。该时期上述学者建立和描述了网蚊科大量新属种，为网蚊科的分类作出了突出贡献。1990—2000年，少量属种被建立和描述，建立的属分别是 *Theischingeria* Zwick，1998和 *Aposonalco* Hogue，1992，网蚊科的分类趋于完善。

整体来看，该阶段Hogue（1973—1992）、Zwick（1968—1998）和Courtney（1998—2000）对世界网蚊科分类研究作出了重要贡献，他们整理了东洋区、古北区和大洋洲地区的网蚊科名录，并参与编写了各大动物地理区系的双翅手册网蚊部分。Hogue于1973年整理了东洋区名录，还于1981年撰写了新北区双翅目手册网蚊科部分。Zwick在1992年系统整理了古北区名录，还对欧洲、亚洲和澳洲的种类作了较为系统的整理研究。Courtney于1998年提出了饲养网蚊科幼期的方法，还于2000年撰写了古北区双翅目手册网蚊部分，还对美洲的网蚊分类作了大量研究工作。他们的这些研究极大地推动了世界网蚊科的系统分类研究。

就各个区系来看，古北区网蚊科分类研究除了Zwick外，还有Alexander和Kitakami等研究，其中Alexander在1922—1958年整理发表了日本、韩国和中国等几个国家的网蚊新种。Kitakami主要在1931—1950年系统研究了日本的网蚊科昆虫的种类。新北区除Courtney做过大量研究外，还有Kellogg、Alexander和Jacobson等。Kellogg于1903年系统整理和发表了北美洲的网蚊科种类，还对北美洲的望网蚊属开展了较为深入的形态学研究。Alexander于1953年整理了美国网蚊科分类系统并发表部分新属种。东洋区除Hogue和Zwick外，还有Brunetti等研究。印度的网蚊科种类由Brunetti（1912）系统整理。澳洲主要由Zwick（1981—1998）研究，发表了大量新属种，并对该地区网蚊的系统发育关系作了探讨。非洲该时期的研究还近乎空白。

综上，这个阶段网蚊科分类日趋成熟，分类系统基本建立，但很多属种的系统地位仍存在争议，如Kitakami在1950年建立的新属 *Amika*，Alexander（1958）认为此属为毛网蚊属的异名，而Zwick于1990年将此属种类作了修订，全部归为毛网蚊属，并建议弃用此属。Brodsky（1954）发表新属 *Asiobia*，而Zwick（1990）认为该属为新网蚊属的异名，并发表新组合 *Neohapalothrix acanthonympha*；新网蚊属过去被Kitakami（1950）、Brodsky（1954）和Alexander（1958）认为属于Paltostomatinae亚科，但Zwick

于1977年则根据幼虫腹部附器的数量认为此属应属于网蚊亚科 Blephariceriinae。

21世纪以来是网蚊科分类研究的补充完善阶段，该阶段建立的属有2个，即 Zwick 和 Mary-Sasal 于2010年建立的 *Stuckenberginiella* 和 Courtney 在2015年建立的 *Aphromyia*。网蚊科的大部分种类都进行了较为深入的形态整合分类研究，系统发育研究也日趋深入。美洲的 Courtney 于2009年和2017年系统整理了中美地区和非洲区的网蚊科属种，撰写了中美地区双翅目手册和非洲区双翅目手册网蚊科部分，他还继续对北美地区的网蚊属种类进行系统整合分类研究，并探讨其系统发育关系。美洲的 Jacobson 等（2006—2011）从野外直接将网蚊次目幼虫带回实验室进行人工饲养，从幼虫一直养至成虫，将各个种的幼虫、蛹及雌雄成虫阶段进行匹配，并整合幼虫、蛹及雌雄成虫的形态特征，发表了大量的属种，还对部分种类的细微结构进行了扫描电镜拍照，还对基于形态学数据对网蚊属种类的系统发育关系作了较为深入的探讨，对北美网蚊次目的形态整合分类作出了突出贡献。另外，美洲的 Gibson 等（2007）还讨论了有关霍氏网蚊属和蜂网蚊族 Apistomyiini 的系统发育关系，认为霍氏网蚊属与蜂网蚊属+*Parapistomyia* 这一分支的亲缘关系较近，而与之前认为的 *Theischingeria*+*Austrocurupira* 关系则较远。欧洲的 Zwick 和 Arefina 于2005年发表了俄罗斯远东地区大量新属种，大多数种类基于幼虫、蛹和雌雄成虫各虫态进行描述，对欧洲网蚊次目整合分类奠定了重要基础。澳洲主要由 Zwick 研究，他于2006年发表了部分种类，对澳洲区的网蚊科系统发育关系作了较为详细的讨论。非洲主要由 Courtney 等人于2015年记录了一些属种，还有很多种类有待发现。

（二）中国研究概况

1. 褶蚊科

我国褶蚊科昆虫的分类和物种多样性研究起步较晚，且早期的研究工作均由美国学者 Alexander 完成。Alexander 于1924—1937年陆续发表我国褶蚊科3新种。在 Alexander 之后近60年间，我国褶蚊科的物种多样性研究为空白。直到1995—1998年，杨集昆和陈红叶开展了我国褶蚊科的分类研究，发表褶蚊3新种。Young & Fang 于2011年发表我国台湾的幻褶蚊属1新种。近些年，我国褶蚊科的分类研究工作主要由杨定、康泽辉和张晓等人开展（Kang *et al.*，2012，2013，2019，2022；Kang & Zhang，2021；Shao & Kang，2021），将我国褶蚊种数由7种提升至25种。

2. 网蚊科

我国网蚊科昆虫的记载少而零散，早期主要由外国学者 Kitakami（1931，1937，1938，1941，1950）、Mannheims（1938）、Alexander（1953）和 Zwick（1990）等研究，他们共计发表我国网蚊科9种。我国昆虫学家杨集昆先生从1985年开始开展我国网蚊科的分类研究工作，根据福建省的标本对我国网蚊属的两型网蚊 *Blepharicera dimorphops*（Alexander，1953）进行了补充记述，并将分布于黑龙江的东北新网蚊 *Neohapalothrix*

manschukuensis（Mannheims，1938）进行了修订并指定了地模。近些年，我国网蚊科的分类研究工作主要由杨定、康泽辉和张晓开展（Kang & Yang，2012，2014，2015；Zhang & Kang，2022；Kang *et al.*，2022；Zhang *et al.*，2022），他们对我国望网蚊属、网蚊属和霍氏网蚊属进行了系统的分类研究，发表了我国 2 新记录属及 17 新种和新记录种，将我国网蚊科昆虫物种数量从 9 种增加至 26 种。

二、材料与方法

（一）研究材料

本书所用标本材料主要来自中国农业大学昆虫标本馆和青岛农业大学昆虫标本馆馆藏干制或液浸标本，包括杨集昆先生和李法圣先生采集的标本以及中国农业大学和青岛农业大学实验室成员近年来在全国各地采集的标本。此外，作者本人或在他人协助下检视了国外相关单位馆藏的部分模式标本，如美国国家自然历史博物馆（United States National Museum of Natural History）馆藏标本。

（二）研究方法

1. 标本采集

褶蚊科幼虫水生，常生活在湖泊、池塘、沼泽、泉水和小溪等静水浅表层，成虫喜欢在水边植被或凉爽黑暗的绿荫的环境中生活，夜晚有趋光习性。网蚊科幼虫也为水生，但常吸附于水流湍急的瀑布或清澈山间小溪流中光滑岩石表面，成虫常停留在水边植被上，夜晚也有趋光习性。因此，这两类昆虫白天主要依靠在水边植被上网扫采集，结合悬挂马氏网进行诱捕，晚上进行灯诱采集。采集到的标本部分干制于三角纸包中，部分浸泡于75%的乙醇或无水乙醇溶液中。

2. 标本观察和鉴定

褶蚊科和网蚊科昆虫为中等大小，通过肉眼观察外部特征差异可直接区分雌雄并初步鉴定种类。细致鉴别特征则采用 ZEISS Stemi 2000-C 体式显微镜进行观察，结合已有的文献或照片与观察结果进行比较，确定种类。部分疑难和雌雄异型种类通过 DNA 条形码开展分子鉴定，进行种类验证和确定。

3. 标本拍照

使用 Canon EOS 90D 单反相机结合 EF 100 mm f/2.8L IS USM 微距镜头对标本的整体和局部，包括头、胸和翅等进行外部形态特征进行拍照，利用 Helicon Focus 和 Adobe Photoshop CS 软件进行图像的后期处理，最终图像以 TIFF 格式保存。

4. 标本描记

对标本的采集信息及标本保存情况进行详细记录后，对标本的体长、翅长和各关键特征比例进行测量，并在显微镜下对标本的外部形态特征进行详细描述。体长和翅长由于雌雄虫和个体间有差异，则雌虫和雄虫分开测量，并分别取最小值和最大值进行记录。

5. 标本解剖

主要对雄性外生殖器进行解剖。乙醇浸泡标本直接用小剪刀取下腹部末端。干制标本则需在回软缸中回软 1~3 h。将解剖后的腹部末端置于饱和的 NaOH 溶液中 6~10 h，待腹部末端大部分肌肉和脂肪溶解后，用蒸馏水进行漂洗，并将其置于盛有适量乙醇或甘油的培养皿内，以便在显微镜下观察和进一步解剖。雄性外生殖器解剖前先绘制背视图、侧视图和腹视图。褶蚊科将第九背板、生殖基节和生殖刺突以及下生殖板分别剥离，并取出阳茎复合体；网蚊科将第九背板和下生殖板分离，并取出阳茎复合体。

6. 特征图绘制

在体式显微镜下，利用九宫格对雄性外生殖器的各个结构进行草图的绘制，并用硫酸纸覆墨。将绘制好的手绘图扫描后以 TIFF 格式保存。

7. 标本保存

液浸标本置于 75% 的乙醇或无水乙醇溶液中保存，解剖的外生殖器放于小塑料管中，与其他部位一同置于塑料管中；干制标本针插于标本盒中，将装有解剖的外生殖器的小管插在干标本的下方。将所有标本加上鉴定标签，新种还需加上模式标签。

三、形态特征

（一）成虫

1. 褶蚊科

体中等细长型，黄色或亮黑色。头部复眼分离，无单眼，触角细长，喙短。翅常具棕色斑带或斑块；翅面有两条明显的纵褶，一条位于径脉（radius，R）与中脉（media，M）之间，另一条在肘脉（cubitus，Cu）与臀脉（anal vein，A）之间。平衡棒基部具前平衡棒。足细长，幻褶蚊亚科种类的足常具有黑白条纹。腹部细长，常具黑黄条纹（图 1、图 2）。

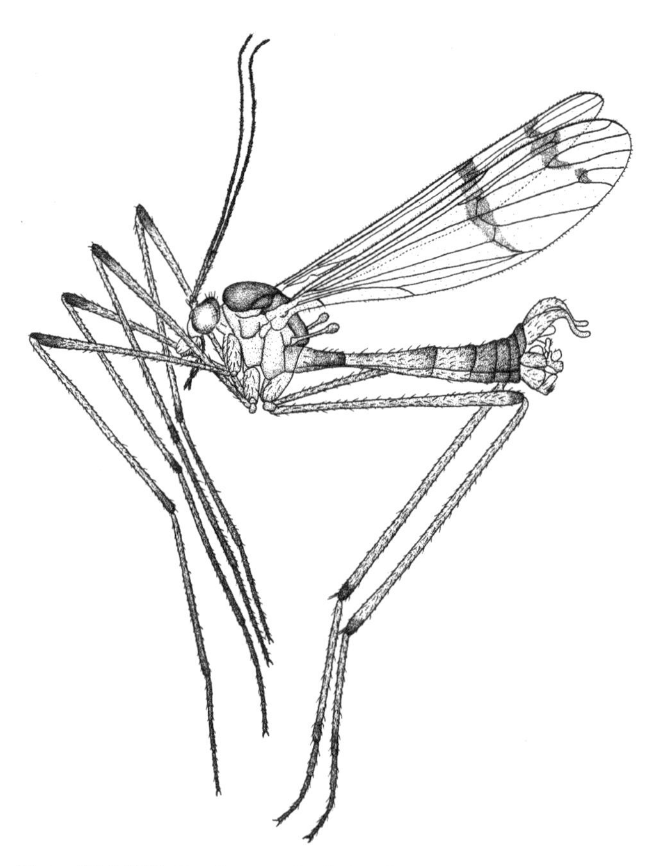

图 1　泸水褶蚊 *Ptychoptera lushuiensis* Kang，Yao & Yang

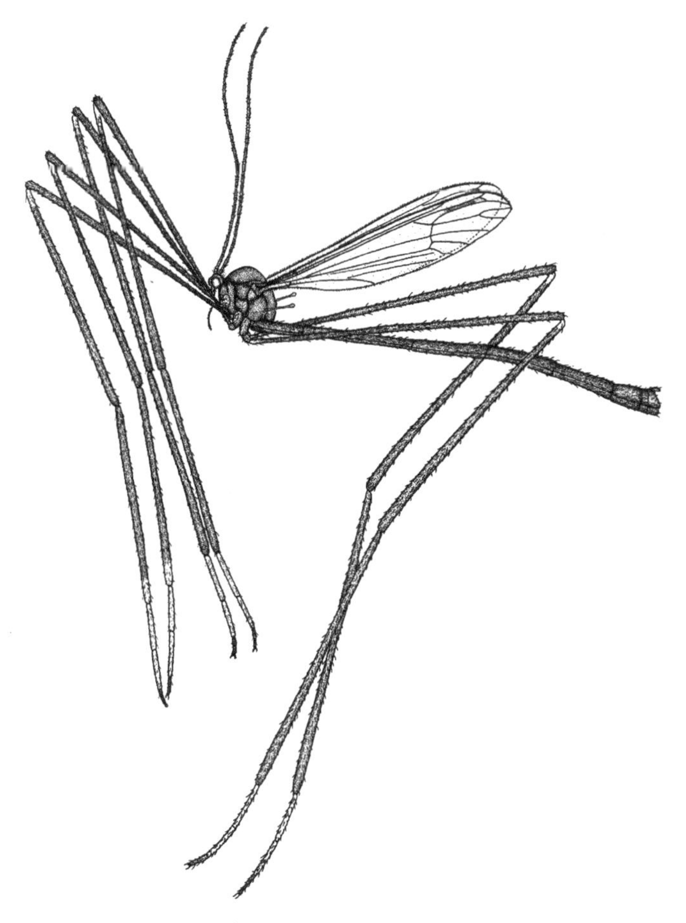

图 2　林氏幻褶蚊 *Bittacomorphella lini* Young & Fang

头部（head）（图 3）　头部横宽，呈黄色、棕色或黑色，与胸连接紧密；通常不被粉；具稀疏短毛，复眼后缘常具明显毛列。复眼（eye）大而圆凸，位于头部两侧，通常明显分开，小眼间光裸无毛；雌雄复眼无明显差异。单眼（ocellus）缺无。头顶（vertex）位于头的最上方、两复眼之间，单眼瘤的周围以及额之后的区域，较宽阔，复眼后缘常具毛列。额（frons）位于触角基部上方，具 3 个单眼瘤，颜色较深，与头顶和唇基相接。颜（face）很小，位于唇基上方。颊（gena）很窄，位于复眼的下方区域；褶蚊属颊色浅，中间常具 1 个椭圆形的黑色斑点。后头（occiput）位于头的后方与胸部连接。唇基（clypeus）长椭圆形或圆锥形，色浅。口器（mouthparts）简单。上唇（labrum）三角形。唇瓣（labellae）半椭圆形，大而明显。下颚须（palpus）细长，具 5 节，末节增长。触角（antenna）细长呈丝状，位于复眼之间。柄节（scape）增长；梗节（pedicel）半球形；鞭节（flagellum）细长，每节呈圆柱形，褶蚊亚科种类鞭节为 13 节或 14 节，幻褶蚊亚科种类鞭节 18~21 节，有时鞭节最后一节很小几乎不可见；褶蚊亚科种类触角上具均匀短毛，而幻褶蚊亚科种类触角毛不明显。

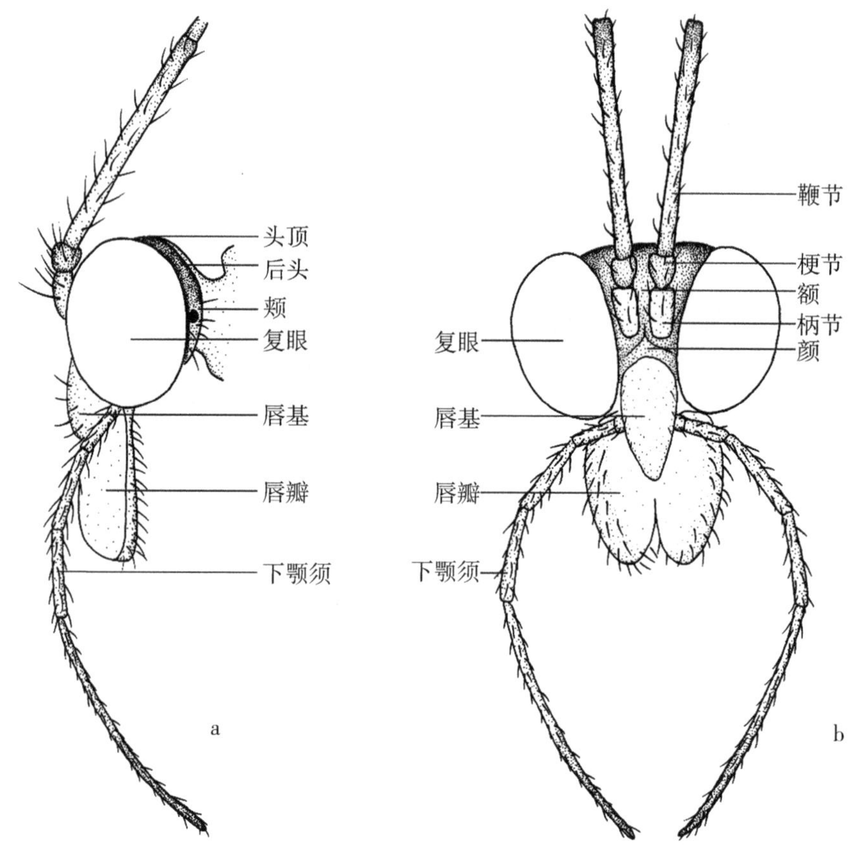

图3　头部（head）（泸水褶蚊 *Ptychoptera lushuiensis* Kang，Yao & Yang）

a. 侧视（lateral view）；b. 前视（anterior view）

胸部（thorax）（图4）　胸部向上凸起，长大于宽。胸部由前胸（prothorax）、中胸（mesothorax）、后胸（metathorax）组成。前胸较小，分为背板和侧板。中胸较大，中胸背板（mesonotum）分为4个区域：前盾片（prescutum）颜色通常较为均匀，褶蚊亚科部分种类前缘两侧色浅，且具明显的前盾沟，在幻褶蚊亚科中则无此情况；盾片（scutum）颜色通常较为均匀，褶蚊亚科部分种类盾片后缘色浅；小盾片（scutellum）中部区域常具1个椭圆形黄色斑，两侧各具一簇黑色浓密短毛；后背片（postnotum）分为中背片（mediotergite）和侧背片（laterotergite），中背片黄色、棕色或黑色，褶蚊亚科部分种类中背片中部具浅色斑，侧背片颜色通常较为均匀，部分种类中部具一簇黑色浓密短毛。中胸侧板（mesopleuron）颜色通常较为均匀，少数种类部分区域有颜色变化，但不形成明显条带。中胸侧板由前侧片（episternum）和后侧片（epimeron）组成：前侧片又分为上前侧片（anepisternum）和下前侧片（katepisternum）；后侧片分为上后侧片（anepimeron）和下后侧片（katepimeron）。上前侧片和下前侧片间的沟发育不完整；上后侧片、下后侧片和后足基节合并。后胸背板（metanotum）很小，几乎不可见；后胸侧板（metapleuron）的侧板沟在褶蚊亚科中不存在，在幻褶蚊亚科中存在。

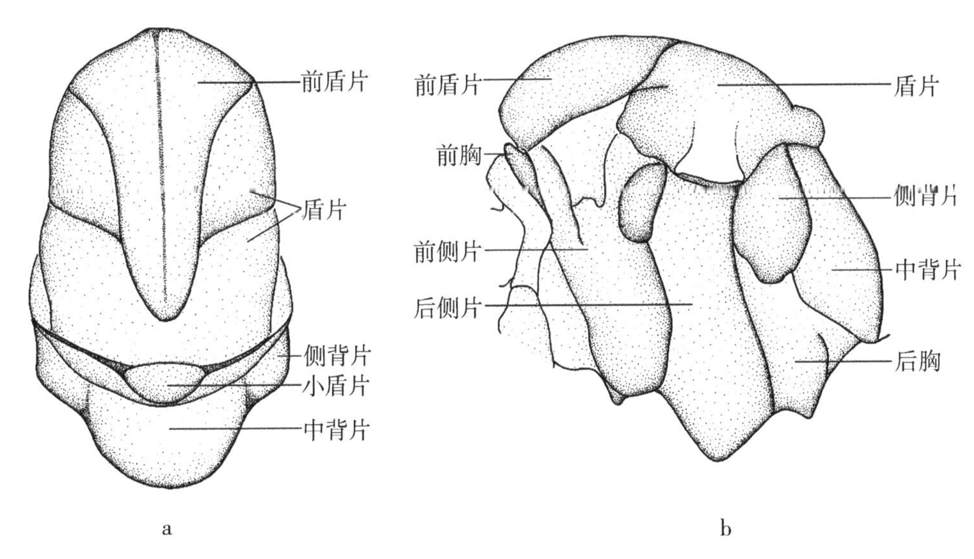

图 4　胸部（thorax）（小黄山褶蚊 *Ptychoptera xiaohuangshana* Kang, Gao & Zhang）

a. 背视（dorsal view）；b. 侧视（lateral view）

翅（wing）（图 5）　翅细长，具有 9 条或 10 条纵脉，脉翅间具两条明显的纵褶，位于径脉与中脉以及肘脉与臀脉之间。翅面上常具棕色斑或棕色带，尤其在褶蚊亚科昆虫中，是分种的依据。前缘脉（costa，C）位于翅前缘，较粗，脉上具微毛。亚前缘脉（subcosta，Sc）位于翅前缘，较简单，不分叉，末端终止于 C 脉。径脉基部分两支，即径脉 R_{1+2} 和径分脉 Rs。R_1 和 R_2 愈合成一支 R_{1+2}；Rs 柄长短在不同种中有较大变化，是分种的依据。Rs 又分 R_3 和 R_{4+5} 两支；R_{4+5} 柄较长，一般在近 1/2 处分开，R_4 和 R_5 略向下弯曲。径中横脉（r-m）连接径脉和中脉，其长和与 Rs 连接点的位置在种中有变化，可作为分种的依据。中脉在褶蚊亚科中分 M_1 和 M_2 两支，而在幻褶蚊亚科中仅分 M_1 一支。前肘脉（CuA）明显，分为 CuA_1 和 CuA_2 两支；CuA_2 在末端强烈弯曲。臀脉仅有 A_1 一支，伸达翅缘，末端向下弯曲。平衡棒（halter）在基部具一小棒状附属物，称前平衡棒（prehalter）。

足（leg）　细长，在幻褶蚊亚科中足尤其易掉落。基节（coxa）发达。转节（trochanter）通常较短。腿节（femur）细长，末端稍膨大，褶蚊亚科中腿节末端常具深色环。胫节（tibia）细长，胫节刺明显存在，前足具 1 个刺，中足和后足都具 1 对刺；幻褶蚊亚科胫节基部常具白色环，褶蚊亚科端部常具深色环。跗节（tarsus）具 5 节，第一跗节约为其他跗节之和的 2 倍；幻褶蚊亚科中的真幻褶蚊属跗节第一节极膨大；幻褶蚊亚科跗节常具黑白相间的条带，不同种之间有差异，是分种的重要特征。末端具两个跗节爪和爪垫。

腹部（abdomen）（图 6）　腹部细长，幻褶蚊亚科昆虫腹部尤为细长。腹部第二节增长；褶蚊亚科部分种类第三腹板常具辅助交配器官，且腹部各节后缘套叠。雌雄虫腹部均为九节，雄虫第八节退化；褶蚊亚科中雌虫第八节和第九节被第七节盖住而不可见，而幻褶蚊亚科中雌虫第八节和第九节可见。

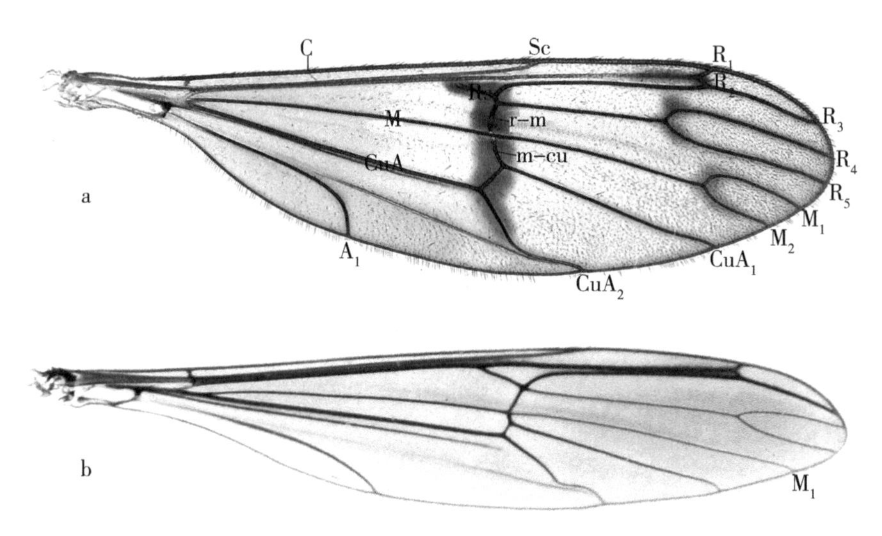

图 5　翅（wing）

a. 云南褶蚊 *Ptychoptera yunnanica* Zhang & Kang；b. 林氏幻褶蚊 *Bittacomorphella lini* Young & Fang

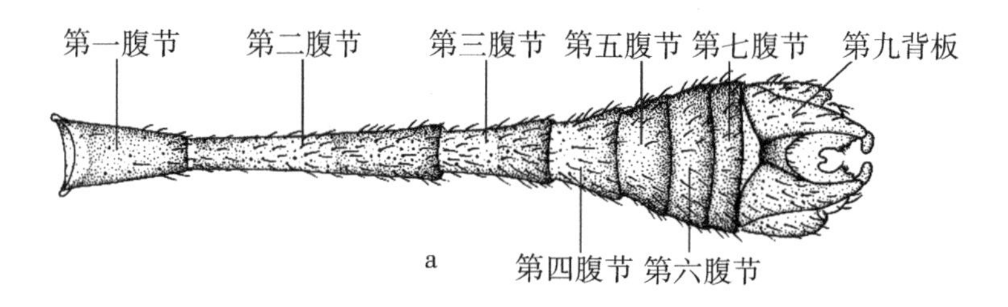

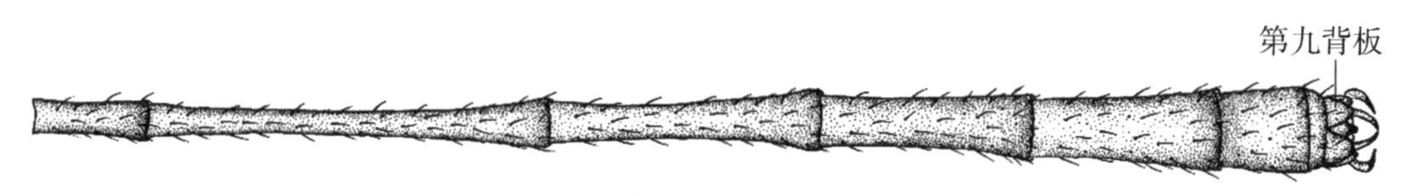

图 6　腹部（abdomen）

a. 泸水褶蚊 *Ptychoptera lushuiensis* Kang，Yao & Yang，背视（dorsal view）；
b. 林氏幻褶蚊 *Bittacomorphella lini* Young & Fang，背视（dorsal view）

雄性尾器（male terminalia）（图 7）　褶蚊亚科种类第九背板（epandrium）常两裂瓣，第九背板叶（epandrial lobe）宽，呈三角形、圆锥形或半椭圆形；后缘常具第九背板抱握器（epandrial clasper），部分种类与第九背板叶合并，细长且向下弯曲；部分种类在抱握器上有分叉或长有附属物，部分种类的抱握器较短且呈乳突状，种之间差异较大，是分种的重要特征；幻褶蚊亚科第九背板两裂瓣，呈椭圆形或半椭圆形；第九背板具圆锥形的背叶（dorsal lobe of epandrium）和细长弯钩状的侧叶（lateral lobe of epandrium），种之间差异较大，是分种的重要特征。肛上板（epiproct）大部分呈三角形或“V”形，也有些呈宽“U”形或心形，后缘具毛。生殖基节（gonocoxite）一般呈半椭圆形，外侧膨大，形状变化不大。生殖刺突（gonostylus）在褶蚊亚科中，形状变化多样，常具各种叶片和突起，一些结构还具明显刚毛，种之间差异很大，是分种的重要特

征；在幻褶蚊亚科中，生殖刺突则较简单，指状稍向里弯曲。下生殖板（hypandrium）分为明显的基部和端部区域，在褶蚊亚科中，种之间形状差异很大，而在幻褶蚊亚科中，形状差别不明显，端部呈圆锥形。阳基侧突（paramere）与生殖基节桥分离，形状变化多样，或与生殖基节桥合并。

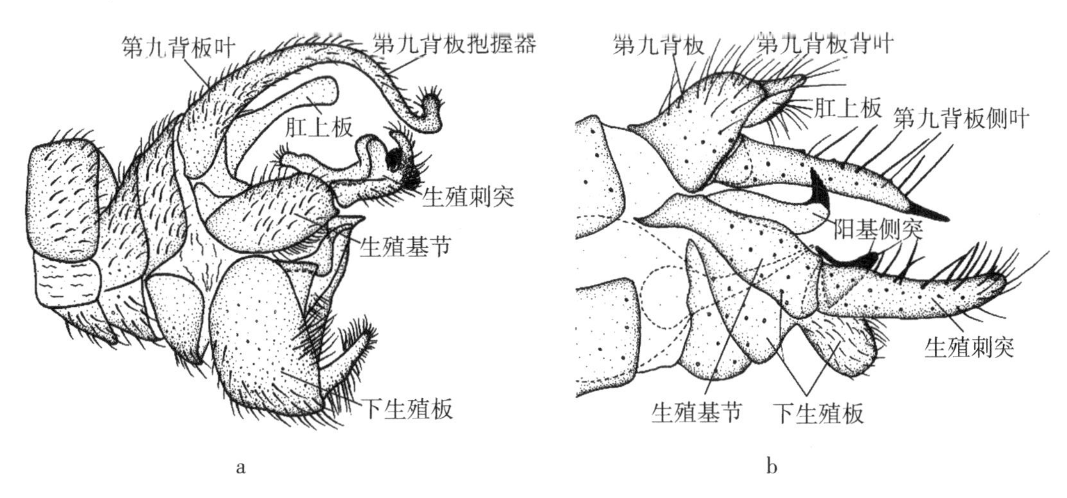

图 7　雄性尾器（male terminalia）

a. 天目山褶蚊 *Ptychoptera tianmushana* Shao & Kang，侧视（lateral view）；

b. 贡山幻褶蚊 *Bittacomorphella gongshana* Kang，Wang & Yang，侧视（lateral view）

雌性尾器（female terminalia）（图 8）　第八至第十背板合并，末端由第八腹板、阴道表皮突起和尾须（cercus）组成。尾须在褶蚊亚科中强烈骨化，形成产卵器，细长，呈刀叶状；在幻褶蚊亚科中则较短且骨化不强烈。受精囊（spermatheca）3 个。

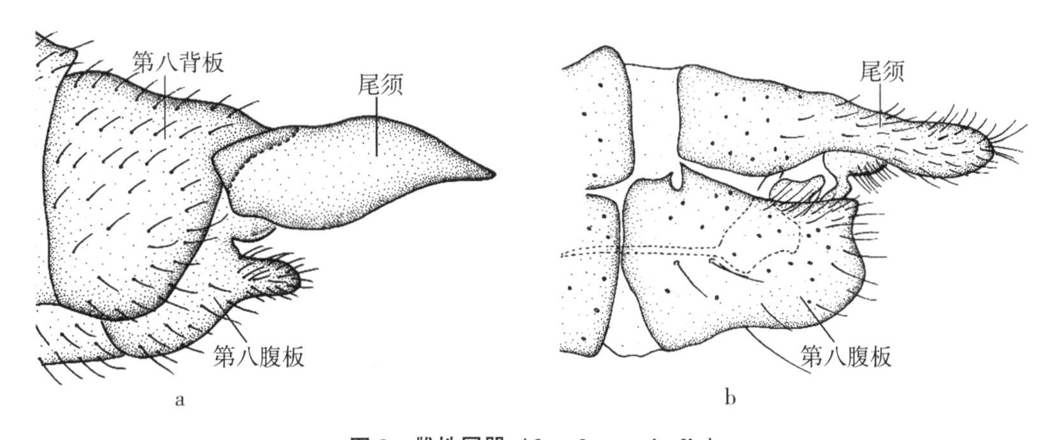

图 8　雌性尾器（female terminalia）

a. 黄胫褶蚊 *Ptychoptera tibialis* Brunetti，侧视（lateral view）；

b. 贡山幻褶蚊 *Bittacomorphella gongshana* Kang，Wang & Yang，侧视（lateral view）

2. 网蚊科

体小至中等型，细长，棕色、灰色或黑色，无明显斑纹，部分种类被银色或乳白色的粉。成虫头部离眼或接眼式。复眼常横向分为背区与腹区两部分，背区部分小眼较大，腹区部分小眼较小，背区和腹区常具明显的眼轮状愈伤组织。具单眼 3 个。口器一般雄性退化，雌性发达，具性二型；下颚须 1~5 节不等。足细长，后足较其他足明显粗壮。翅具网状折叠纹，M_2 脉不存在或完全分离（图 9、图 10）。

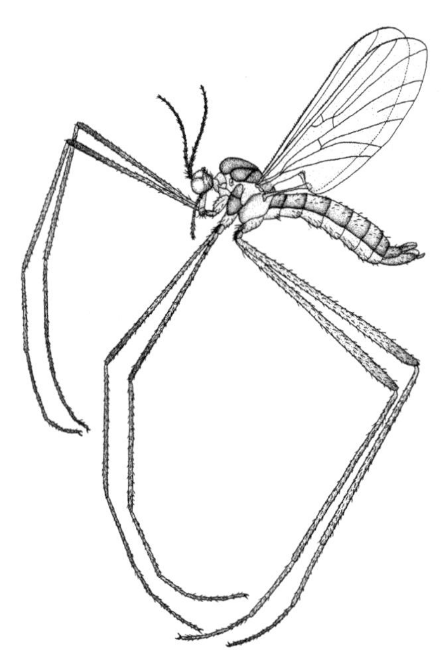

图 9　山丽网蚊 *Agathon montanus*（Kitakami）

图 10　东北新网蚊 *Neohapalothrix manschukuensis*（Mannheims）

头部（图 11） 棕色、灰色或黑色，通常不被粉。复眼大而圆，位于头部两侧，雄虫常为接眼式，雌虫为离眼式，小眼间具微毛，复眼后缘常具较密长毛。复眼常具横向明显的眼轮状愈伤组织，将复眼分割为背区和腹区两个部分：背区一般为砖红色，小眼较腹区大；腹区一般为黑色，小眼较小，雄虫腹区较背区大，雌虫则两区域大小几乎相等。背区与腹区大小在属种之间有差异。单眼 3 个，明显，通常颜色较深。头顶位于额之后的区域，较宽阔，常具毛列。额位于触角基部上方，与头顶相接，不发达。颜较小，位于唇基上方。口器雌雄异形，各个属之间差异较大。唇基雌虫一般较雄虫长而大。上唇形成 1 个骨化的箭头形叶瓣，尖端光滑圆润。上颚（mandible）雄虫中退化不可见，雌虫中大部分种类则为骨化较强的刀状叶片，叶片上具无数明显后弯的齿。唇瓣在网蚊属的种类中较短，在蜂网蚊属中增长，并具明显可见的拟气管。下颚须 1~5 节不等，在属种间有差异，蜂网蚊属下颚须退化成 1~2 节；下颚须第一节很小，常与唇基愈合，其他节细长呈圆柱形，末节增长，第三节末端常具 1 个大而圆的感觉器官。触角细长，位于复眼之间；柄节微长，呈近卵圆形；梗节椭圆形；鞭节细长，呈圆柱形，通常具 11~13 节，属种有差异，但霍氏网蚊属具 5~8 节，末端第二节有时退化，末端最后一节增长。触角上具均匀短毛。

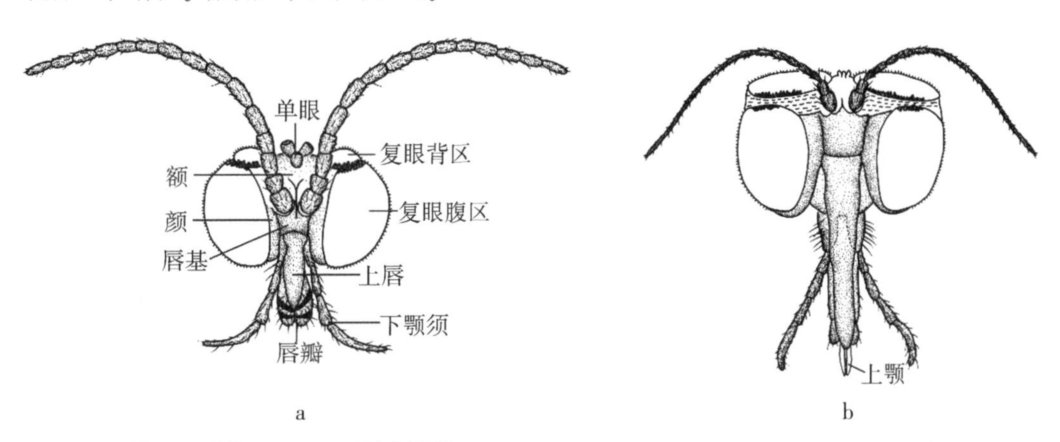

图 11 头部（head）（北山网蚊 *Blepharicera beishanica* Zhang, Yang & Kang）
a. 雄虫，前视（male, anterior view）；b. 雌虫，前视（female, anterior view）

胸部（图 12） 胸部较平坦，棕色、灰色或黑色，部分种类被粉。胸部由前胸、中胸、后胸构成，三部分愈合紧密。前胸较小，分为背板和侧板。中胸较大，构成胸部的主要部分。中胸背板由前盾片、盾片、小盾片和后背片组成：前盾片颜色通常较为均匀，棕色、灰色至黑色；盾片颜色通常较为均匀，棕色、灰色至黑色，网蚊属部分种类盾片后缘中部色浅；小盾片椭圆形或近三角形，较突出，颜色较为均匀，部分种类小盾片色浅，2 个常各具一簇黑色浓密短毛；后背片分为中背片和侧背片，中背片黄色、棕色或黑色，侧背片颜色通常较为均匀，较中背片颜色浅。中胸侧板颜色通常较为均匀，少数种类部分区域有颜色变化。中胸侧板由前侧片和后侧片组成：前侧片又分为上前侧片和下前侧片；后侧片分为上后侧片和下后侧片。后胸背板很小，几乎不可见；后胸侧板较小。

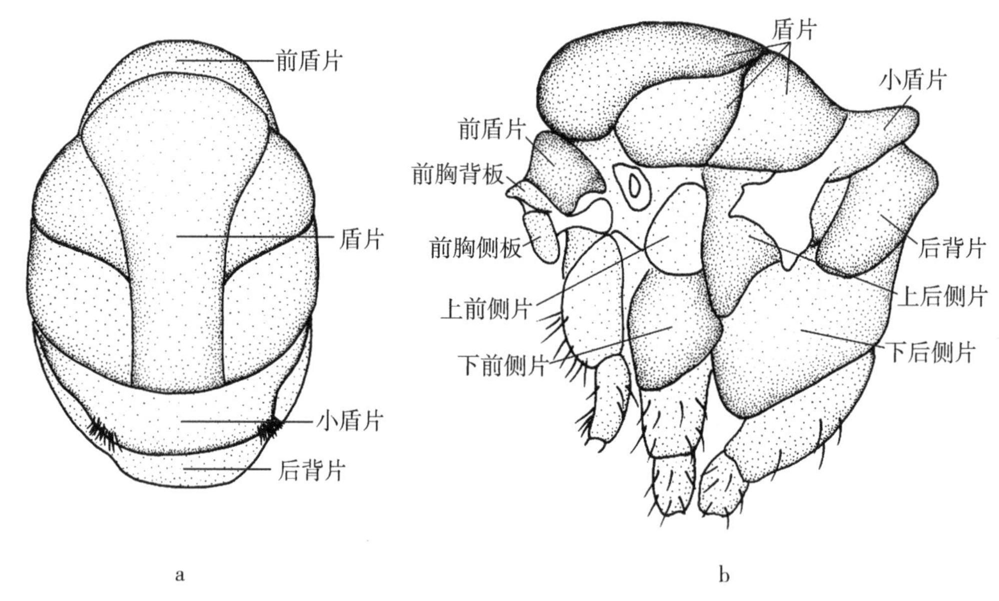

图 12　胸部（thorax）［山丽网蚊 *Agathon montanus*（Kitakami）］
a. 背视（dorsal view）；b. 侧视（lateral view）

翅（图 13）　翅宽大，臀角明显可见。翅脉间膜状区域具网状折叠纹。脉序属间差异大，是分属的重要特征，如 R 脉的分支情况，M_2 脉和中肘横脉（m−cu）的有无等。前缘脉位于翅最前缘，较粗大，伸达翅端部。亚前缘脉位于翅前缘，较短，末端逐渐消失或终止于 C 脉。径脉有 3 支［$R_{1(+2+3)}$、R_4 和 R_5］或更少伸达翅缘，径脉 R_{2+3} 部分或全部与 R_1 合并成 1 支，R_4 和 R_5 在蜂网蚊属和霍氏网蚊属中常合并成 1 支。R_{4+5} 柄部的长短在各属之间存在差异。中脉分 1 支或 2 支，即 M_1 和（或）M_2，若 M_2 存在，则基部与 M_1 完全分离，均达翅缘；M_2 的存在与否是分属的重要特征。m−cu 较短或缺无，其存在与否也是分属的重要特征。前肘脉明显，分为两支，即 CuA_1 和 CuA_2，在 *Tianscbanella* 中退化成 1 支。臀脉具 1 支，即 A_1，常伸达翅缘。

足　细长，黄色、灰色或棕色，端部加深。后足比其他足长且粗壮。基节发达，圆柱形到近矩形，前足和中足基节前缘常具长刚毛；网蚊属雌虫中足基节常具 1 个刚毛瘤。各足转节长，中部常具明显的黑色斑块。腿节较粗壮，腿节末端常加深。胫节细长，胫节刺数量在属间有变化；前足和中足胫节刺缺无或具 1 个，后足胫节刺常具 1~2 个。跗节具 5 节，第一跗节长约为其他跗节长之和，新网蚊属部分种类中足跗节形状发生变化。爪简单，具 2 个。

腹部（图 14）　腹部细长，圆柱形；腹部背板颜色一般为灰色、棕色或深棕色，有些种类昆虫背板具明显的条带，如蜂网蚊属和新网蚊属背板具明显银色反光条带。腹板颜色较背板色浅，大部分为灰色或棕色，带有褶皱；背板和腹板均为简单的正方形骨片，第八节退化，尤其是第八背板，使得雄虫腹部末端向上弯曲；部分种类如大尾网蚊（*Blepharicera macropyga* Zwick，1990）腹部末端腹板膨大形成半圆形薄骨片。

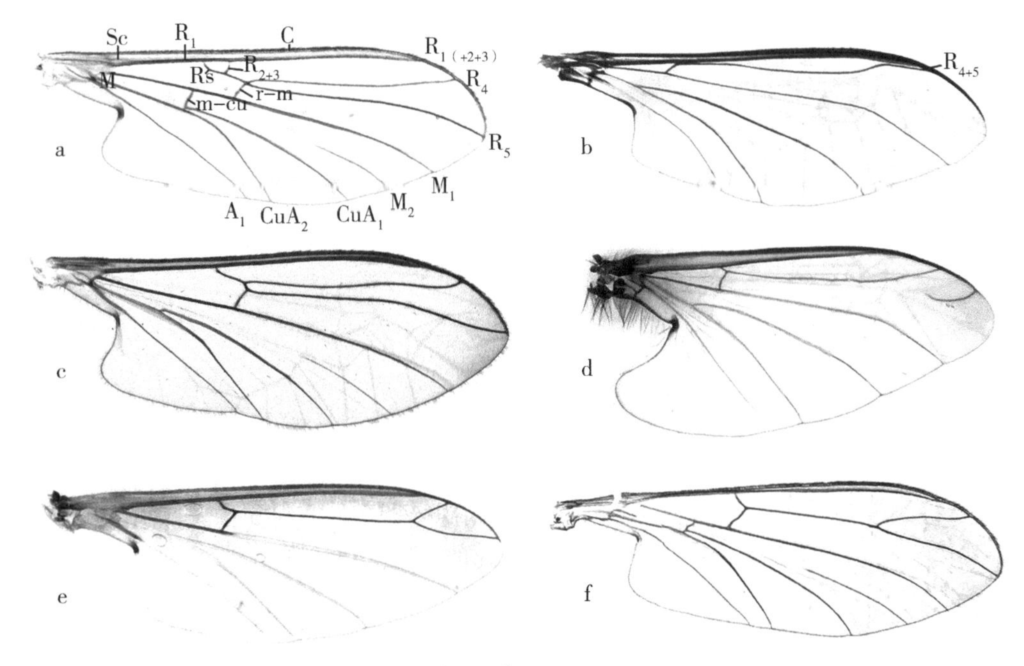

图 13 翅（wing）

a. 山丽网蚊 *Agathon montanus*（Kitakami）；b. 日本蜂网蚊 *Apistomyia uenoi*（Kitakami）；
c. 北山网蚊 *Blepharicera beishanica* Zhang，Yang & Kang；
d. 西藏霍氏网蚊 *Horaia xizangana* Kang & Yang；
e. 东北新网蚊 *Neohapalothrix manschukuensis*（Mannheims）；
f. 艾氏望网蚊 *Philorus levanidovae* Zwick & Arefina

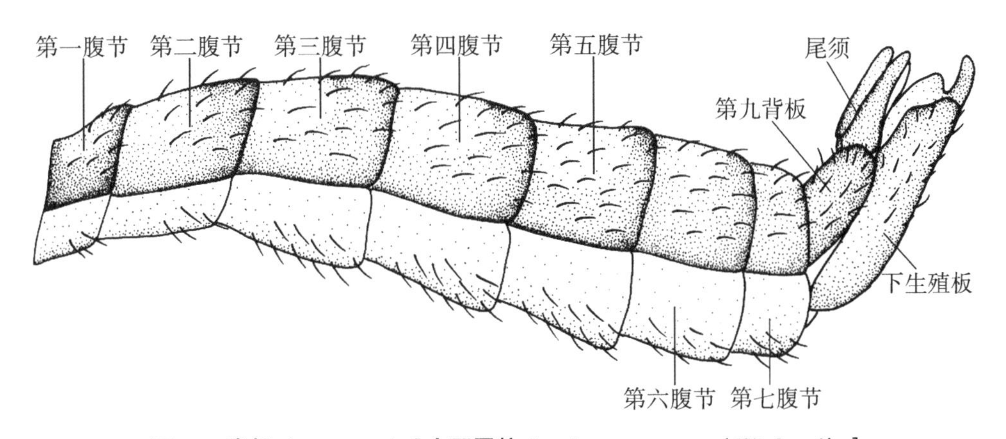

图 14 腹部（abdomen）［山丽网蚊 *Agathon montanus*（Kitakami）］

雄性尾器（图 15） 不旋转，但在各属之间变化很大。第九背板呈近似长方形，顶端微凹；尾须呈圆柱形或圆锥形，属种间形状差异较大。肛下板（hypoproct）圆锥形，膜状，通常具 2~6 根刚毛。下生殖板与生殖基节合并；生殖刺突简单呈棒状，端部膨大；部分类群，如望网蚊属的生殖基节上具 1 对生殖刺突，分别称生殖刺突背叶片

(dorsal lobe of gonostylus) 和生殖刺突腹叶片 (ventral lobe of gonostylus); 部分类群如网蚊属的生殖刺突为单一的顶端具凹陷的叶片，有些种类端部强烈凹陷使生殖刺突完全两裂片。生殖基节叶 (gonocoxal lobe) 通常两裂片，外生殖基节叶细长弯曲，端部膨大；内生殖基节叶较外生殖基节叶稍宽，弯曲。阳茎 (aedeagus) 由 3 个明显的细长的管状结构和 1 个球状的精子泵 (sperm pump) 组成，精子泵具一个横向或纵向的射精突。背阳基侧突 (dorsal paramere) 常具背脊 (dorsal carina)；背阳基侧突和背脊的形状在属种间差异大，是分种的重要特征。

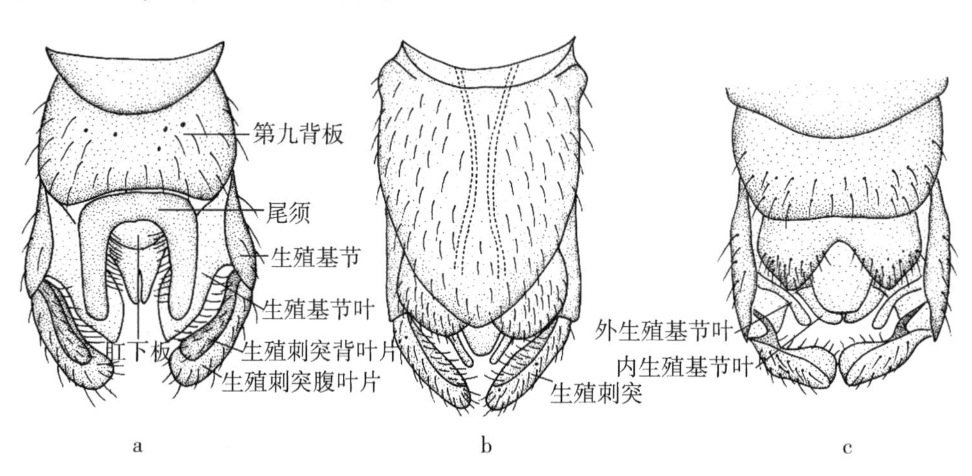

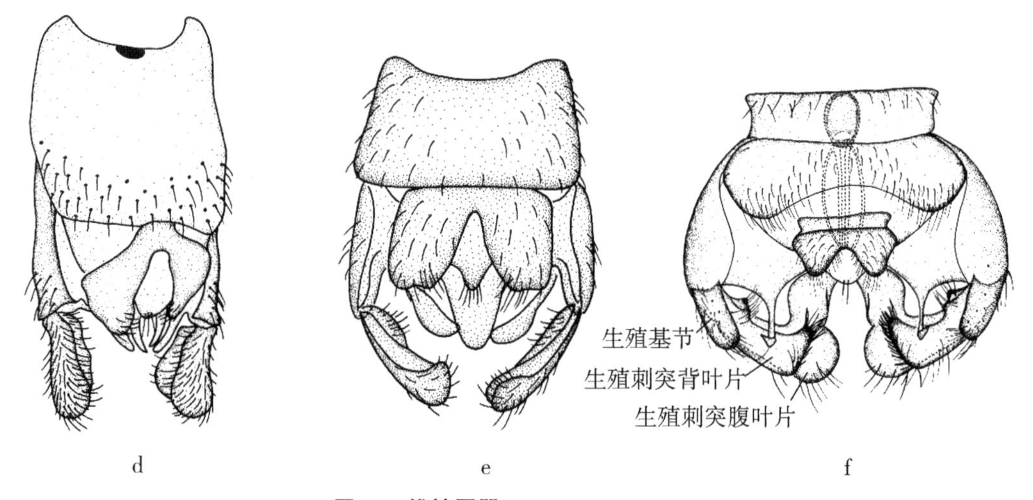

图 15　雄性尾器 (male terminalia)

a. 山丽网蚊 *Agathon montanus* (Kitakami)，背视 (dorsal view)；
b. 日本蜂网蚊 *Apistomyia uenoi* (Kitakami)，背视 (dorsal view)；
c. 牯牛山网蚊 *Blepharicera guniushanica* sp. nov.，背视 (dorsal view)；
d. 西藏霍氏网蚊 *Horaia xizangana* Kang & Yang，背视 (dorsal view)；
e. 东北新网蚊 *Neohapalothrix manschukuensis* (Mannheims)，背视 (dorsal view)；
f. 艾氏望网蚊 *Philorus levanidovae* Zwick & Arefina，背视 (dorsal view)

雌性尾器（图 16） 第九背板明显可见，后缘常具明显长毛。第十背板明显可见，后缘两侧各具 1 个布满浓密长毛的指状突起，腹面连接尾须。尾须位于第十背板后缘中部，由两个膜质的微裂片组成，后缘与第十背板的叶片连接；尾须基部和中部具一些特殊的乳状感觉器。第八腹板后缘具“V”形或“U”形凹陷。下生殖板近似正方形或长方形，后缘常两裂瓣且具短毛。第九腹板位于下生殖板的侧边，较小，呈卵状或近似三角形，与第九背板腹侧相连；生殖叉（genital fork）呈“X”“Y”或“T”形。肛上板圆锥形，端部常具两根长毛。受精囊 2 个或 3 个，形状在属种之间有差异。

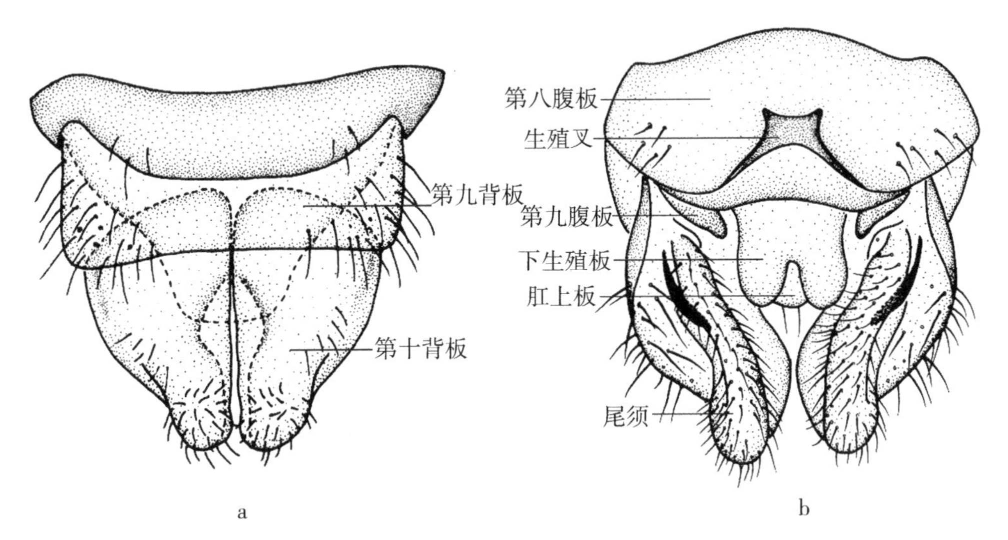

图 16 雌性尾器（female terminalia）

a. 两型网蚊 *Blepharicera dimorphops*（Alexander），背视（dorsal view）；
b. 孔色网蚊 *Blepharicera kongsica* Zhang & Kang，腹视（ventral view）

（二）幼期

1. 褶蚊科

卵（egg）（图 17a） 卵长 0.5~0.9 mm，长约为宽的 2 倍，呈椭圆形。颜色白色至黄色，表面具褶皱。

幼虫（larva）（图 17b） 幼虫细长，呈纺锤形，后气门式。头腔完整，突出，骨化强烈。触角具两节。口器具上唇和下颚刷，其唇板和唇板桥是分类的重要依据。上颚两节，具 1~3 节外齿。体节具连续且整齐的毛或长角状突起。腹部具 8 节，前三腹节具瘤状腹足，每对腹足具顶端爪。腹部末端的肛区形成细长且可收缩的呼吸管，后缘端部具呼吸孔。呼吸管基部腹侧具两细长、不分支且具有可以收缩的肛部乳状突起。

蛹（pupa）（图 17c） 蛹呈梭形，末端具 1 对不对称的呼吸角。呼吸角长短明显不同，在各属间有变化，是分属的依据；在褶蚊属中右呼吸角形成 1 个细长的呼吸管，约为蛹长的 2 倍，左呼吸角短；但在幻褶蚊属中与之相反，右呼吸角退化，左呼吸角较长。足鞘至少有两对延伸至翅垫。腹节具横向成排的骨针。

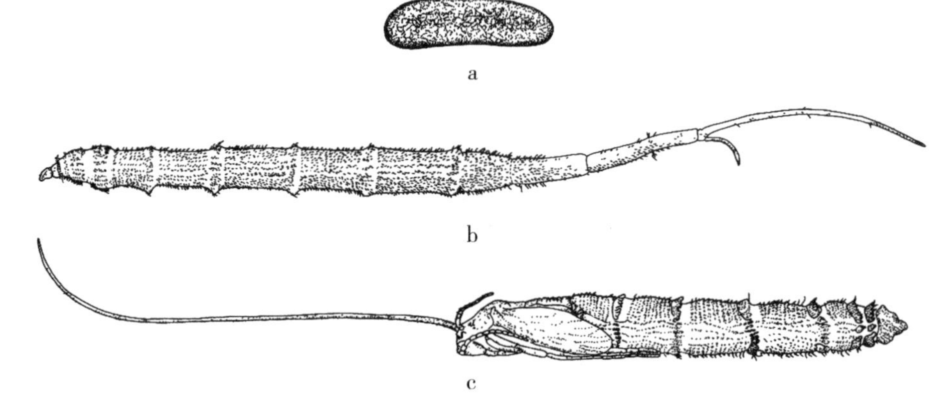

图 17　幼期（immature stages）

a. 林氏幻褶蚊 *Bittacomorphella lini* Young & Fang 的卵；

b. 褶蚊属 *Ptychoptera* sp. 的幼虫（据 Alexander，1981 重绘）；

c. *Ptychoptera lenis* Osten Sacken 的蛹（据 Alexander，1981 重绘）

2. 网蚊科

幼虫（图 18a-b）　幼虫体长 3~16 mm，圆柱形，腹面平坦，分为明显的 6 节。第一节由头部，胸部和腹部第一节组成，半球形，骨化较深的地方为头腔。骨化的头腔包括 1 个腹面中部三角形的额唇基和 1 对颊，每个颊后缘具较深的裂缝，在一些属种中，如网蚊属形成 1 个中部和 2 个侧边骨化的区域；头腔腹侧具一个大而圆的开口，包围口器。口器具上颚和下颚。幼虫复眼位于头部前外侧，通常包括 2~3 个晶状体，在视觉细胞束上方。触角大部分较短，但在 *Liponeura* 中明显增长，具 2 节或 3 节，具 6 个顶端感受器。头腔节腹部具 3 对粗壮的刚毛。身体中部区域的其他 5 节相似，每一节为一个腹节；最后一节代表合并的第七至第十腹节。各体节侧缘具一个较硬的圆锥形下弯的腹足，端部具一簇毛；锥形下弯的腹足上具 1 个圆柱形或管状的背腹足，上具较粗壮的刚毛。体背侧具尖的骨针、刚毛、骨片和突起。每一体节腹部中央各具 1 个圆形复杂的吸盘。体前缘具 1 对腮，每个腮由 3~7 个组成的一簇指状细丝构成。肛节腹侧具 4 个较大的指状腮丝。

蛹（图 18c）　蛹扁平，椭圆形或近纺锤形。背侧隆凸，腹侧扁平，其形状与单壳软体动物相似，如微型鲍鱼、圆形帽贝等。背部黑色，有时具模糊的深色或浅色的斑。胸部外表皮常为珠状或具有皱纹，腹侧薄且软。前背侧具 1 对横向排列的呼吸器，每一个呼吸器由 4 个薄片组成；一些种类呼吸器的 4 个薄片相连，光滑且坚硬，增长呈角状；一些种类的薄片较分散，薄且宽大，常呈波浪状。腹部灰色或透明，腹部坚硬的外表皮常具扁平或尖锐的颗粒或刻点。

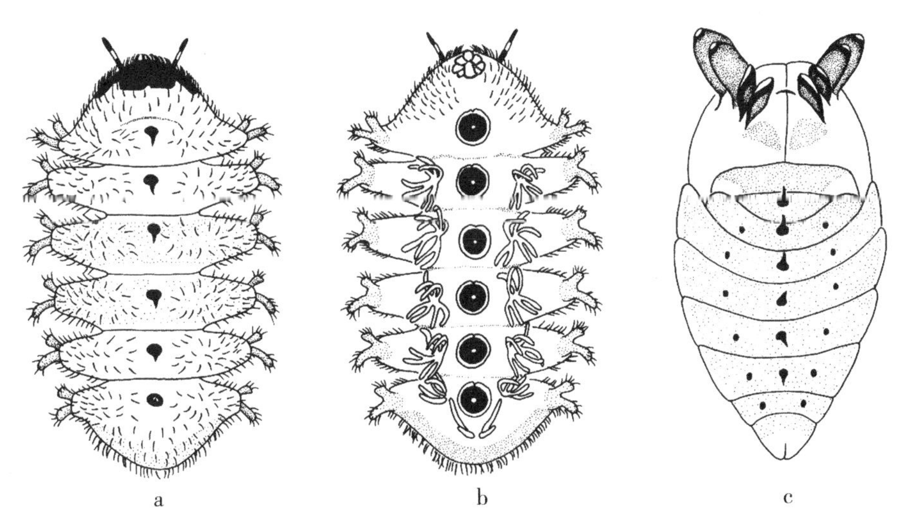

图 18 幼期（immature stages）［东北新网蚊 *Neohapalothrix manschukuensis*（Mannheims）］

a. 幼虫，背视（larva，dorsal view）；b. 幼虫，腹视（larva，ventral view）；

c. 蛹，背视（pupa，dorsal view）

（据 Arefina & Zwick，2006 重绘）

四、生物学及应用价值

（一）生物学

1. 褶蚊科（图版1~4）

褶蚊科昆虫生境范围较局限，幼虫和蛹期均为水生，常生活在湖泊、池塘、沼泽、泉水和小溪等静水浅表层，少部分种类生活在水流较大的小溪或激流中；成虫常生活在幼虫生境地边生长较密的植被中。

褶蚊科属于完全变态类昆虫，其发育经历卵、幼虫、蛹和成虫4个阶段。一般1年1代或2代。以老熟幼虫越冬。成虫交配后，雌成虫将其卵产在静水边潮湿的泥土上，据 Bowles 在 1998 年报道，其卵块的数量一般在 500 头左右，卵经过 7 d 后开始孵化形成幼虫。幼虫分为4个龄期，幼虫期时间很长，约2个月。当水位上升，初孵幼虫便爬到水中生活。幼虫常生活在湖泊、池塘、沼泽、泉水和小溪等静水浅表层，尤其是含腐殖质丰富的水层表面或边缘，这些区域的沉积物通常由溪流中的细颗粒有机物（FPOM）、泥浆和淤泥组成。Wiberg-Larsen 等人 2021 年研究发现，在这些浅的、流动较为缓慢的湖泊、池塘、沼泽、泉水和小溪中，褶蚊幼虫是构成大型无脊椎动物群落的重要组成部分。幼虫常头部朝下，垂直生活在这些沉积物中，通过腹部末端长长的呼吸管，伸出水面进行呼吸。化蛹阶段发生在浅水层的泥土上，蛹的呼吸管伸出水面呼吸。蛹期约一周，之后开始羽化。成熟的蛹移动到基质表面羽化。

成虫寿命较短，不到一周。Thomas 在 1997 年观察发现，部分欧洲种类的寿命从 2 d 到 6 d 不等，其中雄虫较雌虫寿命长。褶蚊属成虫一般在幼虫栖息地附近的植被被发现。成虫的出现时间每年3月中下旬至11月。据 Wiberg-Larsen 等人在 2021 年报道，部分种类有2个成虫羽化高峰期，分别为4月和9月，这些可能是1年2代的物种。而大部分种类的成虫出现在5—9月，飞行周期较短，在6月或7月达到高峰，这些可能是1年1代的物种。Rogers 在 1942 年以及 Bowles 在 1998 年，均发现 *Bittacomorpha clapipes*（Fabricius，1781）的成虫期较长，可能在夏季发生多代。据 Shcherbakov 和 Lukashevich 于 2005 年报道，雄性成虫具有访花的习性，并以花蜜或蜜露为食。成虫喜欢在幼虫栖息地周边的阔叶植被上长时间休息不动，受到干扰时也只飞行很短的距离。雄性与新出现的雌性交配后，雌虫在附近的水中产卵。幻褶蚊属种类喜欢较凉爽绿荫的环境，它们常在较凉爽黑暗的环境中被发现。幻褶蚊亚科昆虫足跗节为黑白相间，在较黑暗的地方活动时只能看见几个白色的小点在移动和颤抖，而看不见颜色较深的身体，因此有“幻影大蚊”的称号。这样有助于其逃避天敌的捕捉，延续生命。成虫还具趋光性，夜晚可见于灯下。

2. 网蚊科（图版5~8）

网蚊科昆虫生活环境较局限，幼虫和蛹均为水生，常生活在水流湍急的瀑布中、瀑布飞溅区、山间清澈溪流或溪流边缘的潮湿地带。成虫常生活在幼虫生境地边的植被中、树洞中或岩石上。

网蚊科昆虫属于全变态类昆虫，生活史包括卵、幼虫、蛹、成虫4个发育阶段。据Courtney在2017年报道，雌雄虫交配后，雌虫很快将卵产在水中裸露的岩石表面，或爬入水面以下，在水中淹没的岩石上产卵。卵期常发生在旱季，这时溪流中水位会下降，使水中部分岩石裸露出来。卵黏合形成卵块，黏附在润湿的岩石上面或下面。当雨季来临，水位上升时，卵便开始孵化。

幼虫分为4个龄期。初孵幼虫通过扁平的腹侧和腹部吸器强有力地将身体吸附于水中光裸的石头上而免受水流冲击。据Alexander（1963）和Hogue（1981）报道，幼虫的活动缓慢，通过2种方法完成移动。一种是当幼虫受到惊吓时，它会通过释放末端一边的吸管，使身体向一侧弯曲，然后继续释放吸管使身体连续向一侧弯曲运动；另一种是通过收缩身体向前运动。根据Alverson等人在2001—2002年的报道，网蚊科幼虫为植食性，大部分种类以水中的藻类、微生物和有机物为食，用尖锐的下颚刮取食物颗粒进行取食。

预蛹期幼虫会移动到岩石的裂缝、洼洞、缝隙或裸露的岩石表面，缓慢运动使身体与水流方向一致，将头朝向上游或下游（Alexander，1963；Hogue，1981）。网蚊属幼虫常移动到岩石表面的凹陷处化蛹；蜂网蚊属和望网蚊属更喜欢在露出水面的岩石表面或沿着溪流边缘的飞溅带化蛹；毛网蚊属的幼虫则喜欢在石头下方化蛹（Giudicelli，1963；Zwick，1980）。在化蛹过程中，新生的蛹逐渐将幼虫的表皮脱落，脱落的幼虫表皮通常完好无损，同时蛹通过3~4对腹部外侧黏盘附着在岩石上。蛹最初为白色，呼吸器官较暗，但很快整个身体变暗。化蛹过程通常需要5~10 min（Tonnoir，1930；Mannheims，1935；Alexander，1963）。据Courtney于1998年研究发现，化蛹区域包含数百个个体，大多数个体的方向相同，通常是较厚的前端朝向下游。此外，Pommen和Craig于1995年观察发现其蛹的背部中央压缩，呈流线型，这样来适应高速流动的水流，并且促进了呼吸器官下游涡流的形成，增强向蛹呼吸表面输送氧气的能力。据Courtney于2017年报道，网蚊科蛹期的持续时间因物种和溪流温度而异，通常持续2~3周。

当蛹在水面下或水位下降时羽化经常发生，过程迅速，根据Mannheims（1935）和Alexander（1963）观察发现，该过程持续3~5 min。Courtney在2017年研究发现，网蚊科蛹的胸部蜕裂线会因腿部和翅膀向下而破裂，刚羽化的成虫通常会通过气泡包裹着到达溪流表面，当成虫从蛹壳中羽化出来时，翅完全展开，成虫一到达水面就可以立即飞行。成虫常在夜间、黎明或黄昏时出现。

据Courtney（2017）报道，成虫寿命较短，1~2周，雄虫寿命较雌虫更短。成虫生活在溪水河流附近，常栖息在水边附近植被上、悬于落木上或树洞中，喜阴暗处。网蚊属成虫喜欢在幼虫栖息地周边的阔叶植被上停留，丽网蚊属和望网蚊属更喜欢在潮湿、悬垂的岩石表面停留。停留姿势很有特点，翅膀与身体成中等角度，后足伸展，胫节和跗节向后倾斜，呈跪坐状。网蚊飞行很迅速，很少在空中悬停或舞动。成虫具趋光性，可在夜间灯光较亮的地方发现。据 Hogue 在 1981 年报道，交配通常发生在羽化后不久，有时甚至当刚刚羽化出来的雌虫还在蛹壳上时，交配和受精就开始了。交配可以持续一段时间，交配后不久雌虫就会产卵。

（二）应用价值

1. 褶蚊科

褶蚊科幼虫以沉积物中丰富的腐殖质为食，使用上颚和上颚刷从沉积物中筛选出细小的有机颗粒（Mattingly，1987；Wolf *et al.*，1997）。因此它们参与了环境中有机质分解过程，是环境中有机物的重要分解者，同时它们还产生粪便，在营养循环中很重要，也是 FPOM 的重要组成部分（Anderson & Cargill，1987；Sheppard & Minshall，1984）。据 Wolf 等人 1997 年观察，褶蚊属幼虫可以进入沉积物约 3 cm 的深度进食和消化，使沉积物深处的大量有机物输送到表面。这种行为可能会显著增加沉积物顶层的微生物量（Marxsen & Witzl，1990）。此外，部分幼虫还为其他无脊椎动物提供了食物来源，如 Fasbender 在 2014 年报道的虻科 Tabanidae 和毛翅目 Trichoptera 等昆虫。

2. 网蚊科

网蚊科幼虫对生活环境的水质要求很高，一旦水质恶化，种类和种群数量会严重下降，可以作为水质监测的指示昆虫（Lenat，1993；Courtney *et al.*，2008）。此外，部分幼虫还可以作为淡水鱼类的食物（Courtney & Duffield，2000）。雌成虫口器延长，较雄成虫具更加细长且尖锐的上颚，常吮吸其他小型、体壁较柔软的昆虫的血液，包括蜉蝣目 Ephemeroptera、毛翅目和小型双翅目，如摇蚊、细蚊和大蚊等（Alexander，1963；Hogue，1981），可以作为天敌昆虫资源。取食时，雌虫用后足抓取猎物，用上唇将猎物浸软，然后用上颚刺破表皮吸取血液。此外，部分种类具有访花习性，是自然界中的传粉昆虫。

五、系统发育

褶蚊科和网蚊科均隶属于双翅目长角亚目。过去的几十年，许多学者对这两科的系统发育作了大量研究，但它们在长角亚目中的系统发育关系仍存在很大争议。关于两科的系统地位大致有以下几种观点。

Hennig 在 1973 年依据成虫形态特征，运用支序分类的研究方法系统探讨了长角亚目高级阶元的系统发育（图 19a）。在他的长角亚目四次目分类系统中，依据后足基节和中胸侧片合并的特点，褶蚊科和网蚊科均归属于蛾蚋次目 Psychodomorpha，处于长角亚目中第二分支的位置。其中褶蚊科和颈蠓科 Tanyderidae 互为姐妹群，网蚊科和拟网蚊科 Deuterophlebiidae 互为姐妹群。

Wood 和 Borkent 在 1989 年根据幼虫和成虫的形态特征，将长角亚目分为 7 个次目（图 19b）。在他们的分类系统中，褶蚊科和网蚊科的系统发育位置均发生了变动。依据雄虫跗节最后一节可向前一节折叠的形态特征，将褶蚊科和颈蠓科提升为一个次目，即褶蚊次目。而依据幼虫适应急流生境的形态和生物学特征以及成虫口器缺失等特征，将网蚊科、拟网蚊科和缨翅蚊科 Nymphomyiidae 组成一个次目，即网蚊次目。

Oosterbroek 和 Courtney 在 1995 年综合幼虫、蛹和成虫的形态特征将长角亚目分为四次目和一分支（图 20a）。其中褶蚊次目和网蚊次目成员与 Wood 和 Borkent（1989）的分析结果一致，但与之前研究的不同点在于他们认为褶蚊次目和蚊次目 Culicomorpha 组成的分支比较原始，而网蚊次目为长角亚目的中部类群。

Yeates 等人在 2007 年运用超级树的方法，综合过去三十年来几个主要的系统发育树，对长角亚目系统发育进行了研究。在他们的分类系统中，褶蚊科和网蚊科的系统发育关系与 Oosterbroek 和 Courtney（1995）的研究结果较为一致，即褶蚊科和颈蠓科互为姐妹群，组成褶蚊次目（图 20b）。褶蚊次目和蚊次目互为姐妹群，共同处于双翅目中的原始位置。而网蚊科和拟网蚊科互为姐妹群，与缨翅蚊科共同组成了网蚊次目，为长角亚目的中部类群。

Bertone 等人 2008 年运用 4 个核基因片段对长角亚目进行系统发育关系研究。他们将长角亚目分为五次目（图 21a）。褶蚊科和颈蠓科以及网蚊科和拟网蚊科的姐妹群关系均未得到验证。褶蚊次目仅包括褶蚊科，而网蚊科被放置于蛾蚋次目。

Wiegmann 等人 2011 年基于 149 科的基因片段及 371 个形态特征，对长角亚目的系统发育关系进行研究（图 21b）。他们探讨了长角亚目 4 个主要次目的系统发育关系，其中，褶蚊科未被归置于任何一个次目，而网蚊科被归置于蛾蚋次目。两科均处于长角亚目的中部位置。

Beckenbach 于 2012 年运用线粒体基因组数据对长角亚目的系统发育关系进行探讨

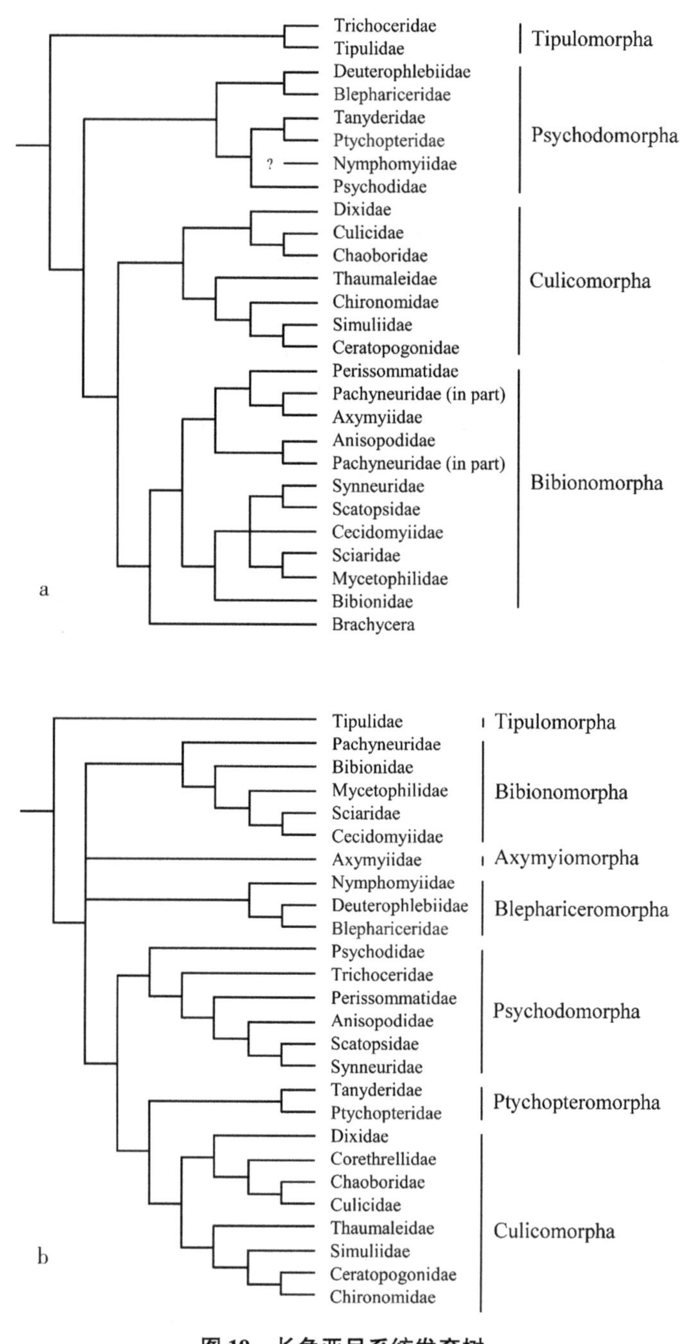

图 19　长角亚目系统发育树

a. Hennig（1973）；b. Wood & Borkent（1989）

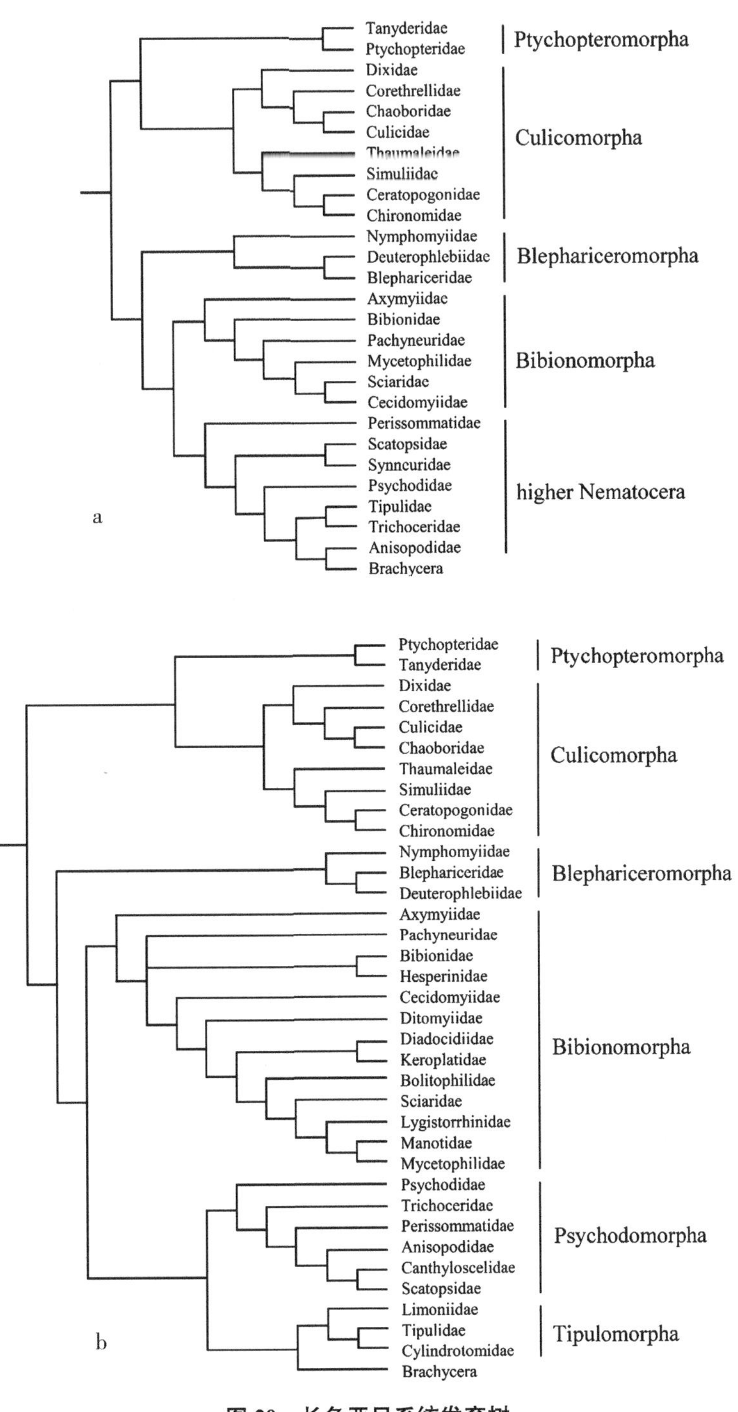

图 20 长角亚目系统发育树

a. Oosterbroek & Courtney（1995）；b. Yeates *et al.*（2007）

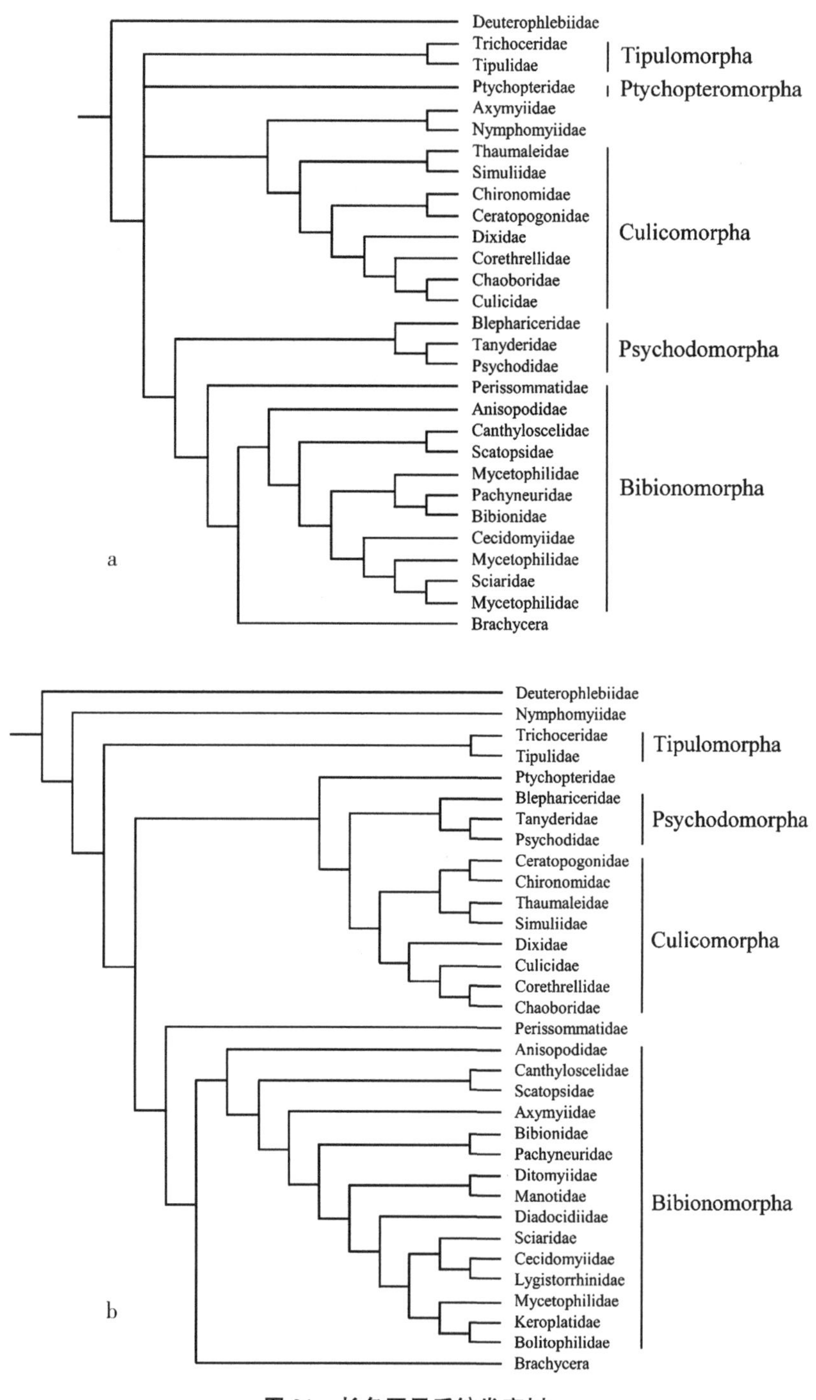

图 21　长角亚目系统发育树

a. Bertone *et al.*（2008）；b. Wiegmann *et al.*（2011）

(图 22a)。其中褶蚊科和颈蠓科的姐妹群关系未得到验证。而网蚊科由于线粒体基因组数据的缺失而未讨论。由于他选取的长角亚目代表科有限，主要分支间以及各分支内部的系统发育关系并没有得到解决。

张晓等人在 2023 年运用线粒体全基因组数据对长角亚目的系统发育进行研究（图 22b）。褶蚊科和颈蠓科以及网蚊科和拟网蚊科的姐妹群关系均不被支持。褶蚊次目仅包括褶蚊科，而网蚊次目中网蚊科被归为蛾蚋次目，缨翅蚊科归为蚊次日。拟网蚊科作为一个单独分支，是剩余所有双翅目的姐妹群。

综上，褶蚊科和网蚊科过去曾同时被放入蛾蚋次目，但后期从两个科形态、生物学习性和分子等各方面证据上均表明，两科均被建立或归属于独立的次目，即褶蚊次目和网蚊次目。而两次目的组成和在长角亚目中的系统发育位置仍有较大争议。褶蚊科和颈蠓科是否互为姐妹群并组成褶蚊次目争议较大。一些学者认为褶蚊次目包括褶蚊科和颈蠓科（Wood & Borkent，1989；Oosterbroek & Courtney，1995；Yeates *et al.*，1999），并作为长角亚目中较为原始分支（Oosterbroek & Courtney，1995；Yeates *et al.*，1999）。而一些学者认为颈蠓科不属于褶蚊次目，而应归属于蛾蚋次目（Bertone *et al.*，2008；Zhang *et al.*，2023）。网蚊科、拟网蚊科和缨翅蚊科是否应该从蛾蚋次目中提出并组成网蚊次目有待进一步研究。一些学者认为可以将网蚊科、拟网蚊科和缨翅蚊科提升为独立的次目，并位于长角亚目中部位置（Wood & Borkent，1989；Oosterbroek & Courtney，1995；Yeates *et al.*，1999）。而一些学者认为缨翅蚊科不属于网蚊次目，而是剩余所有双翅目的姐妹群（Hackman & Väisänen，1982；Griffiths，1990）或认为缨翅蚊科属于蛾蚋次目（Hennig，1973）。而网蚊科和拟网蚊科的姐妹群关系也备受争议。大部分基于形态学研究的学者肯定两科的姐妹群关系（Hennig，1973；Wood & Borkent，1989；Oosterbroek & Courtney，1995；Yeates *et al.*，1999），而基于分子数据的研究却否定了两科的姐妹群关系，认为拟网蚊科是剩余所有双翅目的姐妹群，而网蚊科则属于蛾蚋次目（Bertone *et al.*，2008；Wiegmann *et al.*，2011；Zhang *et al.*，2023）。

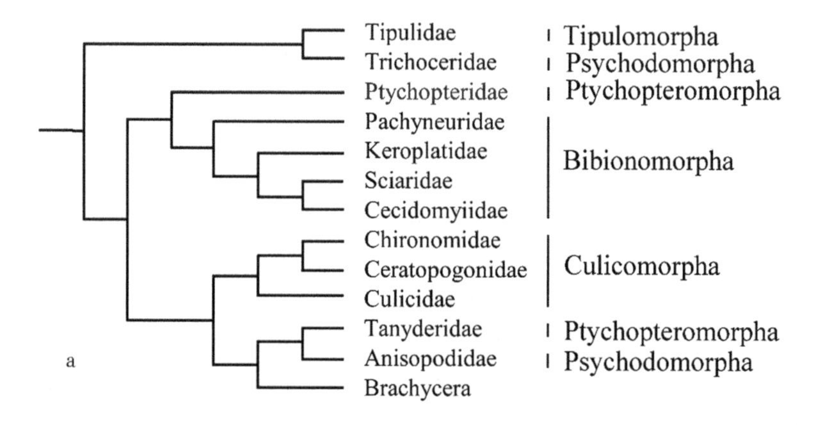

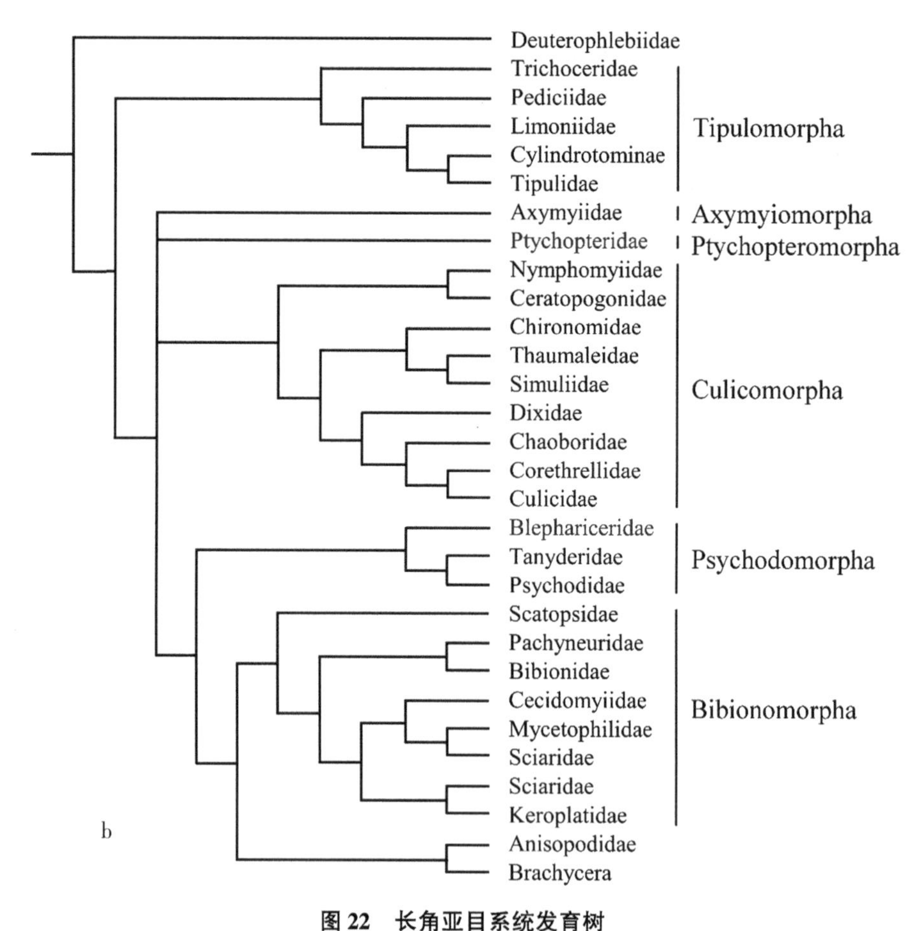

图 22　长角亚目系统发育树

a. Beckenbach（2012）；b. Zhang *et al.*（2023）

六、地理分布

褶蚊科世界已知 2 亚科 3 属 100 余种，中国分布 2 亚科 2 属 26 种。网蚊科世界已知 2 亚科 30 属 330 余种，中国分布 1 亚科 7 属 28 种。下面分别对两科在世界及我国的地理区系进行分析讨论。

（一）世界分布格局

1. 褶蚊科

褶蚊科在除澳洲区外的其他世界各大动物地理区系中均有分布，既有亚世界性分布的属，又有多区分布和单区分布的属（表 1）。世界褶蚊科 3 属的分布型情况如下。

（1）亚世界性分布（五大动物地理区系有分布）的属为褶蚊属，分布于古北区、新北区、东洋区、非洲区和新热带区。

（2）多区分布（三至四大动物地理区系有分布）的属为幻褶蚊属，分布于古北区、新北区和东洋区。

（3）单区分布的属为真幻褶蚊属，分布于新北区。

表 1 世界褶蚊科各属的地理区系分布情况

属名	世界动物地理区系					
	古北区	新北区	东洋区	非洲区	澳洲区	新热带区
Bittacomorpha		+				
Bittacomorphella	+	+	+			
Ptychoptera	+	+	+	+		+
总计	2	3	2	1	0	1
占世界/%	66.67	100	66.67	33.33	0	33.33
特有属	0	1	0	0	0	0

古北区大部分位于欧亚大陆的温带地区，分布有褶蚊科 2 属，幻褶蚊属和褶蚊属，约占世界已知属总数的 66.67%。该区未发现特有属。

新北区主要包括北美大陆，为温带和寒带，分布于该区的褶蚊科最多，该科 3 属在该区系中均有分布。该区的特有属为真幻褶蚊属。

东洋区几乎全部位于热带和亚热带地区，分布有褶蚊科 2 属，幻褶蚊属和褶蚊属，约占世界已知属总数的66.67%。该区未发现特有属。

非洲区主要位于非洲大陆，分布于该区的褶蚊科仅有1属，即褶蚊属，约占世界已知属总数的33.33%。该区未发现特有属。

澳洲区主要包括澳大利亚大陆，该区未发现褶蚊科分布。

新热带区主要位于南美大陆，为热带和温带，分布于该区的褶蚊科有1属，即褶蚊属，约占世界已知属总数的33.33%。该区未发现特有属。

2. 网蚊科

网蚊科在世界各大动物地理区系中均有分布，既有多区分布的属，又有双区分布和单区分布的属（表2）。世界网蚊科30属的分布型情况如下。

（1）多区分布（三至四大动物地理区系有分布）的属有2个，包括古北区+新北区+东洋区分布型的网蚊属和古北区+东洋区+澳洲区分布型的蜂网蚊属。

（2）双区分布的属有4个，包括古北区+新北区分布型的毛网蚊属、丽网蚊属和望网蚊属；新北区+澳洲区分布型的 *Edwardsina*。

（3）单区分布的属有24属，包括古北区分布型的亚网蚊属、霍氏网蚊属、新网蚊属、迪网蚊属、*Hammatorrhina*、*Hapalothrix*、*Liponeura* 和 *Tianschanella*；新北区分布型的 *Aposonalco*、*Limonicola* 和 *Paltostoma*；非洲区分布型的 *Aphromyia*、*Elporia* 和 *Paulianina*；澳洲区分布型的 *Austrocurupira*、*Curupirina*、*Neocurupira*、*Nesocurupira*、*Nothohoraia*、*Parapistomyia*、*Peritheates*、*Stuckenberginiella* 和 *Theischingeria*；新热带区分布型的 *Kelloggina*。

表2　世界网蚊科各属的地理区系分布情况

属名	世界动物地理区系					
	古北区	新北区	东洋区	非洲区	澳洲区	新热带区
Agathon	+	+				
Aphromyia				+		
Apistomyia	+		+		+	
Aposonalco		+				
Asioreas	+					
Austrocurupira					+	
Bibiocephala	+	+				
Blepharicera	+	+	+			
Curupirina					+	
Dioptopsis	+					
Edwardsina		+			+	
Elporia				+		

（续表）

属名	世界动物地理区系					
	古北区	新北区	东洋区	非洲区	澳洲区	新热带区
Hammatorrhina	+					
Hapalothrix	+					
Horaia	+					
Kelloggina						+
Limonicola		+				
Liponeura	+					
Neocurupira					+	
Neohapalothrix	+					
Nesocurupira					+	
Nothohoraia					+	
Paltostoma		+				
Parapistomyia					+	
Paulianina				+		
Peritheates					+	
Philorus	+	+				
Stuckenberginiella					+	
Theischingeria					+	
Tianschanella	+					
总计	13	7	2	3	11	1
占世界/%	43. 33	23. 33	6. 67	10. 00	36. 67	3. 33
特有属	8	3	0	3	9	1

古北区分布的网蚊科最多，有 13 属，约占世界已知属总数的 43. 33%。该区发现 8 个特有属，即亚网蚊属、迪网蚊属、*Hammatorrhina*、*Hapalothrix*、霍氏网蚊属、*Liponeura*、新网蚊属和 *Tianschanella*。

新北区分布有网蚊科 7 属，约占世界已知属总数的 23. 33%。该区发现 3 个特有属，即 *Aposonalco*、*Limonicola* 和 *Paltostoma*。

东洋区分布有网蚊科 2 属，约占世界已知属总数的 6. 67%。该区未发现特有属。

非洲区分布的网蚊科有 3 属，占世界已知属总数的 10. 00%。该区分布的属均为特有属。

澳洲区分布有网蚊科 11 属，约占世界已知属总数的 36. 67%。该区发现 9 个特有属，即 *Austrocurupira*、*Curupirina*、*Neocurupira*、*Nesocurupira*、*Nothohoraia*、*Parapisto-*

myia、*Peritheates*、*Stuckenberginiella* 和 *Theischingeria*。

新热带区分布的网蚊科有 1 属，约占世界已知属总数的 3. 33%，为该区特有属。

（二）中国分布格局

1. 褶蚊科

1）属级阶元

我国褶蚊科共 2 属，约占世界已知属总数的 66. 67%。亚洲两大动物地理区系包括的所有属在我国均有分布，幻褶蚊属仅分布于东洋区，而褶蚊属在古北区和东洋区均有分布。褶蚊科在我国分布的 2 属均不是中国特有属（表 3）。

表 3　中国褶蚊科各属的地理区系分布情况

属名	古北区				东洋区			古北区与东洋区	中国特有
	东北区	华北区	蒙新区	青藏区	西南区	华中区	华南区		
Bittacomorphella					+	+	+		
Ptychoptera	+	+	+		+	+	+	+	
总计	1	1	1	0	2	2	2	1	0
占中国/%	50. 00	50. 00	50. 00	0	100	100	100		
特有属	0	0	0	0	0	0	0		

在我国分布的属中，幻褶蚊属分布较局限，仅分布于我国西南区、华中区和华南区。褶蚊属分布广泛，分布于我国除青藏区的各大地理区系。

就我国各个地理区系来看，西南区、华中区和华南区最丰富，分布有 2 属。其次为东北区、华北区和蒙新区，均分布 1 属。而青藏区无褶蚊科属的分布。总体而言，我国东洋区三动物地理区系的属级阶元丰度占明显优势，2 属均有分布；而古北区四动物地理区系属级阶元数量较少，仅有 1 属。

2）种级阶元

我国分布有褶蚊科 2 属 26 种，中国特有的有 24 种，是世界褶蚊科区系较为丰富的国家之一。褶蚊科各种在我国各地理区系的分布情况见表 4。

表 4　中国褶蚊科各种的地理区系分布情况

属名	种名	古北区				东洋区			古北区与东洋区	中国特有
		东北区	华北区	蒙新区	青藏区	西南区	华中区	华南区		
Bittacomorphella										
	B. gongshana					+				+
	B. lini					+		+		+
	B. zhaotongensis						+			+

（续表）

属名	种名	古北区				东洋区			古北区与东洋区	中国特有
		东北区	华北区	蒙新区	青藏区	西南区	华中区	华南区		
Ptychoptera										
	P. bannaensis							+		+
	P. bellula						+			+
	P. circinans						+			+
	P. clitellaria					+				+
	P. cordata							+		+
	P. emeica					+				+
	P. formosensis							+	+	
	P. gutianshana						+			+
	P. hekouensis							+		+
	P. lii						+			+
	P. longa						+			+
	P. longwangshana						+			+
	P. lucida			+						+
	P. lushuiensis					+				+
	P. qinggouensis	+								+
	P. separata					+				+
	P. tianmushana	+								+
	P. tibialis					+				+
	P. wangae					+				+
	P. xiaohuangshana							+		+
	P. xinglongshana		+							+
	P. yankovskiana	+								
	P. yunnanica					+				+
总计		3	1	1	0	9	7	6	1	24
占中国/%		11. 54	3. 85	3. 85	0	34. 62	26. 92	23. 08		
特有种		2	1	1	0	9	7	4		

我国东洋区三动物地理区系的褶蚊科种类占绝对优势，分布 22 种，占中国已知种数的 84. 62%；而古北区四动物地理区系种数明显减少，仅有 5 种，占中国已知种数的 19. 23%；古北区和东洋区均有分布的有 1 种。

就我国各个地理区系来看，西南区种类最为丰富，分布 9 种，占全部中国种类的 34.62%，均为该地理区系的特有种；其次是华中区，分布 7 种，占 26.92%，均为该地理区系的特有种；再次是华南区，分布 6 种，占 23.08%，有 4 种为该地理区系的特有种；东北区分布 3 种，占 11.54%，有 2 种为该地理区系的特有种；最少分布的是华北区和蒙新区，均仅分布 1 种，占 3.85%，均为各自地理区系的特有种；青藏区则无褶蚊科种类分布。

2. 网蚊科

1）属级阶元

我国网蚊科共 7 属，约占世界已知属总数的 23.33%。网蚊科在我国分布的 7 属均不是中国特有属。丽网蚊属、毛网蚊属和新网蚊属在我国仅分布于古北区。蜂网蚊属和霍氏网蚊属在我国仅分布于东洋区。网蚊属和望网蚊属在古北区和东洋区均有分布（表 5）。

表 5　中国网蚊科各属的地理区系分布情况

属名	古北区				东洋区			古北区与东洋区	中国特有
	东北区	华北区	蒙新区	青藏区	西南区	华中区	华南区		
Agathon	+								
Apistomyia						+	+		
Bibiocephala	+								
Blepharicera	+	+	+	+	+	+	+	+	
Horaia					+				
Neohapalothrix	+								
Philorus		+			+		+	+	
总计	4	1	1	1	3	2	2	1	0
占中国/%	57.14	14.29	14.29	14.29	42.86	28.57	28.57		
特有属	0	0	0	0	0	0	0		

在我国分布的属中，丽网蚊属、毛网蚊属、霍氏网蚊属和新网蚊属分布较局限，丽网蚊属、毛网蚊属和新网蚊属均仅分布于东北区，霍氏网蚊属仅分布于西南区。望网蚊属分布较广泛，分布于华北区、西南区和华南区。网蚊属分布最广泛，在我国七大地理区系中均有分布。

就我国各个地理区系来看，东北区最丰富，分布 4 属，占 57.14%；其次是西南区，分布 3 属，占 42.86%；再次是华中和华南区，均分布 2 属，占 28.57%；最少的是华北区、蒙新区和青藏区，均仅分布 1 属，占 14.29%。总体而言，我国东洋区三动物地理区系和古北区四动物地理区系的属级阶元丰度一致。

2）种级阶元

我国分布有网蚊科 7 属 28 种，中国特有的有 23 种。网蚊科各种在我国各地理区系的分布情况见表 6。

表 6 中国网蚊科各种的地理区系分布情况

属名	种名	古北区				东洋区			古北区与东洋区	中国特有
		东北区	华北区	蒙新区	青藏区	西南区	华中区	华南区		
Agathon										
	A. montanus	+								
Apistomyia										
	A. nigra							+		+
	A. uenoi						+			
Bibiocephala										
	B. komaensis	+								
Blepharicera										
	B. asiatica					+		+		
	B. balangshana					+				+
	B. beishanica				+					+
	B. dimorphops						+			+
	B. dushanzica			+						+
	B. gengdica					+				+
	B. guniushanica						+			+
	B. hainana							+		+
	B. hebeiensis		+							+
	B. kongsica					+				+
	B. macropyga							+		+
	B. nigra							+		+
	B. shaanxica		+							+
	B. taiwanica							+		+
	B. uenoi							+		+
	B. xinjiangica			+						+
	B. xizangica					+				+
	B. yamasakii	+								+
Horaia										
	H. calla					+				+
	H. xizangana					+				+
Neohapalothrix										
	N. manschukuensis	+								+
Philorus										
	P. emeishanensis					+				+
	P. levanidovae		+							
	P. taiwanensis							+		+
总计		4	3	2	1	8	3	8	0	23
占中国/%		14. 29	10. 71	7. 14	3. 57	28. 57	10. 71	28. 57		
特有种		2	2	2	1	7	2	7		

我国东洋区三动物地理区系的网蚊科种类数量较多，分布 19 种，占中国已知种数的 67.86%；而古北区四动物地理区系种数较少，分布 10 种，占中国已知种数的 35.71%；没有种类既分布于古北区又分布于东洋区。

就我国各个地理区系来看，西南区和华南区种类最为丰富，各分布 8 种，占全部中国种类的 28.57%，均有 7 种为该地理区系的特有种；其次是东北区，分布 4 种，占 14.29%，有 2 种为该地理区系的特有种；再次是华北区和华中区，各分布 3 种，占 10.71%，均有 2 种为该地理区系的特有种；蒙新区分布 2 种，占 7.14%，均为该地理区系的特有种；最少分布的是青藏区，仅分布 1 种，占 3.57%，为该地理区系的特有种。

各

论

一、褶蚊科 Ptychopteridae

体中等大小。单眼缺失，触角细长，身体呈亮黑色或黄色，胸部和腹部常具黄色条纹。翅细长，翅面具明显纵褶；一条位于径脉与中脉之间，穿过径中横脉，很像食蚜蝇的伪脉；另一条在肘脉与臀脉之间。褶蚊的平衡棒在基部具一小的棒状附属物，称为前平衡棒。足细长，在幻褶蚊亚科中，足常具有黑白相间的条纹。

褶蚊科昆虫世界广布，目前已知 2 亚科 3 属 100 余种。本书记述我国褶蚊科 2 亚科 2 属 26 种。

分 亚 科 检 索 表

1. 体纤细；触角鞭节具 18 或 19 节；足常具黑白两色条带；翅长一般短于体长，翅脉 M_{1+2} 不分支 ……………………………………………………… **幻褶蚊亚科 Bittacomorphinae**

\- 体粗壮；触角鞭节具 13 节；足浅黄色到深棕色；翅长一般长于体长，翅脉 M_{1+2} 分支 …………………………………………………………………… **褶蚊亚科 Ptychopterinae**

（一）幻褶蚊亚科 Bittacomorphinae

触角丝状，鞭节具 18 或 19 节；体色深棕至黑；足一般具黑白两色条带。翅长短于体长，翅一般不具斑或斑不明显，翅脉 M_{1+2} 不分支，翅面 R 脉末端和中盘室常具微毛。腹部末端略膨大，第九背板具一对背叶突和一对侧叶突；生殖刺突简单，呈棒状。

幻褶蚊亚科主要分布在古北区、新北区和东洋区，全世界已知 2 属 13 种，本书记述该亚科 1 属 3 种。

1. 幻褶蚊属 *Bittacomorphella* Alexander，1916

Bittacomorphella Alexander，1916. Proc. Acad. Nat. Sci. Phila. 68：545（as subgenus of *Bittacomorpha*）. Type species：*Bittacomorpha jonesi* Johnson，1905（by original designation）.

属征 触角丝状，鞭节具 18 或 19 节，末端鞭节极小，雄性触角长于雌性；体色深棕至黑；足一般具黑白两色条带，前足胫节具一个两裂片的刺，跗节第一节不膨大。翅长短于体长，翅一般不具斑或斑不明显，翅脉 M_{1+2} 不分支，翅面 R 脉末端和中盘室常具微毛。腹部末端略膨大，第九背板具一对背叶突和一对侧叶突；生殖刺突简单，呈棒状。

讨论 幻褶蚊属分布较局限，仅分布于古北区、新北区和东洋区。全世界已知 11 种，我国分布 3 种。

分 种 检 索 表

1. 翅长为翅宽的 4 倍；胫节基部白色明显，约为胫节长的 1/6；跗节第一节具白色基部，长为跗节第一节的 1/5；跗节第四和第五节呈深棕色 ………… **昭通幻褶蚊 *B. zhaotongensis***
\- 翅长为翅宽的 4.5 倍；胫节基部白色不明显，仅最基部为白色；跗节第一节不具白色基部或仅最基部为白色；跗节第四和第五节白色，末端略带棕色 ……………………………… 2
2. 中胸侧片灰白色；前足跗节第一节端部不具白色环；第九背板两裂瓣，每裂瓣呈半圆形；阳基侧突端部尖且骨化强烈，向内弯曲；下生殖板的锥状部分呈半圆形 ……………………………………………………………………………… **贡山幻褶蚊 *B. gongshana***
\- 中胸侧片棕黑色；前足跗节第一节端部具白色环；第九背板两裂瓣，每裂瓣呈近似矩形；阳基侧突端部圆且透明，直；下生殖板的锥状部分呈乳突状 ………… **林氏幻褶蚊 *B. lini***

（1）贡山幻褶蚊 *Bittacomorphella gongshana* Kang，Wang & Yang，2012（图 23；图版 9a）

Bittacomorphella gongshana Kang，Wang & Yang，2012. Zootaxa 3557（2012）：32. Type locality：China：Yunnan，Lushui.

鉴别特征 跗节第一节棕黑色，第二和第三节白色，第四和第五节略带棕色；中胸侧片灰白色；第九背板分为两叶瓣，每一叶瓣呈椭圆形，后缘中部的三角区域具短毛；第九背板背突呈指状，尖端逐渐变细，尖端具长毛；阳基侧突细长，基部透明，端部黑色并尖细，黑色的尖端强烈向内侧弯曲；下生殖板的锥形部分圆，边缘骨化强烈，并具短而粗的毛。

描述 雄虫 体长 11.0 mm，翅长 7.0 mm。

头部一致被银色粉。头顶棕黑色，额棕黑色，颜灰棕色，颊灰棕色，后头棕黑色，额部具黑色毛，复眼后缘具一排黑色长毛。复眼黑色，小眼间光裸无毛。触角 20 节，长 8 mm，略长于翅长。触角一致呈棕黑色，具白色毛。喙白色，不具毛。下颚须第一和第二节白色，其他节棕黑色，具均匀黑色毛。

胸部被银色粉。前胸盾片棕黑色；前胸侧片灰白色。中胸盾片棕黑色，两侧边缘呈灰白色；小盾片棕色；后背片和侧背片深棕色。中胸侧片灰白色。胸部大部分光裸无毛，仅小盾片前缘两端各具一簇浓密短毛。各足基节灰白色，前足基节端部略带棕色；各足转节灰白色；各足腿节最基部灰白色，后逐渐加深至棕黑色；各足胫节大部分呈棕黑色，仅最基部为白色；各足跗节第一节棕黑色，第二和第三节白色，第四和第五节白色，端部略带棕色。足第二和第三跗节具白色毛，其他节均具黑色毛。翅狭长，长为宽的 4.5 倍；翅半透明，略带棕色，翅上 R_1 末端具一个不太明显的棕色翅痣；翅脉棕色；翅端部区域具微毛。平衡棒基部为灰白色，棒部棕黑色，具黑色毛；前平衡棒灰棕色，具白色毛。

腹部大部分呈棕黑色，第二至第七背板后缘为灰棕色；腹部具黑色毛。雄性外生殖器：第九背板分为两叶瓣，每一叶瓣呈椭圆形，后缘中部的三角区域具短毛；第九背板背突呈指状，尖端逐渐变细，尖端具长毛；第九背板侧突长，基部宽阔，中部向内弯曲，端部尖细且骨化强烈，背侧表面具几根长毛。生殖基节与生殖刺突长几乎相等。生殖刺突指状，向内侧弯曲，基部较宽，端部圆，背侧表面具7~8根长毛。阳基侧突细长，基部透明，端部黑色并尖细，黑色的尖端强烈向内侧弯曲。阳茎短，骨化强烈。下生殖板的锥形部分圆，边缘骨化强烈，并具短而粗的毛。

雌虫 体长12.5 mm，翅长7.8 mm。与雄虫相似。腹部末端尾须呈刀片状，中部微凹，长为第八腹节的1.5倍，具黑色的毛。

观察标本 正模♂，云南泸水片马（26°0′N，98°30′E；1 900 m），2012.Ⅶ.25，王俊潮。副模1♂1♀，云南泸水片马（26°0′N，98°30′E；1 900 m），2012.Ⅶ.25，王俊潮。

分布 中国云南（泸水）。

讨论 此种与分布于泰国的*B. thaiensis* Alexander，1953近似，但体长更长，前足第四至第五跗节白色，端部略带棕色。而*B. thaiensis*前足第四至第五跗节为黑色。

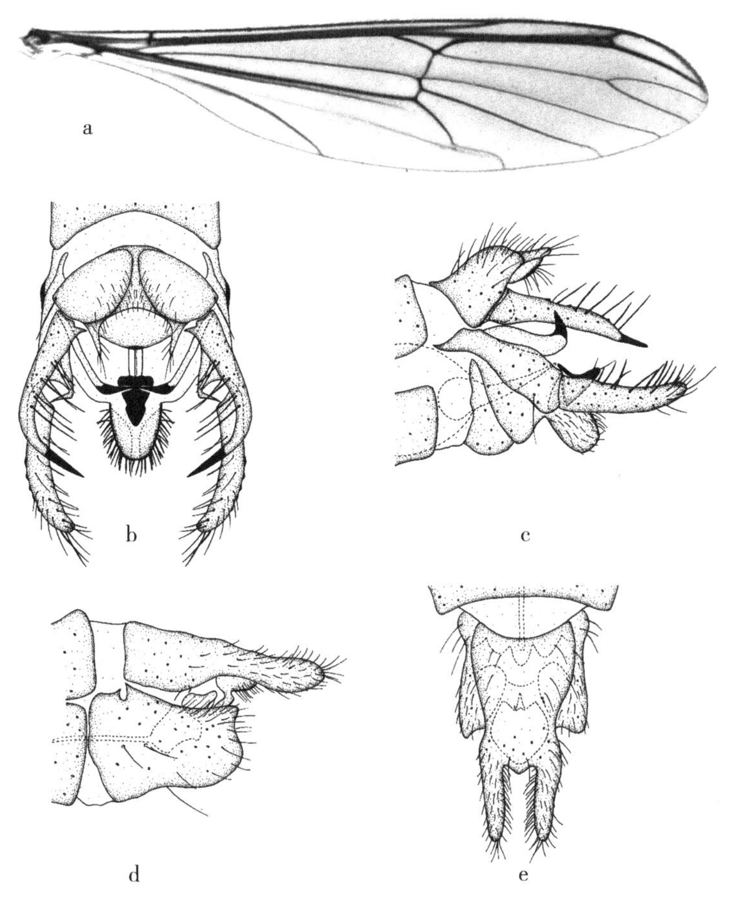

图23 贡山幻褶蚊*Bittacomorphella gongshana* Kang，Wang & Yang

a. 翅（wing）；b. 雄性外生殖器，背视（male genitalia，dorsal view）；
c. 雄性外生殖器，侧视（male genitalia，lateral view）；
d. 雌性尾器，侧视（female terminalia，lateral view）；
e. 雌性尾器，背视（female terminalia，dorsal view）

（2）林氏幻褶蚊 *Bittacomorphella lini* Young & Fang，2011（图 24；图版 9b）

Bittacomorphella lini Young & Fang，2011. Ann. Carneg. Mus. 80：2. Type locality：China：Taiwan.

鉴别特征 前足跗节第一节端部具白色环，中足和后足跗节第一节为棕黑色，各足跗节第二和第三节白色，第四和第五节略带棕色。中胸侧片棕黑色。第九背板背突指状，中部向内收敛，端部具长毛；第九背板侧突长，指状，中部稍向内弯曲，端部尖细且骨化强烈，背侧表面具几根长毛；生殖刺突指状，向内弯曲，基部宽阔，端部尖细，背侧表面具 7~8 根长毛；下生殖板的锥形部分呈乳突状，边缘骨化强烈，具黑色毛。

描述 雄虫 体长 12.8 mm，翅长 7.0 mm。

头部一致被银色粉。头部一致呈棕黑色，头被黑色毛。复眼黑色，小眼间光裸无毛。触角 20 节，长 7 mm，与翅几乎等长。触角一致呈棕黑色，具白色毛。喙白色，不具毛。下颚须第一和第二节白色，其他节略带棕色，具均匀黑色毛。

胸部被银色粉。前胸盾片棕黑色；前胸侧片灰白色。中胸盾片棕黑色，小盾片棕黑色；后背片和侧背片棕黑色。中胸侧片棕黑色。胸部大部分光裸无毛，仅小盾片前缘两端各具一簇浓密短毛。各足基节灰白色；各足转节灰白色；各足腿节最基部灰白色，后逐渐加深至棕黑色；各足胫节棕黑色；前足跗节第一节大部分棕黑色，端部具白色环；中足和后足跗节第一节一致呈棕黑色；各足跗节第二和第三节白色，第四和第五节白色，端部略带棕色。足第二和第三跗节具白色毛，其他节均具黑色毛。翅狭长，长为宽的 4.5 倍；翅半透明，略带棕色，翅上 R_1 末端具一个不太明显的棕色翅痣；翅脉棕色；翅端部区域具微毛。平衡棒基部为灰白色，棒部棕黑色，具黑色毛；前平衡棒灰棕色，具白色毛。

腹部大部分呈棕黑色，第二至第七背板后缘为灰棕色。腹部具黑色毛。雄性外生殖器：第九背板分为两叶瓣，每个叶瓣略呈长方形，后缘中部的三角区域具短毛；第九背板背突指状，中部向内收敛，端部具长毛；第九背板侧突长，指状，中部稍向内弯曲，端部尖细且骨化强烈，背侧表面具几根长毛。生殖基节与生殖刺突几乎等长。生殖刺突指状，向内弯曲，基部宽阔，端部尖细，背侧表面具 7~8 根长毛。阳基侧突棒状，透明。阳茎短，骨化强烈。下生殖板的锥形部分呈乳突状，边缘骨化强烈，具黑色毛。

雌虫 体长 12.5 mm，翅长 7.8 mm。与雄虫相似。雌性腹部末端尾须呈刀片状，中部略凹，尾须为第八腹板的 1.5 倍，具黑色毛。第八腹板基部宽，端部微细且微凹，具黑色毛。

观察标本 14♂9♀，四川乐山峨眉山零公里（29°32′N，103°19′E；1 270 m），2012. Ⅶ. 15，王俊潮。

分布 中国四川（乐山）、安徽（岳西）、台湾。

讨论 此种与分布于我国的贡山幻褶蚊相似，但中胸侧片为棕黑色，前足跗节第一节端部具白色环；阳基侧突端部圆、直且透明，下生殖板的锥状部分呈乳突状。而后者的中胸侧片灰白色，前足跗节第一节端部不具白色环，阳基侧突端部尖，向内弯曲且骨化强烈，下生殖板的锥状部分呈半圆形。盛萍萍等人在 2017 年报道了该种在安徽省的首次发现，丰富了该种在我国的分布数据。

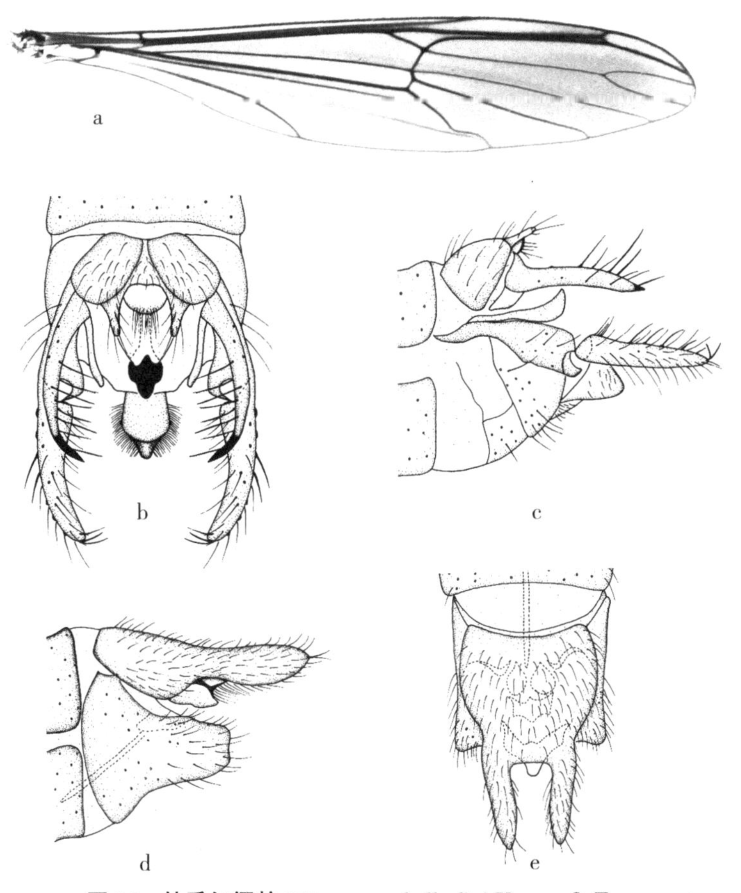

图 24　林氏幻褶蚊 *Bittacomorphella lini* Young & Fang

a. 翅（wing）；b. 雄性外生殖器，背视（male genitalia，dorsal view）；
c. 雄性外生殖器，侧视（male genitalia，lateral view）；
d. 雌性尾器，侧视（female terminalia，lateral view）；
e. 雌性尾器，背视（female terminalia，dorsal view）

（3）昭通幻褶蚊 *Bittacomorphella zhaotongensis* Kang，Wang & Yang，2012（图 25；图版 10）

Bittacomorphella zhaotongensis Kang，Wang & Yang，2012. Zootaxa 3557（2012）：34. Type locality：China：Yunnan，Zhaotong.

鉴别特征　翅狭长，长为宽的 4 倍。中胸侧片深棕色。胫节基部 1/6 为白色，跗节第一节基部 1/5 为白色，跗节第二和第三节白色，第四和第五节深棕色。腹部末端尾须呈刀片状，中部强烈凹入，为第八腹板的 1.5 倍，具黑色毛。第八腹板端部凹，具黑色毛。

描述　雌虫　体长 11.0 mm，翅长 7.5 mm。

头部一致被银色粉。头部一致呈深棕色，复眼后缘具一排长毛。复眼黑色，小眼间光裸无毛。触角一致呈棕色，具黑色毛。喙黄棕色，不具毛。下颚须黄棕色，具均匀黑色毛。

胸部被银色粉。前胸盾片棕黑色；前胸侧片灰白色。中胸盾片深棕色，小盾片黄棕色；后背片和侧背片深棕色。中胸侧片深棕色。胸部大部分光裸无毛，仅小盾片前缘两端各具一簇浓密短毛。各足基节黄色；各足转节黄色，前缘具棕色斑；各足腿节基部黄棕色，后逐渐加深至深棕色；各足胫节基部 1/6 为白色，其他部分深棕色；各足跗节第一节基部 1/5 为白色，其他部分为深棕色，跗节第二和第三节白色，第四和第五节深棕色。足第二和第三跗节具白色毛，其他节均具黑色毛。翅狭长，长为宽的 4 倍；翅半透明，略带棕色，翅上 R_1 末端具一个不太明显的棕色翅痣；翅脉棕色；翅端部区域具微毛。平衡棒棕色，具黑色毛，前平衡棒灰白色，具白色毛。

腹部大部分为深棕色，第二至第七节腹节后缘为灰棕色。腹部具黑色毛。雌性腹部末端：尾须呈刀片状，中部强烈凹入，为第八腹板的 1.5 倍，具黑色毛。第八腹板端部凹，具黑色毛。

雄虫　未知。

观察标本　正模♀，云南昭通小草坝，2009. Ⅸ. 15，张婷婷。副模 1♀，云南昭通罗汉坝，2009. V. 29，曹亮明。

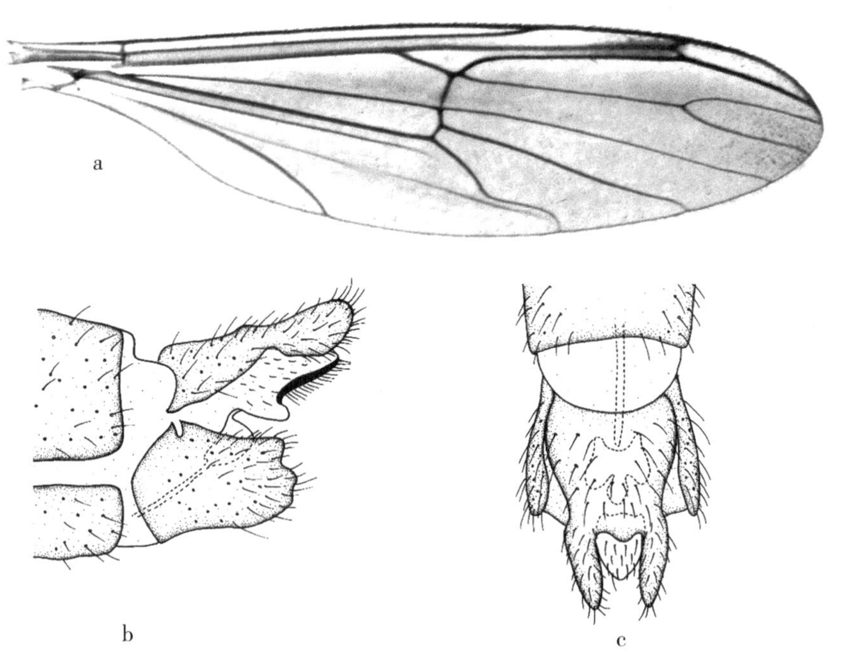

图 25　昭通幻褶蚊 *Bittacomorphella zhaotongensis* Kang, Wang & Yang

a. 翅（wing）；b. 雌性尾器，侧视（female terminalia, lateral view）；
c. 雌性尾器，背视（female terminalia, dorsal view）

分布 中国云南（昭通）。

讨论 此种由于其足胫节基部1/6呈白色，跗节第一节基部1/5呈白色，使其足呈黑白条纹相间。其足上特征与分布于我国的贡山幻褶蚊和林氏幻褶蚊差别较大。

（二）褶蚊亚科 Ptychopterinae

触角丝状，鞭节具13节，每小节呈圆柱形。头部颊中间常具一个黑色椭圆形的斑点。足浅黄色到深棕色，腿节端部常具深色环；足细长，前足胫节具一根多毛的锥状刺，中足和后足均具两根同样大小的锥状刺。翅上常具棕色斑块或条带；翅脉 M_{1+2} 分为两支。腹部长短于翅长，黄色到深棕色。腹部末端膨大。

褶蚊亚科为世界性分布，该亚科全世界已知1属80余种，我国已知1属23种，包括1新记录种。

2. 褶蚊属 *Ptychoptera* Meigen，1803

Ptychoptera Meigen，1803. Mag. f. Insektenk.（Illiger）2：262. Type species：*Tipula contaminata* Linnaeus，1758（by designation of Latreelle，1810）.

Liriope Meigen，1800. Nouve. Class. Mouches：14. Type species：*Tipula contaminata* Linnaeus，1758.（suppressed by I. C. Z. N.，1963）.

Paraptychoptera Tonnoir，1919. Ann. Soc. Ent. Fr. 59：115. Type species：*Ptychoptera paludosa* Meigen，1804（by original designation）.

属征 触角丝状，鞭节具13节，每小节呈圆柱形。头部颊中间具一个黑色椭圆形的斑点。复眼后缘常具一排长毛。足浅黄色到深棕色，腿节端部常具深色环；足细长，前足胫节具一根多毛的锥状刺，中足和后足均具两根同样大小的锥状刺。翅上常具棕色斑块或条带，形状变化较大；翅脉 M_{1+2} 分为两支。腹部长短于翅长，黄色到深棕色。腹部末端膨大；第九背板叶两裂瓣或合并，第九背板抱握器形状变化较大；生殖刺突常具不同的叶片和突起，形状变化较大。

讨论 褶蚊属为世界性分布，该属全世界已知约80种，我国分布23种，包括1新记录种。

分 种 检 索 表

1.	r-m 脉起源于 R_{4+5} 脉，连接处在 Rs 分叉处之后；Rs 脉不长于 r-m 脉	2
-	r-m 脉起源于 Rs 脉，连接处在 Rs 分叉处之前或在分叉处；Rs 脉至少为 r-m 脉的1.5倍	10
2.	中胸侧片大部分棕色；第九背板抱握器为棕色	金环褶蚊 ***P. circinans***
-	中胸侧片黄色；第九背板抱握器为黄色	3
3.	生殖刺突细长，为生殖基节长的1.5倍	版纳褶蚊 ***P. bannaensis***
-	生殖刺突短，与生殖基节长相当	4
4.	后盾片深棕色，具一个大的黄色斑点	5
-	后盾片一致黑色	6
5.	翅在 R_{1+2}、R_{4+5} 和 R_{1+2} 分支处具斑点，并形成一条宽的带状条纹；腹部第一背板黄色，端	

部 1/5 为浅棕色；第九背板亚端刺不存在；生殖刺突的前基叶不二分裂，生殖刺突的中基叶不二分裂；阳基侧突端突半月形，端部向外延伸 ……………………… 心褶蚊 ***P. cordata***

\- 翅在 R_{1+2}、R_{4+5} 和 R_{1+2} 分支处具分开斑点，不形成宽的带状条纹；腹部第一背板深棕色，基部 1/5 为黄色；第九背板亚端刺呈横向圆锥形；生殖刺突的前基叶二分裂，生殖刺突的中基叶二分裂；阳基侧突端突钩状，端部向内弯曲………………… 云南褶蚊 ***P. yunnanica***

6\. 翅在 R_{4+5} 具明显斑点，在 R_{1+2} 和 M_{1+2} 分叉处斑点弱且几乎不可见 ……… 李氏褶蚊 ***P. lii***

\- 翅在 R_{1+2}、R_{4+5} 和 M_{1+2} 分叉处具三个明显斑点，分离或形成一个斑带 ………………… 7

7\. 腹部第二背板前缘黄色，中部具有棕色斑点；生殖突刺中基叶细长呈指状 ……………………………………………………………… 泸水褶蚊 ***P. lushuiensis***

\- 腹部第二背板前缘黄棕色，中部不具棕色斑点；生殖突刺中基叶宽阔呈舌状 …………… 8

8\. 腹部第五和第六背板深棕色，第六和第七腹板棕色；生殖刺突端刺突呈钩状 …………… 9

\- 腹部第五和第六背板黄色，第六和第七腹板黄色；生殖刺突端刺突呈指状 ……………………………………………………………… 台湾褶蚊 ***P. formosensis***

9\. 腹部第六和第七腹板为黄色；背针突端部向上弯曲；生殖刺突前基叶端部二分裂，阳基侧突端突具一对钩形的突起……………………………… 天目山褶蚊 ***P. tianmushana***

\- 腹部第六和第七腹板大部分为棕色；背针突端部不向上弯曲；生殖刺突前基叶端部不二分裂，阳基侧突端突具一对细长的“L”形的突起 ……………………… 峨眉褶蚊 ***P. emeica***

10\. 中胸侧片黄色 ……………………………………………………………… 11

\- 中胸侧片棕色或黑色 ………………………………………………………… 14

11\. 翅不具条带和斑点 …………………………………………………………… 12

\- 翅具条带或斑点 ……………………………………………………………… 13

12\. 小盾片黄棕色；腹部第二背板大部分为黄色，后缘为棕色；第九背板抱握器内侧不具乳状突起；生殖刺突中基叶呈半圆形 ……………………………… 王氏褶蚊 ***P. wangae***

\- 小盾片棕黑色，中间区域为黄色；腹部第二背板大部分为棕黑色，中间区域为黄色；第九背板抱握器内侧具两个乳状突起；生殖刺突中基叶呈耳朵形 ……………………………………………………………… 河口褶蚊 ***P. hekouensis***

13\. Rs 基部具一个椭圆形斑点，腹部腹板黄色 ……………………… 青沟褶蚊 ***P. qinggouensis***

\- Rs 基部不具一个椭圆形斑点，腹部腹板黑色 ……………………… 鞍背褶蚊 ***P. clitellaria***

14\. 腹部第九背板叶与第九背板抱握器合并 ……………………………………… 15

\- 腹部第九背板叶与第九背板抱握器未合并 …………………………………… 21

15\. r-m 脉与 Rs 相连接处在 Rs 分叉出之前，长约与 r-m 脉一样长；第九背板抱握器短且钝 ……………………………………………………………… 16

\- r-m 脉与 Rs 相连接处在 Rs 分叉处；第九背板抱握器细长 ……………………… 17

16\. 前足和中足腿节棕色，端部 1/3 为深棕色；前足和中足胫节大部分为深棕色；腹部大部分为深棕色；第九背板抱握器呈圆锥形，内侧具三个乳状突起 …… 离脉褶蚊 ***P. separata***

\- 前足和中足腿节为亮黄色，前足和中足胫节大部分为黄色；腹部大部分为黄色；第九背板抱握器为三角形，内侧具两个圆锥形突起……………………… 黄胫褶蚊 ***P. tibialis***

17\. CuA_1 脉中部具一个椭圆形斑点 ………………………………………… 18

\- CuA_1 脉中部不具一个椭圆形斑点 ……………………………………… 20

18\. 腹部第九背板抱握器内侧不具一个弯曲的指状突起 …………………………… 19

\- 腹部第九背板抱握器内侧具一个弯曲的指状突起………… 小黄山褶蚊 ***P. xiaohuangshana***

19\. 第九背板抱握器向下弯曲，端部分叉 ………………………… 古田山褶蚊 ***P. gutianshana***

\- 第九背板抱握器直，端部未分叉…………………………………… 小丽褶蚊 ***P. bellula***

20\. 生殖刺突长于生殖基节 ………………………………… 兴隆山褶蚊 ***P. xinglongshana***

\- 生殖刺突不长于生殖基节 ……………………………… 龙王山褶蚊 ***P. longwangshana***

21\. 第九背板两裂瓣，第九背板抱握器基部未合并 ………………………………… 22

\- 第九背板未两裂瓣，第九背板抱握器基部合并 ………………………… 长突褶蚊 ***P. longa***

22\. 腹部第二和第三背板棕黑色；第九背板抱握器指状，基部宽，中部向内弯曲 ……………………………………………………………… 黑体褶蚊 ***P. lucida***

\- 腹部第二和第三背板大部分黄色；第九背板抱握器平且弯刀状，内缘中部略肿胀 ……………………………………………………………… 扬褶蚊 ***P. yankovskiana***

(4) 版纳褶蚊 *Ptychoptera bannaensis* Kang, Yao & Yang, 2013（图 26；图版 11a）

Ptychoptera bannaensis Kang, Yao & Yang, 2013. Zootaxa 3682 (4): 542. Type locality: China: Yunnan, Xishuangbanna.

鉴别特征 翅上具两条狭窄的棕色斑带：中部斑带从 Rs 基部延伸至 CuA_2 脉的中部；亚端部斑带从翅边缘的翅痣开始，延伸至 M_2 脉的端部。各足腿节黄色，端部具深棕色环。第九背板抱握器极细长，逐渐变细且向下弯曲，中部突然增粗，末端呈指状向后侧平伸出；生殖基节端突第二叶片呈指状，端部钝；生殖基节端突第三叶片椭圆形；生殖基节端突极细长，呈指状。

描述 雄虫 体长 7.0 mm，翅长 7.5 mm。

头顶棕色，额棕色，颜黄色，颊黄色，后头黄色，头顶被棕色毛，颜和颊被黄色毛。唇基黄棕色，被浅色毛。复眼黑色，小眼间光裸无毛。触角细长，具 15 节；触角柄节，梗节和鞭节第一节基部 2/3 黄色，其他鞭节逐渐变深至深棕色；触角丝状，柄节椭圆形，梗节偏圆形，鞭节长圆柱形；各节具深棕色毛。喙黄色，具棕色毛。下颚须黄色，圆柱形，第一节至第四节逐渐变细，具深棕色毛。

胸部前胸背板深棕色，前胸侧板黄色。中胸前盾片和盾片黑色，小盾片和后背片黑色。侧片一致呈黄色。胸部大部分光裸无毛，仅侧背片前缘两侧各具一簇棕色长毛。各足基节黄色；各足转节黄色；各足腿节黄色，端部具深棕色环；各足胫节黄棕色，端部具深棕色环；各足跗节第一节基部黄棕色，后逐渐变为深棕色，第二至第四跗节深棕色。足各节具深棕色毛。后足跗节各节之比为 10.5∶2.2∶1.5∶1∶1。翅长为其宽的 3.6 倍，半透明；翅上具两条狭窄的棕色斑带：中部斑带从 Rs 基部延伸至 CuA_2 脉的中部；亚端部斑带从翅边缘的翅痣开始，延伸至 M_2 脉的端部。翅脉棕色，脉序：Sc 脉与 C 脉的合并处未达到 R_{2+3} 基部 1/3 处；Rs 短，约为 r-m 的 1/2；r-m 与 Rs 的连接点在 Rs 分叉处后。平衡棒黄色，具棕色毛；前平衡棒为黄色。

腹部背板第一节黄色，端部 1/3 棕黑色；第二节黄色，端部 1/5 棕黑色；第三节黄色，后缘棕黑色；第四节黄色，后缘棕黑色；背板第五至第七节为棕黑色。腹部腹板黄色。腹部具棕色毛。雄性外生殖器黄色。第九背板呈两裂瓣，第九背板叶宽，呈近三角形；第九背板抱握器逐渐变细且向下弯曲，中部突然增粗，末端呈指状向后侧平伸出；第九背板具均匀黑色短毛。肛上板呈“V”形，后缘具短毛。生殖基节长为宽的 2.5 倍，基部表皮内突宽；阳基侧突端突钩状。生殖刺突前基叶宽大呈舌状，具几根长毛；生殖刺突中基叶呈指状，末端尖，具黑色毛；生殖刺突端突第二叶片呈指状，端部钝；生殖刺突端突第三叶片椭圆形；生殖刺突端突极细长，呈指状，具均匀短毛。下生殖板基部宽大呈梯形，前缘向内凹陷呈“V”形，具均匀短毛；下生殖板基叶呈近圆形，中部具一簇浓密黑色长毛；下生殖板指突叶呈近梯形，后缘具浓密长毛；下生殖板端部双乳突形。

雌虫 未知。

观察标本 正模♂，云南勐仑 55 号地，2007.Ⅳ.24，李文亮。副模 1♂，云南勐仑

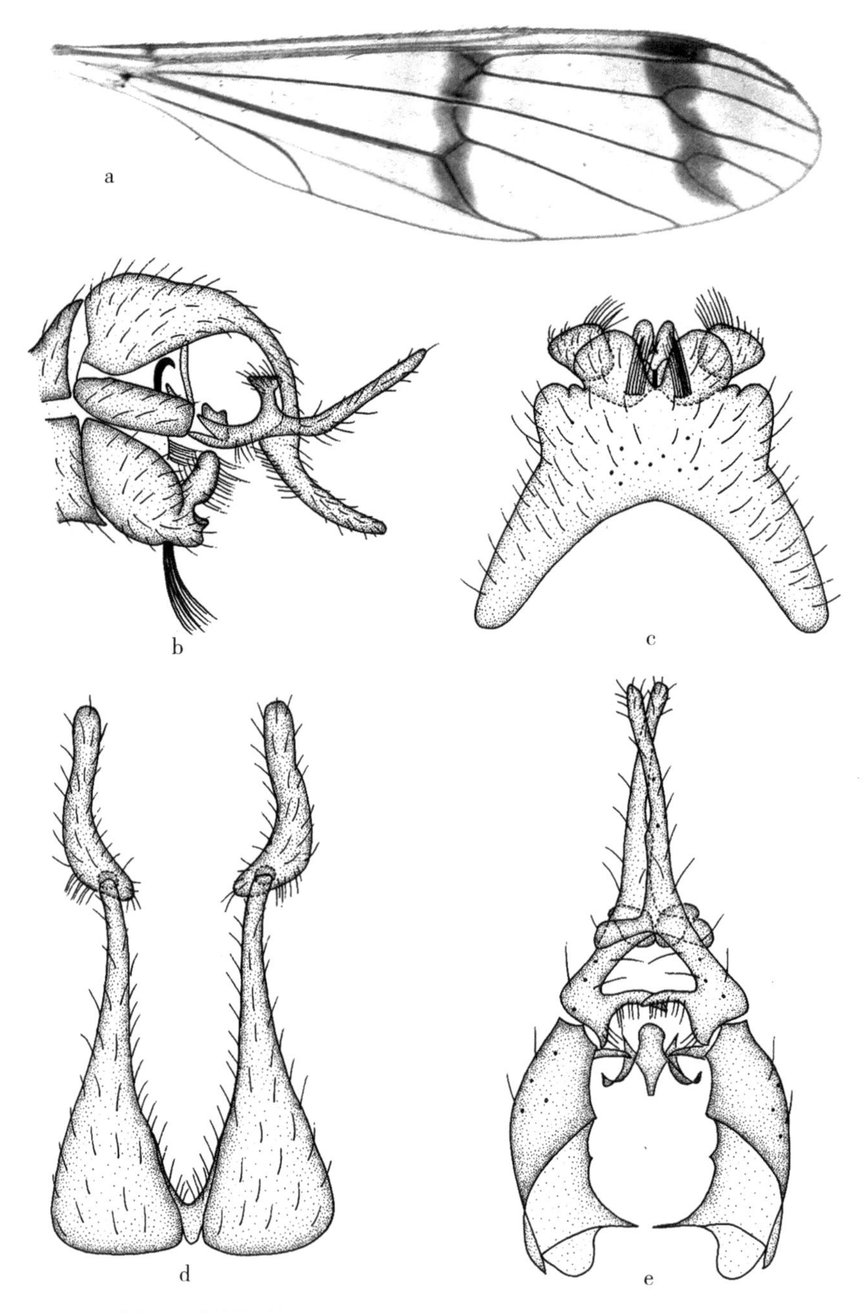

图 26　版纳褶蚊 *Ptychoptera bannaensis* Kang，Yao & Yang

a. 翅（wing）；b. 雄性外生殖器，侧视（male genitalia，lateral view）；
c. 下生殖板，腹视（hypandrium，ventral view）；d. 第九背板，背视（epandrium，dorsal view）；
e. 生殖基节和生殖刺突，背视（gonocoxite and gonostylus，dorsal view）

55 号地（630 m），2009. V. 6，王国全。

分布 中国云南（勐仑）。

讨论 此种与分布于中国的褶蚊属其他种类均具有明显不同。此种第九背板抱握器极细长，逐渐变细且向下弯曲，中部突然增粗，末端呈指状向后侧平伸出；生殖基节端突极细长。

（5）小丽褶蚊 *Ptychoptera bellula* Alexander，1937（图 27；图版 11b）

Ptychoptera bellula Alexander，1937. Philipp. J. Sci. 63（4）：367. Type locality：China：Jiangxi，Hong San.

鉴别特征 体色大部分呈黑色。中足和后足腿节黄色，末端具窄的黑色环。翅具 2 条棕色斑带和 4 个棕色云状斑。Rs 约为 R_{4+5} 的 3/5，r-m 的 4 倍。平衡棒柄部黄色，棒部黑色。第九背板抱握器细长且直，内缘中部具乳状突起。肛上板三角形，后缘中部具乳状突起，被浓密毛。生殖刺突中基叶指状，内侧具浓密均匀短毛；生殖刺突端突第二叶片牛角状，内侧具浓密刚毛；生殖刺突端突指状，端部稍膨大，具均匀短毛。下生殖板基叶细长弯曲；下生殖板指突叶椭圆形，被均匀短毛；生殖板端部圆锥形，中部具反向指状突起，指状突起被均匀短毛。

描述 雌虫 体长 7.0~7.2 mm，翅长 6.3~6.5 mm。

头一致呈亮黑色。复眼黑色。触角柄节和梗节棕黑色，鞭节第一节黄色，其他鞭节均为深棕色。喙黄色。下颚须第一节棕黄色，第二和第三节深棕色，第四节基部浅棕色，端部深棕色。

胸部前胸背板黑色，前胸侧板黑色。中胸背板黑色，中胸侧板黑色。各足基节黄色；各足转节黄色；前足腿节基部黄色，后逐渐加深至深棕色，中足和后足腿节黄色，末端具窄的黑色环；各足胫节黄棕色至棕色；跗节棕黑色。翅长为翅宽的 3.2 倍，半透明。翅具 2 条棕色斑带和 4 个棕色云状斑：中部斑带从 R 开始延伸到 CuA_2 脉弯曲处；亚端部斑带从翅前缘开始，覆盖 R_1 和 R_2，到达 M_2 端部；翅 R 和 M 室基部具 1 个三角形的棕色翅斑；Rs 基部具 1 个近梯形的棕色翅斑；CuA_1 中部具 1 个椭圆形的棕色翅斑；A_1 脉端部具 1 个小的圆形棕色翅斑。翅脉棕色，脉序：Sc 脉与 C 脉的合并处达到 R_{2+3} 基部 1/3 处；Rs 较长，约为 R_{4+5} 的 3/5，为 r-m 的 4 倍；r-m 与 Rs 的连接点在 Rs 分叉处。平衡棒柄部黄色，棒部黑色。

腹部大部分呈黑色，第四节基部 1/2 黄色。

观察标本 副模 2♀，江西寻乌 Hong San（1 000~1 053 m），1936. Ⅵ. 27-28，Judson Linsley Gressitt；1♀，浙江德清莫干山，1936. V. 29，Père Octave Piel。

分布 中国浙江（德清）、江西（寻乌）。

讨论 该种体型小，体大部分呈黑色，触角较短，翅上具较重的棕色斑带和斑块，翅脉 Rs 较长，约为 R_{4+5} 的 3/5，r-m 的 4 倍。

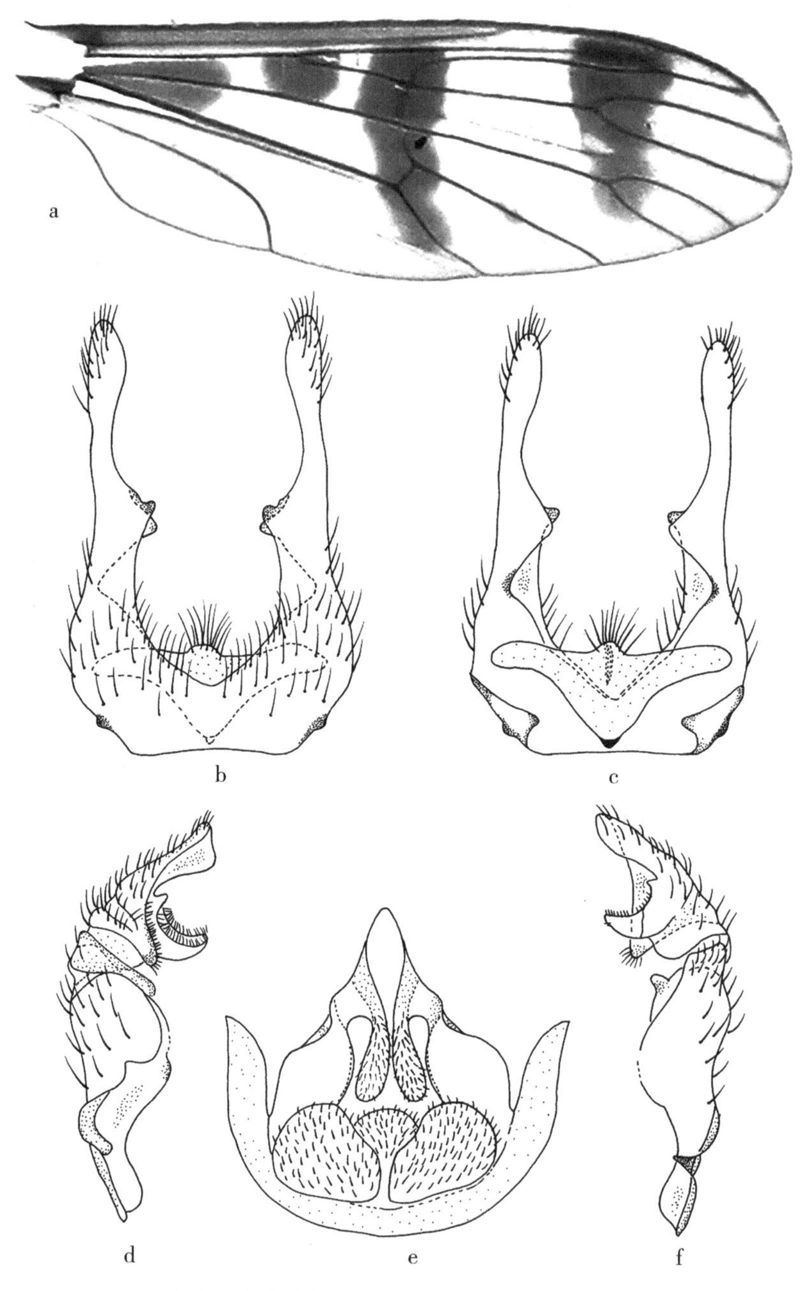

图 27　小丽褶蚊 *Ptychoptera bellula* Alexander

a. 翅（wing）; b. 第九背板，背视（epandrium，dorsal view）;
c. 第九背板，腹视（epandrium，ventral view）;
d. 生殖基节和生殖刺突，背视（gonocoxite and gonostylus，dorsal view）;
e. 下生殖板，腹视（hypandrium，ventral view）;
f. 生殖基节和生殖刺突，腹视（gonocoxite and gonostylus，ventral view）
（b-f，据 Krzemiński & Zwick，1993 重绘）

(6) 金环褶蚊 *Ptychoptera circinans* Kang, Xue & Zhang, 2019 (图 28; 图版 12a)

Ptychoptera circinans Kang, Xue & Zhang, 2019. Zootaxa 4648 (3): 462. Type locality: China: Fujian, Jianning, Minjiangyuan, Yingtaoling.

鉴别特征 翅具2条棕色斑带：中部斑带从Rs基部延伸到CuA_2脉中部区域；亚端部斑带从翅前缘开始，覆盖翅痣，到达M_2端部。腹部具5条明显的黄棕相间的斑带。第九背板黄色，端部1/2棕色。生殖刺突前基叶呈哑铃形，端部具几根毛；生殖刺突中基叶宽大片状，后缘具整齐浓密黑色短刚毛；生殖刺突端突第二叶片细长呈指状，端部具浓密短毛。

描述 雄虫 体长8.0 mm，翅长8.5 mm。

头顶深棕色，额深棕色，具棕色毛；颜黄色，具浅棕色毛；颊黄色，中间具一个黑色椭圆形的斑点，具深棕色毛；后头黄色。唇基黄色，被浅色毛。复眼黑色，小眼间光裸无毛。触角柄节，梗节和鞭节第一节基部2/3黄色，其他鞭节均为棕色；各节具深棕色毛。喙黄色，具棕色毛。下颚须大部分为黄色，末节端部棕色，具棕色毛。

胸部前胸背板黄色，前胸侧板黄色。中胸前盾片、盾片黑色；小盾片大部分深棕色，中部区域黄色，小盾片两侧具一簇深棕色毛；中背片深棕色，中部具1条黄棕色纵条纹；侧背片深棕色，具一簇浓密深棕色毛。前侧片大部分棕色，上前侧片上部2/3黄色；上后侧片棕色；下后侧片黄色，下部1/3逐渐加深。后胸侧片黄色。前足、中足基节黄色，后足基节黄色具浅棕色后缘；各足转节黄棕色；前足腿节基部黄色，后逐渐加深至棕色；中足和后足腿节黄色，端部具1个窄的棕色环；各足胫节黄棕色，端部具1个窄的深棕色环；前足和中足跗节第一节棕色；后足跗节第一节黄色，端部具1个窄的深棕色环；各足跗节其他节深棕色；足具深棕色毛。后足跗节之比为9.3∶2.5∶1.5∶1.2∶1。翅长为翅宽的3.8倍，半透明。翅具2条棕色斑带：中部斑带从Rs基部延伸到CuA_2脉中部区域；亚端部斑带从翅前缘开始，覆盖翅痣，到达M_2端部。翅脉棕色，脉序：Sc脉与C脉的合并处未达到R_{2+3}基部1/3处；Rs直，与r-m等长；r-m与Rs的连接点在Rs分叉处后。平衡棒浅棕色，具棕色毛，前平衡棒浅棕色。

腹部背板第一节深棕色，基部1/3为棕色；背板第二节棕色，前缘和中部区域黄色；背板第三节黄色，后缘1/5棕色；背板第四节黄色，后缘1/3棕色；背板第五至第七节棕色。腹板黄色；腹部具棕色毛。雄性外生殖器大部分为黄色，第九背板端部1/2棕色。第九背板呈两裂瓣，第九背板叶宽，呈近三角形；第九背板抱握器基部宽，逐渐变细且向下弯曲，端部稍微膨大；第九背板具棕色毛。肛上板呈"V"形，后缘具短毛。生殖基节长为宽的2.4倍，基部表皮内突细长，为生殖基节长的1/2；阳基侧突端突具2对突起，两侧突起钩状，端部具浓密黑色短毛，中部突起圆锥形。生殖刺突前基叶呈哑铃形，端部具几根毛；生殖刺突中基叶宽大片状，后缘具整齐浓密黑色短刚毛；生殖刺突端突第二叶片细长呈指状，端部具浓密短毛；生殖刺突端突细长，向末端逐渐变细，端部尖，具均匀短毛。下生殖板基部横宽呈梯形，具均匀短毛；下生殖板基叶呈近圆形，前缘两侧具一排浓密黑色长毛；下生殖板指突叶呈指状，微向中间弯曲，

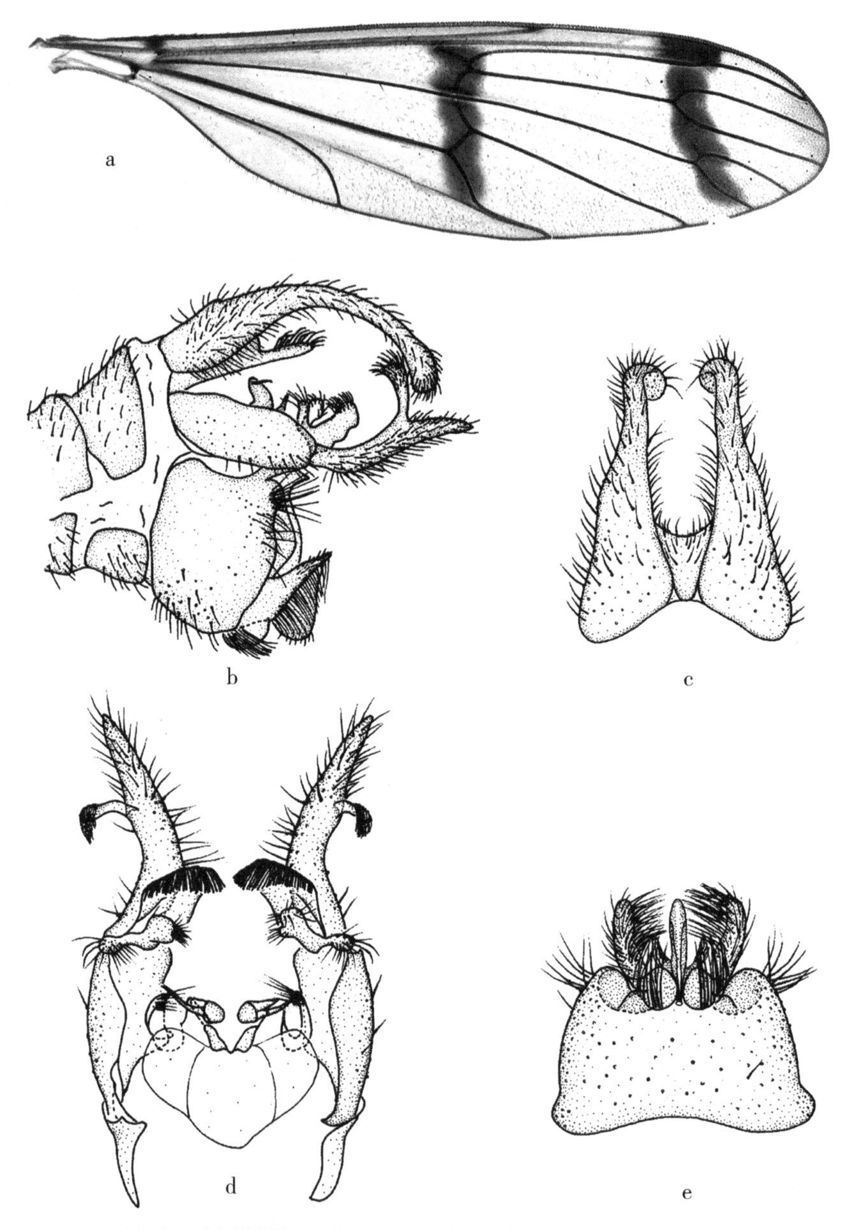

图 28　金环褶蚊 *Ptychoptera circinans* Kang，Xue & Zhang

a. 翅（wing）；b. 雄性外生殖器，侧视（male genitalia，lateral view）；
c. 第九背板，背视（epandrium，dorsal view）；
d. 生殖基节和生殖刺突，背视（gonocoxite and gonostylus，dorsal view）；
e. 下生殖板，腹视（hypandrium，ventral view）

具浓密长毛；下生殖板端部细长棒状。

雌虫 体长 9.0~10.0 mm，翅长 9.0~10.5 mm。与雄虫相似，但腹部第六和第七背板棕色，后缘黄色；第八背板黄色；第四至第七腹板黄色，后缘棕色。腹部末端第八腹板黄色，长为第七腹板的 1.2 倍；尾须黄色具黑色边缘，刀叶状，第十背板加尾须的长度约为第八腹板的 1.2 倍。

观察标本 正模♂，福建建宁闽江源樱桃岭（950 m，马氏网诱集），2015. Ⅲ。副模 4♀，福建建宁闽江源樱桃岭（950 m，马氏网诱集），2015. Ⅲ；4♀，福建德化戴云山后宅（马氏网诱集），2015. Ⅳ-Ⅷ。

分布 中国福建（建宁、德化）。

讨论 此种翅上棕色斑带与分布于我国的版纳褶蚊相似，但此种的中胸侧片大部分为棕色，第九背板黄色，端部 1/2 棕色。而版纳褶蚊中胸侧片一致呈黄色，第九背板一致呈黄色。

（7）鞍背褶蚊 *Ptychoptera clitellaria* Alexander，1935（图 29）

Ptychoptera clitellaria Alexander, 1935. Philipp. J. Sci. 57（2）：195. Type locality：China：Sichuan，Yachow.

鉴别特征 雌虫体长约 11 mm，翅长 11.5 mm。喙黄色；下颚须大部分呈棕色，末节呈棕黑色。触角柄节棕色。头大部分呈黑色，前额呈红棕色。前胸背板黄色。中胸前盾片黄色，其他全部的区域呈亮黑色，仅肩部狭窄区域和前缘两色更明亮；盾片、小盾片和中背片浅黄色。侧片浅黄色。平衡棒色暗。足基节和转节黄色；腿节大部分黄色，端部 1/8 处黑色；胫节深棕色，端部黑色；跗节黑色。翅大部分呈棕黄色，c 室、sc 室和前缘弧形区域明显呈黄色；翅具极小到几乎不明显的棕色斑点，位于翅弦和 R_{4+5} 和 M_{1+2} 分叉处；翅脉深棕色，黄色区域翅脉较浅。Rs 长，为 R_{4+5} 的 3/4；r-m 与 Rs 的连接点在 Rs 分叉处前；m_1 室小。翅在翅端部 1/3 区域具微毛。腹部背板第一至第四节两侧黄色，中部黑色；背板其他节黑色。腹板基部几节黄色，其他节和产卵器黑色；尾须外后缘微红。

分布 中国四川（“Yachow”）。

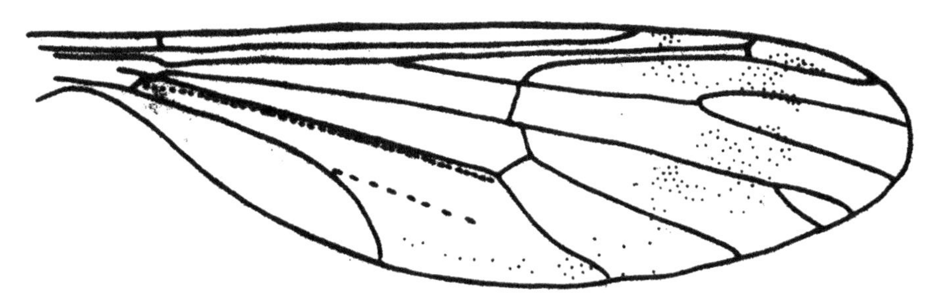

图 29 鞍背褶蚊 *Ptychoptera clitellaria* Alexander
翅（wing）（据 Alexander，1935 重绘）

（8）心褶蚊 *Ptychoptera cordata* Zhang & Kang，2021（图 30；图版 12b）

Ptychoptera cordata Zhang & Kang，2021. ZooKeys 1070：76. Type locality：China：Yunnan，Menghai，Mengbang Reservoir（1 272 m）.

鉴别特征 中背片深棕色，中部具一个大的心形的黄色斑。翅具两条棕色斑带：中部斑带从 Rs 基部延伸到 CuA_2 脉中部区域；亚端部斑带从翅前缘开始，覆盖翅痣，到达 M_2 端部。阳基侧突端突半月形，端部向外弯曲；下生殖板端部呈伞状。

描述 雄虫 体长 7.5~8.0 mm，翅长 7.0~7.5 mm。

头顶棕色，额棕色，颜黄色，颊黄色，中间具一个黑色椭圆形的斑点，后头黄色，头被棕色毛。唇基黄色，被浅色毛。复眼黑色，小眼间光裸无毛。触角柄节，梗节和鞭节第一节基部 2/3 黄色，其他鞭节为棕色；各节具深棕色毛。喙浅黄色，具浅棕色毛。下颚须大部分为黄色，末节端部逐渐加深至棕色，具棕色毛。

胸部前胸背板黄色，前胸侧板黄色。中胸前盾片、盾片黑色；小盾片大部分深棕色，中部区域黄色，小盾片两侧具一簇深棕色毛；中背片深棕色，中部具一个大的心形的黄色斑；侧背片上半部分为棕色，下半部分为黄色并具一簇浓密深棕色毛。侧片一致呈黄色。各足基节和转节黄色；前足和后足腿节黄色，端部具一个窄的棕色环；前足和后足胫节黄色，端部具一个窄的棕色环；前足和后足跗节第一节黄色，端部具一个窄的棕色环；足上具棕色毛。翅长为翅宽的 3.7 倍，半透明。翅具 2 条棕色斑带：中部斑带从 Rs 基部延伸到 CuA_2 脉中部区域；亚端部斑带从翅前缘开始，覆盖翅痣，到达 M_2 端部。翅脉棕色，脉序：Sc 脉与 C 脉的合并处达到 R_{2+3} 基部 1/3 处；Rs 直，稍短于 r-m；r-m 与 Rs 的连接点在 Rs 分叉处后。平衡棒黄色，具棕色毛，前平衡棒黄色。

腹部背板第一节大部分为黄色，端部 1/5 为浅棕色；背板第二节大部分为黄色，端部 1/6 为棕色；背板第三和第四节大部分为黄色，后边缘为棕色；背板第五节为大部分为黄色，端部 1/2 为棕色；背板第六和第七节大部分为棕色，后边缘为黄色。腹板一致为黄色。腹部具棕色毛。雄性外生殖器为黄色。第九背板呈两裂瓣，第九背板叶宽，呈近三角形；第九背板抱握器基部宽，逐渐变细且向下向内弯曲，端部细；第九背板具棕色毛。肛上板"V"形，后缘具短毛。生殖基节长为宽的 3.3 倍，基部表皮内突小；阳基侧突端突半月形，端部向外弯曲。生殖刺突前基叶呈指状，内侧具浓密长毛；生殖刺突中基叶宽大呈舌状，后缘具浓密黑色短刚毛；生殖刺突端突第二叶片细长呈指状，前缘具浓密黑色短毛；生殖刺突端突指状，具稀疏黑色短毛。下生殖板基部横宽呈哑铃形，两侧具稀疏短毛；下生殖板基叶基部宽，内侧具浓密黑色长毛，端部呈钩状，后缘具短毛；下生殖板指突叶呈指状，内侧具浓密长毛；下生殖板端部呈伞状。

雌虫 未知。

观察标本 正模♂，云南勐海勐邦水库（21°54′50″N，100°17′36″E；1 272 m），2019. Ⅵ. 6，康泽辉。副模 1♀，云南勐海勐邦水库（21°54′50″N，100°17′36″E；1 272 m），2019. Ⅵ. 6，康泽辉。

分布 中国云南（勐海）。

讨论 此种翅上斑带与分布于日本和我国的台湾褶蚊 *P. formosensis* Alexander，1924 相似，但中背片中部具一个大的心形的黄色斑，生殖刺突端突第二叶片细长呈指状等特征，可以很容易将此种与台湾褶蚊区分。

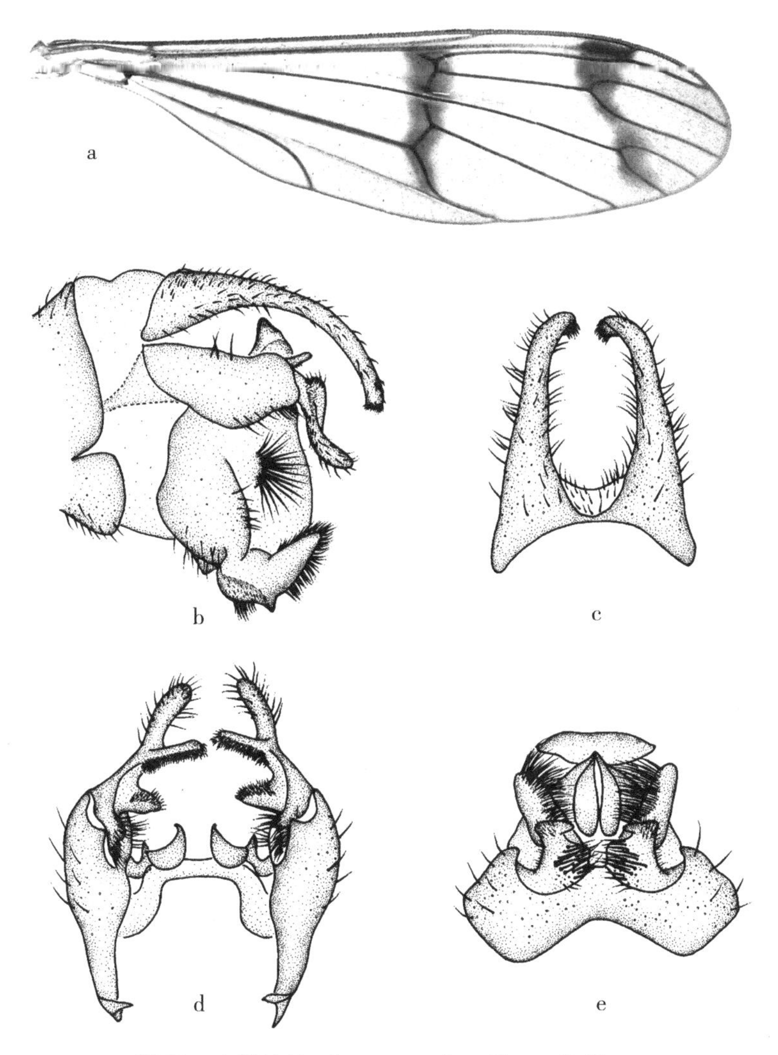

图 30 心褶蚊 *Ptychoptera cordata* Zhang & Kang

a. 翅（wing）；b. 雄性外生殖器，侧视（male genitalia，lateral view）；
c. 第九背板，背视（epandrium，dorsal view）；
d. 生殖基节和生殖刺突，背视（gonocoxite and gonostylus，dorsal view）；
e. 下生殖板，腹视（hypandrium，ventral view）

（9）峨眉褶蚊 *Ptychoptera emeica* Kang，Xue & Zhang，2019（图 31；图版 13a）

Ptychoptera emeica Kang，Xue & Zhang，2019. Zootaxa 4648（3）：460. Type locality：China：Sichuan，Emeishan.

鉴别特征 翅具2条棕色斑带：中部斑带宽且明显，从Rs基部延伸到CuA_2脉中部区域；亚端部斑带从翅前缘开始，覆盖翅痣，到达M_{1+2}分叉处，常分开成3个斑。阳基侧突端突细长呈“L”形；生殖刺突中基叶呈舌状；下生殖板端部呈三角形。

描述 雄虫 体长7.5~9.0 mm，翅长8.0~9.0 mm。

头顶和额棕色；颜黄色，具浅棕色毛；颊黄色，中间具1个黑色椭圆形的斑点，具棕色毛；后头黄色。唇基黄色，被浅色毛。复眼黑色，小眼间光裸无毛。触角柄节，梗节和鞭节第一节基部1/2黄色，其他鞭节均为浅棕色；各节具深棕色毛。喙黄色，具浅棕色毛。下颚须大部分为黄色，末节端部逐渐加深至棕色，具棕色毛。

胸部前胸背板大部分黄色，后缘棕色；前胸侧板黄色。中胸前盾片、盾片黑色；小盾片大部分深棕色，中部区域黄色，小盾片两侧具一簇深棕色毛；中背片深棕色；侧背片上半部分为棕色，下半部分为黄色并具一簇浓密深棕色毛。侧片一致呈黄色。各足基节和转节黄色；前足腿节基部黄色，端部逐渐加深至棕色；中足和后足腿节黄色，端部具一个窄的棕色环；各足胫节黄色，端部具一个窄的棕色环；前足和后足跗节第一节黄棕色；后足跗节第一节基部黄色，后逐渐加深至棕色；其他跗节均为深棕色。足上具棕色毛。后足跗节各节之比为7.5：2：1.2：1：1。翅长为翅宽的2.6倍，半透明。翅具两条棕色斑带：中部斑带宽且明显，从Rs基部延伸到CuA_2脉中部区域；亚端部斑带从翅前缘开始，覆盖翅痣，到达M_{1+2}分叉处，常分开成3个斑。翅脉棕色，脉序：Sc脉与C脉的合并处未达到R_{2+3}基部1/3处；Rs直，与r-m等长；r-m与Rs的连接点在Rs分叉处后。平衡棒浅黄色，具棕色毛，前平衡棒浅黄色。

腹部背板第一节大部分为深棕色，前缘两侧为黄色；背板第二节大部分为棕色，中部区域为黄色；背板第三节和第四节大部分为黄色，端部1/3为棕色；背板第五和第六节为深棕色；背板第七节大部分为棕色，后缘为黄色。腹板第一节为黄棕色；腹板第二和第三节为黄色，腹板第四节大部分为黄色，后缘为棕色；腹板第五和第六节为棕色；腹板第七节大部分为棕色，两侧区域为黄色。腹部毛棕色。雄性外生殖器为黄色。第九背板叶宽，呈近三角形；第九背板抱握器基部宽，逐渐变细且向下向内弯曲，端部细；第九背板具棕色毛。肛上板“V”形，后缘具短毛。生殖基节长为宽的3倍，基部表皮内突细长，为生殖基节长的1/2；阳基侧突端突细长呈“L”形。生殖刺突前基叶长椭圆形，具均匀短毛；生殖刺突中基叶呈舌状，端部具短毛；生殖刺突端突第二叶片基部呈椭圆形，不具毛，端部呈钩状，具均匀短毛；生殖刺突端突指状，具浓密黑色短刚毛。下生殖板基部横宽呈长方形，前缘强烈向内弯曲，具稀疏短毛；下生殖板指突叶呈指状“L”形弯曲，基部具浓密长毛；下生殖板端部呈三角形。

雌虫 体长9.0~10.0 mm，翅长10.0~11.0 mm。与雄虫相似，但翅较雄虫宽。背板第一节棕色；背板第二节大部分棕色，中部区域黄色；背板第三节大部分黄色，端部1/2为棕色；背板第四和第五节棕色；背板第六节大部分棕色，端部1/2为黄色；背板第七节为黄色；腹板黄色。腹部末端腹板第八节黄色，长为腹板第七节的2倍；尾须大部分为黄色，后缘1/3为棕色，刀叶状；背板第十节加尾须的长约为腹板第八节的1.2倍。

观察标本 正模♂，四川乐山峨眉山零公里，2016.Ⅵ.21，康泽辉。副模30♂

33♀，四川乐山峨眉山零公里，2016.Ⅵ.21，康泽辉。

分布 中国四川（乐山）。

讨论 此种翅上斑带与分布于我国的泸水褶蚊 *P. lushuiensis* Kang，Yao & Yang，2013 相似，但通过腹部背板第二节大部分为棕色、第九背板抱握器末端逐渐变细且向下向内弯曲，生殖刺突中基叶呈舌状，下生殖板端部呈三角形等特征，可以很容易将此种与泸水褶蚊区分。

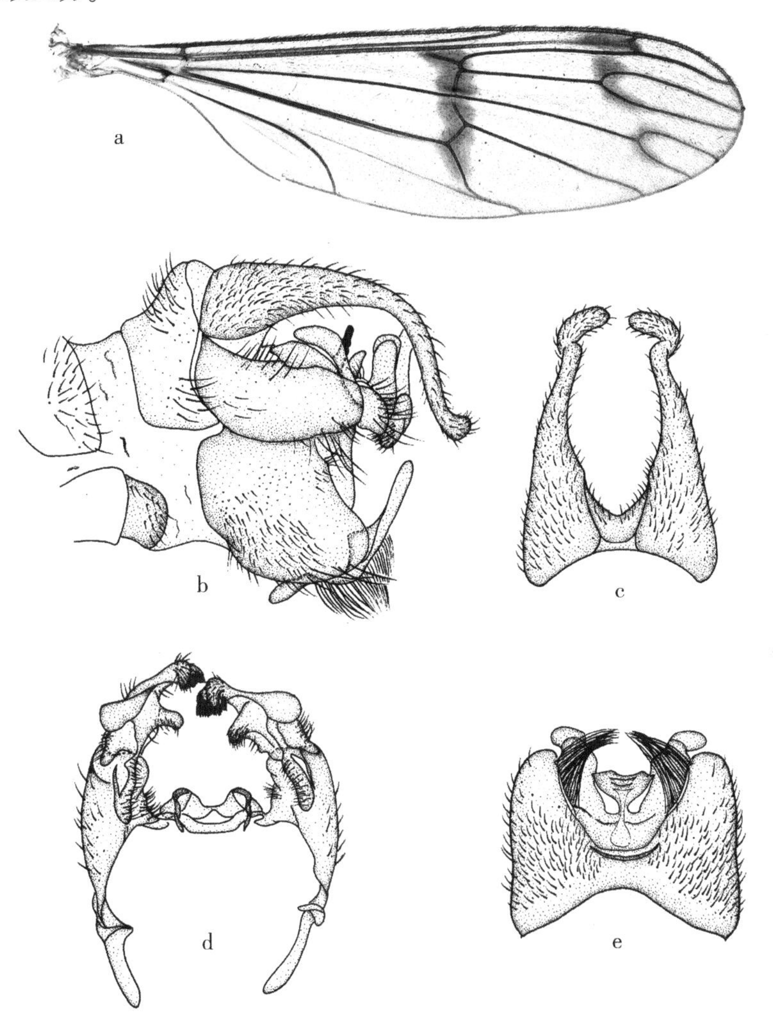

图 31 峨眉褶蚊 *Ptychoptera emeica* Kang，Xue & Zhang

a. 翅（wing）；b. 雄性外生殖器，侧视（male genitalia，lateral view）；
c. 第九背板，背视（epandrium，dorsal view）；
d. 生殖基节和生殖刺突，背视（gonocoxite and gonostylus，dorsal view）；
e. 下生殖板，腹视（hypandrium，ventral view）

(10) 台湾褶蚊 *Ptychoptera formosensis* Alexander, 1924 (图 32)

Ptychoptera formosensis Alexander, 1924. Insecutor Inscit. Menstr. 12: 49. Type locality: China: Taiwan, Funkiko.

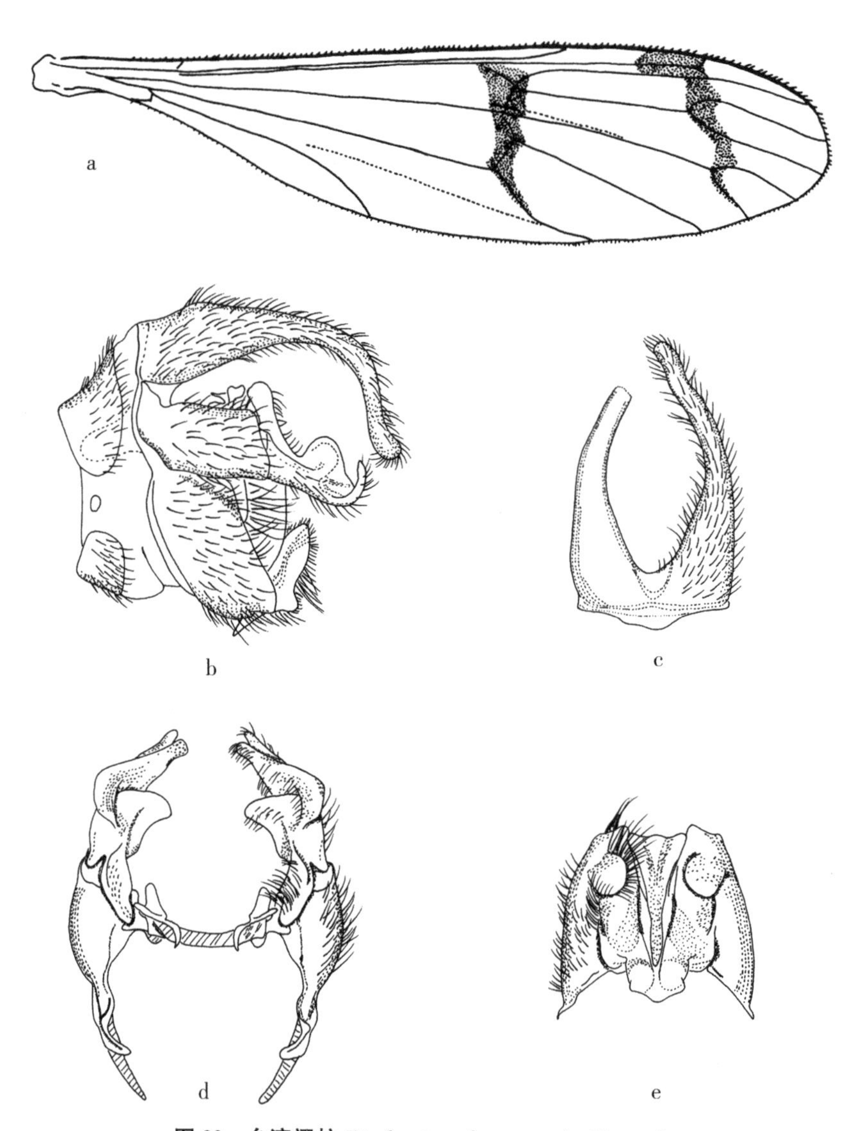

图 32 台湾褶蚊 *Ptychoptera formosensis* Alexander

a. 翅 (wing); b. 雄性外生殖器, 侧视 (male genitalia, lateral view);
c. 第九背板, 背视 (epandrium, dorsal view);
d. 生殖基节和生殖刺突, 背视 (gonocoxite and gonostylus, dorsal view);
e. 下生殖板, 腹视 (hypandrium, ventral view) (据 Nakamura & Saigusa, 2009 重绘)

鉴别特征 翅具 2 条棕色斑带：中部斑带从 Rs 基部延伸到 CuA_2 脉中部区域；亚端部斑带从翅前缘开始，覆盖翅痣，到达 M_2 端部，但在 r_4 和 m_1 室间有时斑带不连续。第九背板叶宽，呈近三角形；第九背板抱握器基部宽，逐渐变细且向下向内弯曲，端部圆；第九背板具均匀棕色毛。肛上板"V"形，后缘具短毛。生殖基节简单，基部表皮内突细长，为生殖基节长的 1/2；阳基侧突端突两裂瓣，外叶瓣宽且端部圆，内叶瓣细长呈钩状。生殖刺突前基叶长椭圆形，具均匀短毛；生殖刺突中基叶呈舌状，端部具短毛；生殖刺突端突第二叶片基部呈舌状，端部具浓密短刚毛；生殖刺突端突指状，强烈向上弯曲。下生殖板基部两裂瓣，每个叶瓣细长呈半椭圆形；下生殖板指突叶圆形，具浓密长毛；下生殖板端部呈乳突状；下生殖板端部侧突钩状。

分布 中国台湾（Funkiko）；日本。

讨论 此种为 Alexander 于 1924 年根据雄性成虫的形态特征描述的新种，后 Nakamura & Saigusa 于 2009 年根据日本采集到的标本重新描绘了此种。

（11）古田山褶蚊 *Ptychoptera gutianshana* Yang & Chen，1995（图 33）

Ptychoptera gutianshana Yang & Chen，1995. Insects and macrofungi of Gutianshan，Zhejiang：180. Type locality：China：Zhejiang，Kaihua，Mount Gutianshan.

鉴别特征 翅上具 3 个椭圆形的棕色斑和 2 条明显的棕色斑带：3 个椭圆形的斑位于 Rs 基部、M 脉基部和 CuA_1 脉中部；中部斑带从翅前缘开始，覆盖 R_{2+3} 基部和 r-m，延伸到 CuA_2 脉中部区域；亚端部斑带从翅前缘开始，覆盖翅痣、R_1 和 R_2 端部以及 R_{4+5} 分叉处，到达 M_{1+2} 分叉处。第九背板抱握器基部宽，逐渐变细且向内弯曲，端部分叉。阳基侧突端突呈片状，中部具瓶状指突。生殖刺突前基叶椭圆形。下生殖板指突叶呈"C"形弯曲。

描述 翅长 7.5 mm。

翅长为其宽的 3.6 倍，半透明。翅上具 3 个椭圆形的棕色斑和 2 条明显的棕色斑带：3 个椭圆形的斑位于 Rs 基部、M 脉基部和 CuA_1 脉中部；中部斑带从翅前缘开始，覆盖 R_{2+3} 基部和 r-m，延伸到 CuA_2 脉中部区域；亚端部斑带从翅前缘开始，覆盖翅痣、R_1 和 R_2 端部以及 R_{4+5} 分叉处，到达 M_{1+2} 分叉处。翅脉棕色，脉序：Sc 脉与 C 脉的合并处达到 R_{2+3} 基部 1/3 处；Rs 较长，但短于 R_{4+5}，约为 r-m 的 3 倍。R_{4+5} 的分叉等于其柄部；r-m 与 Rs 的连接点在 Rs 分叉处。

雄性外生殖器为黑色。第九背板叶宽，呈近梯形；第九背板抱握器基部宽，逐渐变细且向内弯曲，端部分叉；第九背板具棕色毛。肛上板三角形，具短毛。阳基侧突端突呈片状，中部具瓶状指突。生殖基节短且肿胀，长为宽的 2 倍，基部表皮内突约为生殖基节长的 1/3；生殖刺突前基叶椭圆形，具浓密均匀短毛；生殖刺突端突三角形，具均匀短刚毛。下生殖板基部横宽呈梯形，前缘向内弯曲，两侧具稀疏短毛；下生殖板指突叶呈"C"形弯曲，具均匀短毛；下生殖板端部呈乳状，具浓密均匀短毛；两侧具指状突起，不具毛。

雌虫 未知。

观察标本 正模♂，浙江开化古田山（350 m，灯诱），1993. Ⅳ. 15，吴鸿。

分布 中国浙江（开化）。

讨论 此种模式标本仅翅和雄性外生殖器可用，其他部分未找到。此种的描述和图亦可见 Yang & Chen（1995）。

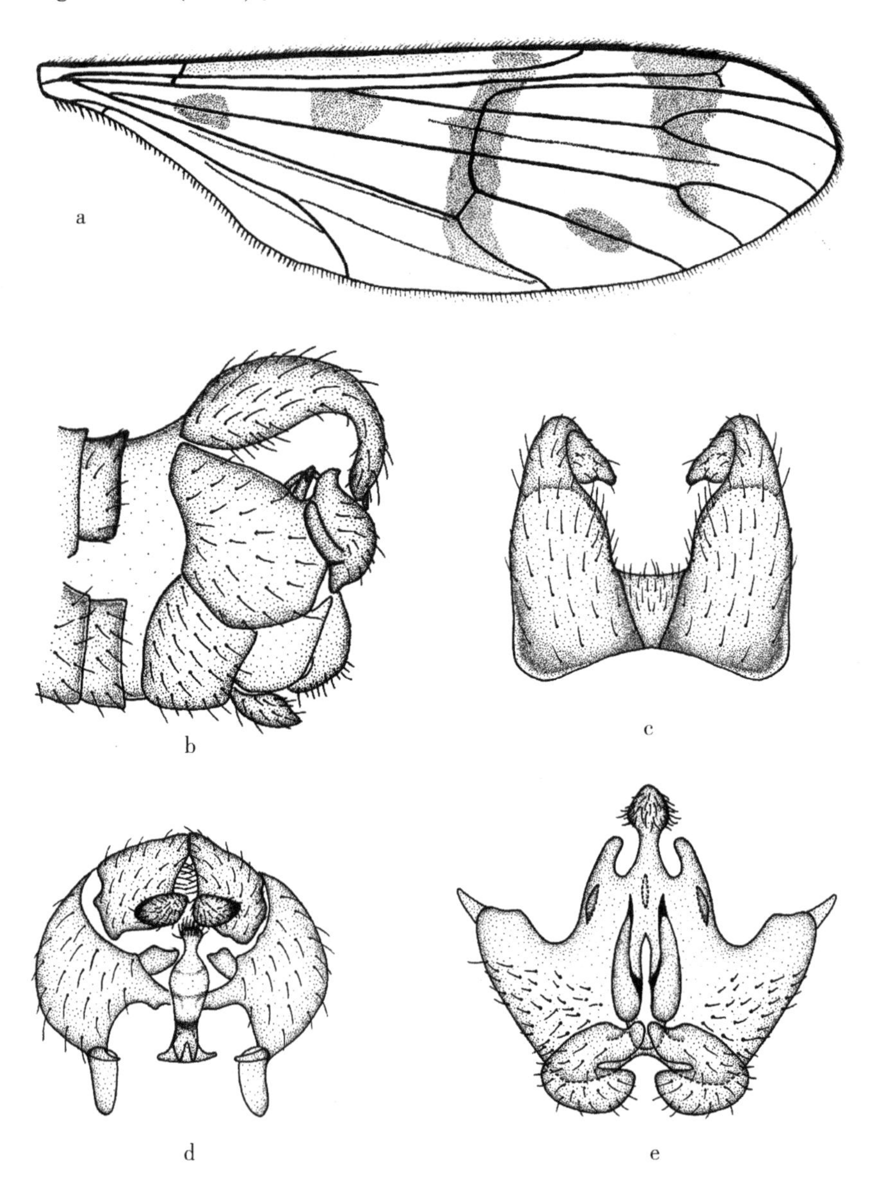

图 33 古田山褶蚊 *Ptychoptera gutianshana* Yang & Chen

a. 翅（wing）; b. 雄性外生殖器，侧视（male genitalia，lateral view）;
c. 第九背板，背视（epandrium，dorsal view）;
d. 生殖基节和生殖刺突，背视（gonocoxite and gonostylus，dorsal view）;
e. 下生殖板，腹视（hypandrium，ventral view）

（12）河口褶蚊 *Ptychoptera hekouensis* Kang，Gao & Zhang，2022（图 34）

Ptychoptera hekouensis Kang，Gao & Zhang，2022. ZooKeys 1122：163. Type locality：China·Yunnan，Hekou，Nanxi（132 m）.

鉴别特征 小盾片大部分棕黑色，中部区域黄色；翅具小的棕色斑点位于 Rs 脉基部，R_1 脉端部，R_{2+3} 基部，R_{4+5} 分叉处和 M_{1+2} 分叉处；第九背板抱握器细长，端部渐细端部微向中部弯曲，内缘具 2 个乳状突起；生殖刺突中基叶耳朵形，具浓密短毛。

描述 雄虫 体长 8.0 mm，翅长 9.0 mm。

头顶和额黑色；颜黄色，具棕色毛；颊黄色，中间具 1 个黑色椭圆形的斑点，具深棕色毛；后头黄色。唇基黄色，被棕色毛。复眼黑色，小眼间光裸无毛。触角柄节、梗节和鞭节第一节基部 1/2 黄色，其他鞭节均为深棕色；各节具深棕色毛。喙黄色，具棕色毛。下颚须大部分为黄色，末节端部逐渐加深至棕色，具棕色毛。

胸部前胸背板黄色，前胸侧板黄色。中胸前盾片大部分棕黑色，前缘两侧黄色；盾片棕黑色，后缘黄色；小盾片大部分棕黑色，中部区域黄色，小盾片两侧具一簇棕色毛；后盾片黄色。侧片一致呈黄色。各足基节和转节黄色。翅长为翅宽的 3.3 倍，半透明，端部 1/2 略带棕色。翅具小的棕色斑点位于 Rs 脉基部、R_1 脉端部、R_{2+3} 基部、R_{4+5} 分叉处和 M_{1+2} 分叉处。翅脉棕色，脉序：Sc 脉与 C 脉的合并处达到 R_{2+3} 基部 1/3 处；Rs 直，为 r-m 的 4 倍；r-m 与 Rs 的连接点在 Rs 分叉处前。翅在褶下 cua_2 室和翅端部 1/3 区域具微毛。平衡棒和前平衡棒浅黄色，具棕色毛。

腹部背板第一节大部分黄色，端部 1/3 棕黑色；背板第二节大部分棕黑色，中部区域黄色；背板第三节大部分黄色，端部 1/3 棕黑色；背板第四节大部分黄色，端部 1/2 黑色；背板第五至第七节黑色。腹板第一节至第四节黄色，腹板第五至第七节黑色。腹部具黄色毛。雄性外生殖器：第九背板两裂瓣；第九背板叶窄；第九背板抱握器细长，端部渐细端部微向中部弯曲，内缘具 2 个乳状突起，具棕色长毛。肛上板“V”形，具短毛。生殖基节长且粗壮，长为宽的 2 倍，基部表皮内突小；阳基侧突端突三角形，顶端半月形。生殖刺突前基叶椭圆形，具浓密短毛；生殖刺突中基叶耳朵形，具浓密短毛；生殖刺突端突第二叶片指状，端部略微弯曲，具几根长毛；生殖刺突端突第三叶片三角形，端部尖；生殖刺突端突指状，端部膨大，具长毛。下生殖板基部哑铃形，后缘基部具浓密长毛；下生殖板指突叶三角形，具几根长毛；下生殖板端部侧突椭圆形，后缘 1/2 具浓密长毛；下生殖板端部乳状。

雌虫 未知。

观察标本 正模♂，云南河口南溪（132 m），2009. V. 22，张婷婷。副模 1♂，云南河口南溪（132 m），2009. V. 22，张婷婷。

分布 中国云南（河口）。

讨论 此种与分布于我国的王氏褶蚊 *P. wangae* Kang，Yao & Yang，2013 相似，但小盾片大部分棕黑色，中部区域黄色；腹部背板第二节大部分棕黑色，中部黄色；第九背板抱握器内缘具 2 个乳状突起；生殖刺突中基叶为耳朵形。王氏褶蚊则小盾片一致呈

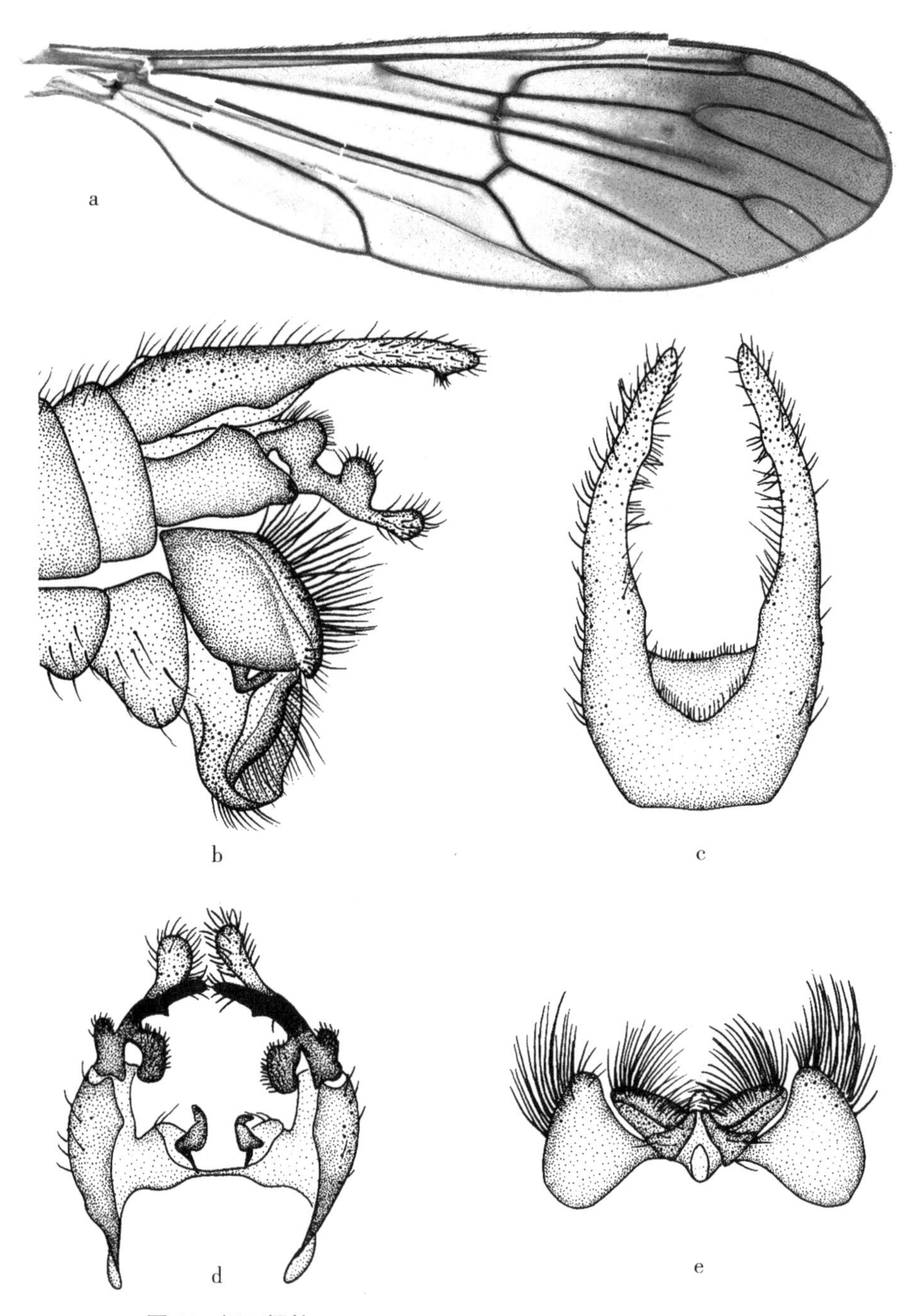

图 34　河口褶蚊 *Ptychoptera hekouensis* Kang，Gao & Zhang

a. 翅（wing）；b. 雄性外生殖器，侧视（male genitalia，lateral view）；
c. 第九背板，背视（epandrium，dorsal view）；
d. 生殖基节和生殖刺突，背视（gonocoxite and gonostylus，dorsal view）；
e. 下生殖板，腹视（hypandrium，ventral view）

黄棕色，腹部背板第二节大部分黄色，后缘棕色，第九背板抱握器内缘不具乳状突起，生殖刺突中基叶为半圆形。

（13）李氏褶蚊 *Ptychoptera lii* Kang，Yao & Yang，2013（图 35；图版 13b）

Ptychoptera lii Kang，Yao & Yang，2012. Zootaxa 3682（4）：544. Type locality：China：Guizhou，Suiyang.

鉴别特征 翅具 1 条棕色狭窄斑带和 1 个棕色云状斑。腹部背板第一节黑色；背板第二节大部分呈黑色，中部区域呈黄色，背板第三和第四节基部为黄色，端部 1/3 为黑色；背板第五至第七节为黑色。雄性外生殖器黄色。下生殖板指突叶钩状，后缘具浓密长毛；下生殖板端部三角形。

描述 雄虫 体长 7.0 mm，翅长 7.5 mm。

头顶黑色；额黄色；颜黄色；颊黄色，中间具 1 个黑色椭圆形的斑点；后头黄色；头被棕色毛。唇基黄色，被棕黑色毛。复眼黑色，小眼间光裸无毛。触角柄节，梗节和鞭节第一节黄色，其他鞭节为深棕色；各节具黑色毛。喙黄色，具黑色毛。下颚须大部分为黄色，末节端部逐渐加深至棕色，具黑色毛。

胸部前胸盾片棕黄色，前胸侧片黄色。中胸前盾片黑色；盾片黑色；小盾片大部分呈黑色，中部区域黄棕色，小盾片两侧具一簇黑毛；后盾片黑色。侧片一致呈黄色。各足基节呈黄色；各足转节呈黄色；各足腿节大部分黄色，末端具深棕色环；各足胫节大部分黄色，末端具深棕色环；各足跗节第一节基部黄色，后逐渐加深至棕色；跗节其他节深棕色；足各节具黑色毛。后足跗节之比为 9.2∶2.1∶1.3∶1∶1。翅长为翅宽的 3.4 倍，半透明。翅具 1 条棕色狭窄斑带和 1 个棕色云状斑：斑带从 Rs 基部延伸到 CuA_2 脉的中部；云状斑点位于 R_4 基部。翅脉棕色。脉序：Sc 脉与 C 脉的合并处达到 R_{2+3} 基部 1/3 处；Rs 短于 r-m；r-m 与 Rs 的连接点在 Rs 分叉处后。平衡棒黄棕色，具黑色毛，前平衡棒黄棕色。

腹部背板第一节黑色；背板第二节大部分呈黑色，中部区域呈黄色，背板第三和第四节基部为黄色，端部 1/3 为黑色；背板第五至第七节为黑色。腹板第一至第四节黄色，第五至第七节深棕色；腹部具黑色毛。雄性外生殖器黄色。第九背板两裂瓣；第九背板叶宽，呈近三角形；第九背板抱握器细长，端部渐细，且端部向下向内侧弯曲；具均匀短毛。肛上板“V”形，具短毛。生殖基节短且粗壮，长为宽的 1.5 倍，基部表皮内突细长；阳基侧突端突短，顶端尖。生殖刺突端突第二叶片指状，端部钝，具短毛；生殖刺突端突第三叶片指状，端部钝圆，边缘具短毛；生殖刺突端突指状，端部钝圆，具短毛。下生殖板基部哑铃形，两侧直，具均匀短毛；下生殖板指突叶钩状，后缘具浓密长毛；下生殖板端部三角形。

雌虫 未知。

观察标本 正模♂，贵州绥阳宽阔水，2010. Ⅵ. 2，李彦。副模 2♂，贵州绥阳宽阔水，2010. Ⅵ. 2，李彦；副模 2♂，贵州绥阳宽阔水，2010. Ⅵ. 5，周丹。

分布 中国贵州（绥阳）。

讨论　此种与分布于日本和我国的台湾褶蚊相似，但此种翅更宽，生殖刺突各个叶片的形状差别也较大，可以很容易与台湾褶蚊区分。

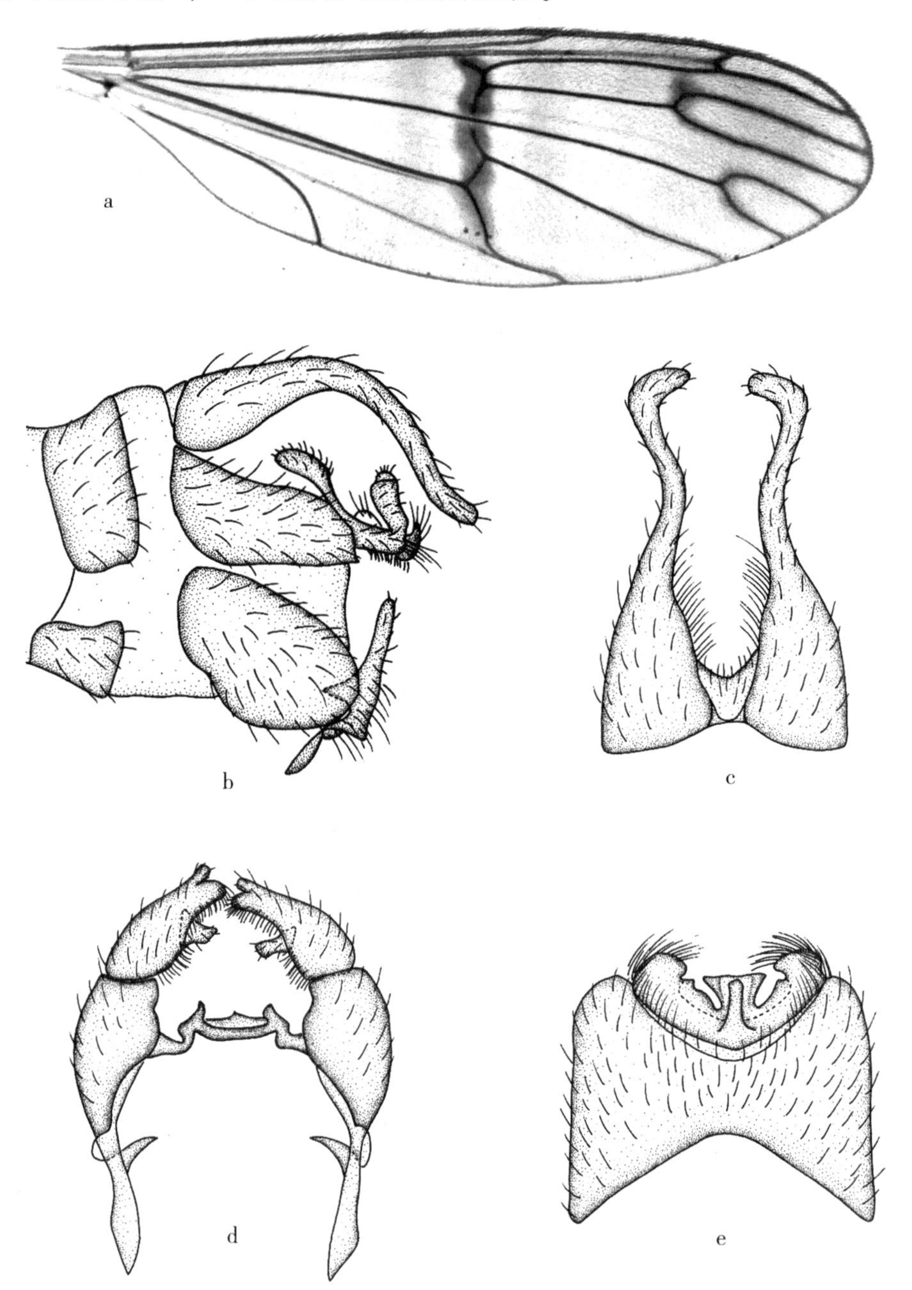

图 35　李氏褶蚊 *Ptychoptera lii* Kang，Yao & Yang

a. 翅（wing）；b. 雄性外生殖器，侧视（male genitalia，lateral view）；
c. 第九背板，背视（epandrium，dorsal view）；
d. 生殖基节和生殖刺突，背视（gonocoxite and gonostylus，dorsal view）；
e. 下生殖板，腹视（hypandrium，ventral view）

(14) 长突褶蚊 *Ptychoptera longa* Kang, Gao & Zhang, 2022 (图 36)

Ptychoptera longa Kang, Gao & Zhang, 2022. ZooKeys 1122: 165. Type locality: China, Guizhou, Suiyang, Kuankuoshui

鉴别特征 侧片大部分呈棕色，仅上前侧片上半部分呈黄色。翅具 1 条棕色斑带和 4 个棕色斑点：斑带从翅前缘开始，覆盖 R_{2+3} 的基部和 r-m，并延伸到 CuA_2 脉端部弯曲区域；4 个椭圆形斑点在 R 室基部、R_1 脉端部、R_{4+5} 分叉处和 M_{1+2} 分叉处。第九背板不分裂，第九背板叶呈长方形，后缘具宽"U"形凹陷；第九背板抱握器基部融合，基部 1/2 宽呈长方形，端部 1/2 两侧变窄，后缘具深"U"形凹陷，使分成两支，每支呈指状。生殖刺突端突第二叶片镰刀状。下生殖板端部椭圆形。

描述 雄虫 体长 7.5 mm，翅长 7.5 mm。

头顶和额棕色；颜黄色，具棕色毛；颊黄色，中间具一个黑色椭圆形的斑点，具棕色毛；后头黄色。唇基黄色，被棕色毛。复眼黑色，小眼间光裸无毛。触角柄节和梗节黄色，鞭节浅黄色；各节具棕色毛。喙黄色，具棕色毛。下颚须黄色，具棕色毛。

胸部前胸背板浅黄色，前胸侧板黄色。中胸前盾片、盾片棕色；小盾片大部分棕色，中部区域黄棕色，后背片棕色，侧背片具一簇浓密棕色长毛。侧片大部分呈棕色，仅上前侧片上半部分呈黄色。各足基节和转节黄色。翅长为翅宽的 3.8 倍，半透明。翅具 1 条棕色斑带和 4 个棕色斑点：斑带从翅前缘开始，覆盖 R_{2+3} 的基部和 r-m，并延伸到 CuA_2 脉端部弯曲区域；4 个椭圆形斑点在 R 室基部、R_1 脉端部、R_{4+5} 分叉处和 M_{1+2} 分叉处。翅脉棕色，脉序：Sc 脉与 C 脉的合并处达到 R_{2+3} 基部 1/3 处；Rs 直，为 r-m 长的 2 倍；r-m 与 Rs 的连接点在 Rs 分叉处后。翅在 Sc、Rs、褶下 cua_2 室和翅端部 1/2 区域具微毛。平衡棒和前平衡棒浅黄色，具浅棕色毛。

腹部背板第一节大部分棕色，基部 1/3 为黄色；背板第二节大部分黄色，中部 1/3 区域为黄色；背板第三节大部分黄色，端部 1/3 为棕色；背板第四至第六节棕色；背板第七节黄色。腹板第一至第三节黄色；腹板第四至第六节棕色，后缘黄色；腹板第七节黄色。腹部具棕色毛。雄性外生殖器黄色。第九背板不分裂，第九背板叶呈长方形，后缘具宽"U"形凹陷；第九背板抱握器基部融合，基部 1/2 宽呈长方形，端部 1/2 两侧变窄，后缘具深"U"形凹陷，使分成两支，每支呈指状；第九背板具短的棕色毛。肛上板三角形，具短毛。生殖基节短且粗壮，长为宽的 1.5 倍，基部表皮内突小。阳基侧突端突乳状，顶端具钩状突起。生殖刺突基叶耳朵形，内侧具浓密短毛；生殖刺突端突第二叶片镰刀状，具短毛；生殖刺突端突第三叶片三角形，端部圆；生殖刺突端突细长呈指状，具短毛。下生殖板基部呈梯形，前缘具"V"形凹陷，后缘具浓密长毛；下生殖板端部膜状区域圆形；下生殖板端部椭圆形。

雌虫 未知。

观察标本 正模♂，贵州绥阳宽阔水，2010. Ⅷ. 11，刘思培。副模 1♂，贵州绥阳宽阔水，2010. Ⅷ. 11，刘思培。

分布 中国贵州（绥阳）。

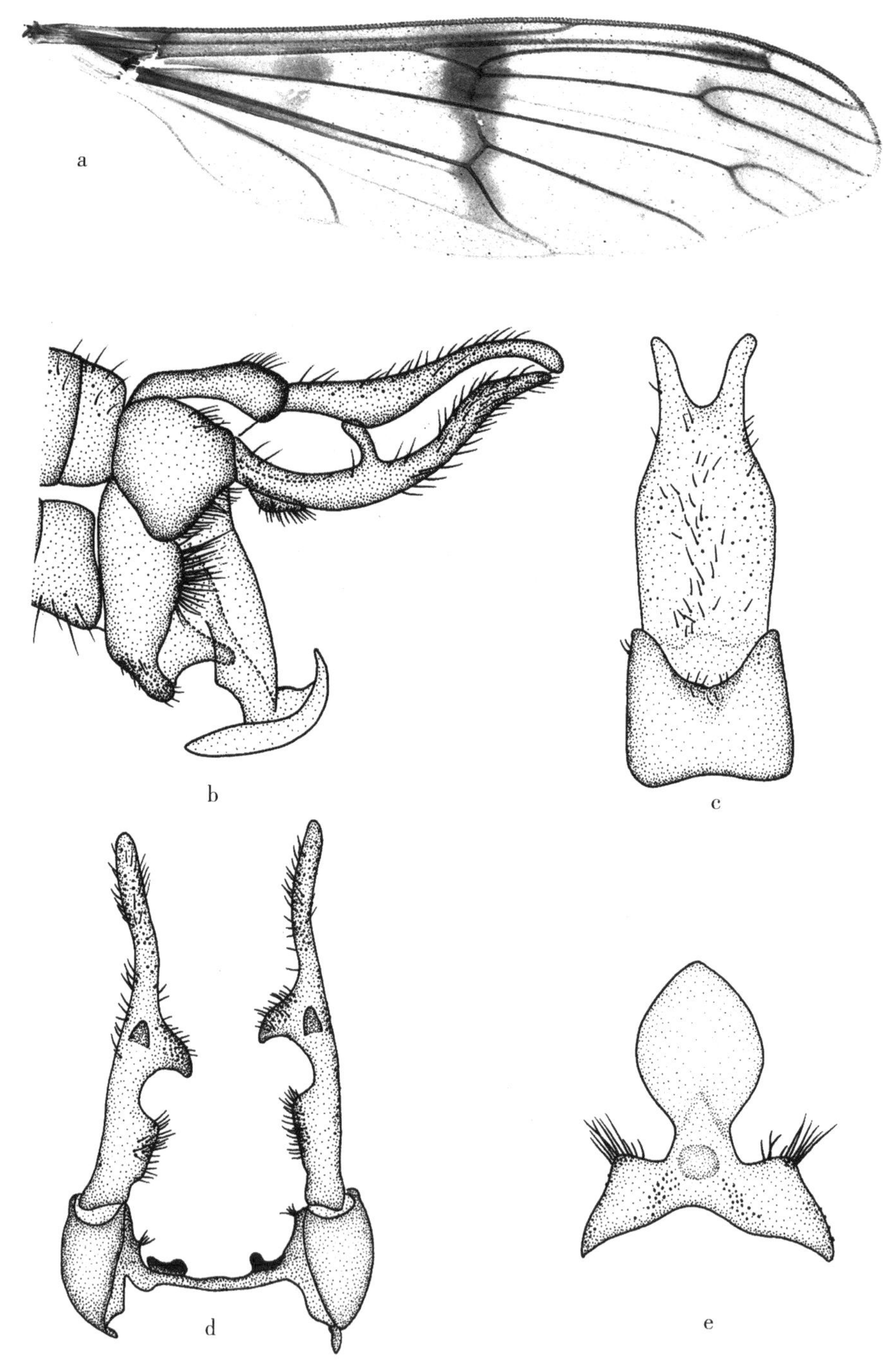

图 36 长突褶蚊 *Ptychoptera longa* Kang，Gao & Zhang

a. 翅（wing）；b. 雄性外生殖器，侧视（male genitalia，lateral view）；
c. 第九背板，背视（epandrium，dorsal view）；
d. 生殖基节和生殖刺突，背视（gonocoxite and gonostylus，dorsal view）；
e. 下生殖板，腹视（hypandrium，ventral view）

讨论 此种与分布于我国和韩国的扬褶蚊 *P. yankovskiana* Alexander，1945 相似，但腹部背板第一节大部分棕色，基部 1/3 为黄色，第九背板不分裂，第九背板抱握器基部融合。扬褶蚊则腹部背板第一节均匀呈深棕色，第九背板分裂，第九背板抱握器基部不融合。

（15）龙王山褶蚊 *Ptychoptera longwangshana* Yang & Chen，1998（图 37）

Ptychoptera longwangshana Yang & Chen 1998. Insects of Longwangshan Nature Reserve：240. Type locality：China：Zhejiang，Anji，Mount Longwangshan.

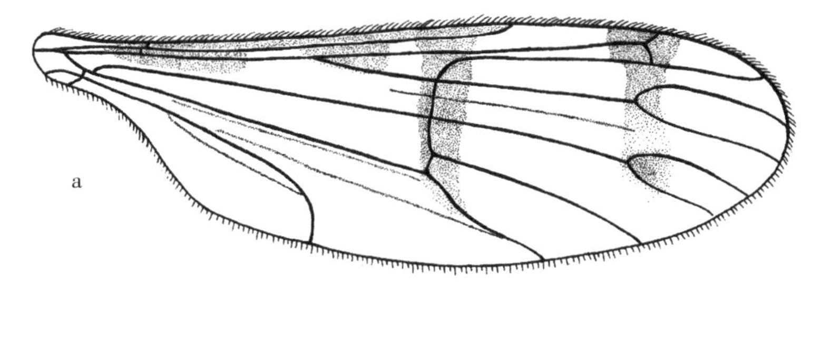

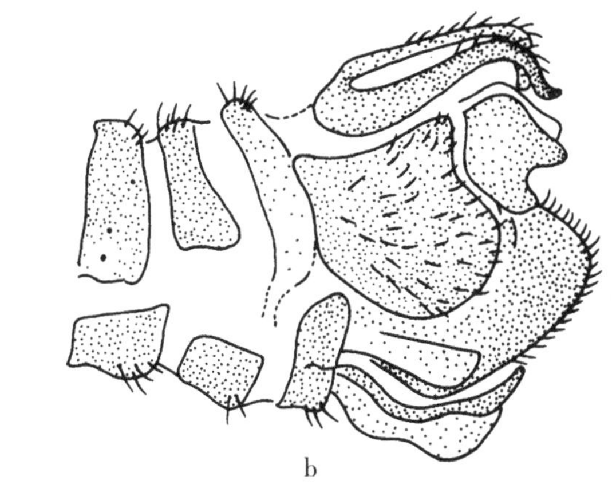

图 37 龙王山褶蚊 *Ptychoptera longwangshana* Yang & Chen
a. 翅（wing）；b. 雄性外生殖器，侧视（male genitalia，lateral view）
（据 Yang & Chen，1998 重绘）

鉴别特征 体长约 9.0 mm。头部小，呈褐色。复眼黑色，半球状离远，无单眼。触角具 15 节，大部分呈黄色；柄节和梗节短粗，黄色具黑斑；鞭节最长，端部逐渐变细，具稀疏金黄色毛。下颚须呈黄色；细长，具 5 节，端节极细长。喙短粗，呈黄色；唇瓣呈卵状叶，上具 1 条褐色纵纹。胸部粗壮，胸部大部分黑色光亮，仅前胸及肩胛黄色。足黄色至黄褐色。前足和中足基节具褐斑，后足基节几乎一致呈暗褐色。腿节末端及胫节两端黑褐色。跗节 5 节；跗节第一节长于其他四节，跗节后四节黑色。爪小，呈褐色。胫节距为1-2-2。翅具2条棕色斑带和2个棕色斑点。腹部粗壮而基部细，大部分呈黑色，具黄色斑。第九背板抱握器向端部逐渐变细且向下弯曲，末端向上翘起。生殖基节宽。生殖刺突短且小。下生殖板端部具1对向上弯曲的槽状突起。

描述 翅长8.0 mm。

翅长为翅宽的3.2倍，半透明。翅具2条棕色斑带和2个棕色斑点：中部斑带从翅前缘开始，覆盖R_{2+3}脉基部和r-m，延伸至CuA_2脉中部；亚端部斑带从翅前缘开始，覆盖R_1和R_2端部，到达M_{1+2}分叉处，轻微分开成2个斑，一个圆形斑点在R脉基部，一个三角形斑点在Rs脉基部。翅脉棕色，脉序：Sc脉与C脉的合并处达到R_{2+3}基部1/3处；Rs长且直，约为r-m的3倍。

观察标本 正模♂，浙江安吉龙王山，1996. Ⅵ. 12，杨集昆。

分布 中国浙江（安吉）。

讨论 此种模式标本仅翅可用，其他部分未找到。此种的描述和图亦可见Yang & Chen（1998）。

（16）黑体褶蚊 *Ptychoptera lucida* Kang，Xue & Zhang，2019（图38；图版14a）

Ptychoptera lucida Kang，Xue & Zhang，2019. Zootaxa 4648（3）：465. Type locality：China：Xinjiang，Buerjin，Hemu（1 134 m）.

鉴别特征 身体大部分呈黑色。翅具4个较弱的棕色斑点和1条明显的棕色斑带：4个棕色斑点分别位于Rs脉基部、R_1端部、R_{4+5}脉分叉处和M_{1+2}脉分叉处；中部斑带从R_{2+3}基部延伸到CuA_2脉中部区域。第九背板呈两裂瓣，第九背板叶宽，呈近半圆形，前缘内侧具一个近长方形的突起，上具较浓密短毛；第九背板抱握器与第九背板叶分离，基部宽呈近菱形；第九背板抱握器端部呈指状，向内弯曲。下生殖板基部横宽呈近三角形。

描述 雄虫 体长7.0 mm，翅长7.0 mm。

额呈黑色；头顶黑色；颊呈棕色，中间区域带有黑色圆形斑点；后头呈棕色；唇基棕色；头被深棕色毛。复眼黑色，小眼间光裸无毛。触角丝状；触角柄节深棕色，梗节端部1/3和鞭节第一节基部黄棕色，其他鞭节均为深棕色；各节具深棕色毛。喙黄色，具棕色毛。下颚须大部分为黄色，末节浅黄色，具深棕色毛。

胸部前胸背板棕黑色；前胸侧板棕黑色。中胸前盾片、盾片黑色；小盾片大部分黑色，中部区域呈黄色，小盾片两侧具一簇深棕色毛；后盾片黑色；侧片大部分呈棕黑色，上前侧片1/2浅黄色。前足和中足基节大部分黄色，基部深棕色；后足基节黄色，后缘基部1/3深棕色；各足转节黄色；各足腿节大部分呈黄色，末端具深棕色环；各足胫节大部分呈黄色，末端具深棕色环；各足跗节第一节基部黄色，后逐渐加深至深棕色，跗节其他节深棕色。足上具深棕色毛。后足跗节各节之比为9∶2.4∶1.8∶1.2∶1。翅长为翅宽的3.5倍，半透明。翅具4个较弱的棕色斑点和1条明显的棕色斑带：4个棕色斑点分别位于Rs脉基部、R_1端部、R_{4+5}脉分叉处和M_{1+2}脉分叉处；中部斑带从R_{2+3}基部延伸到CuA_2脉中部区域。翅脉棕色，脉序：Sc脉与C脉的合并处未达到

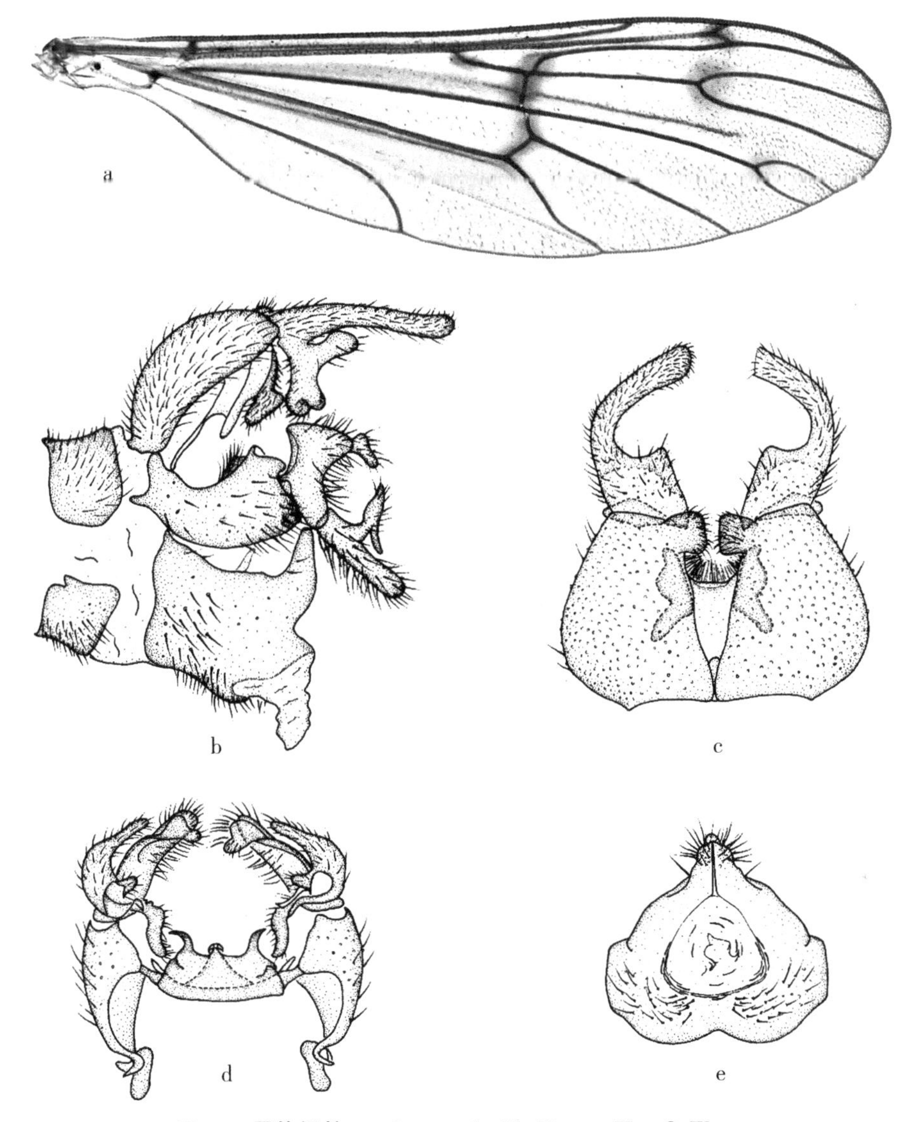

图 38 黑体褶蚊 *Ptychoptera lucida* Kang，Xue & Zhang

a. 翅（wing）；b. 雄性外生殖器，侧视（male genitalia，lateral view）；
c. 第九背板，背视（epandrium，dorsal view）；
d. 生殖基节和生殖刺突，背视（gonocoxite and gonostylus，dorsal view）；
e. 下生殖板，腹视（hypandrium，ventral view）

R_{2+3} 基部 1/3 处；Rs 基部略微弯曲，约为 r-m 长的 2 倍；r-m 与 Rs 的连接点在 Rs 分叉处前。平衡棒浅黄色，具棕色毛，前平衡棒浅棕色。

腹部背板大部分呈黑色，背板第三至第五节后缘灰白色；腹板大部分呈棕黑色，腹板第三至第七节后缘灰白色；腹部毛灰白色。雄性外生殖器大部分为黑色，第九背板抱握器深棕色。第九背板呈两裂瓣，第九背板叶宽，呈近半圆形，前缘内侧具 1 个近长方形的突起，上具较浓密短毛；第九背板抱握器与第九背板叶分离，基部宽呈近菱形，上具稀疏短毛；第九背板抱握器端部呈指状，向内弯曲，具均匀较浓密短毛。肛上板三角形，后缘具浓密长毛。生殖基节短且膨大，长为宽的 1.6 倍，基部表皮内突短小，为生殖基节的 1/3。阳基侧突端突两侧具 1 对牛角状突起，中部具钩状突起。生殖刺突前基叶长椭圆形，中部略微弯曲使之呈微“S”形，具几根短毛；生殖刺突中基叶基部宽大，内侧具 1 个突起，端部呈指状变窄且向内弯曲，具均匀短毛；生殖刺突端突第二叶片基部窄，端部膨大，呈鸭头状，端部具短毛；生殖刺突端突指状，稍向内侧弯曲，具后缘具长毛。下生殖板基部横宽呈近三角形，前缘微向内弯曲，中两侧具浓密均匀短毛；下生殖板指突叶呈乳头状，具浓密长毛；下生殖板端部呈乳头状。

雌虫　体长 8.5~9.0 mm，翅长 8.5~9.0 mm。与雄虫相似。雌虫腹部末端第八腹板棕色且腹部向中部膨大，长为第七腹板的 2.5 倍；尾须棕色，刀叶状，端部圆，第十背板加尾须的长约为第八腹板的 1.2 倍。

观察标本　正模♂，新疆布尔津禾木（48°58′，87°44′E；1134 m），2016. Ⅶ. 11，任金龙。副模 2♂2♀，新疆哈巴河森林农场（1 263 m），2014. Ⅵ. 30，李轩昆。

分布　中国新疆（布尔津、哈巴河）。

讨论　此种与分布于欧洲的 *P. scutellaris* Meigen，1818 相似，但腿节和胫节大部分为黄色，第九背板抱握器端部向内弯曲。而 *P. scutellaris* 腿节和胫节大部分为棕黑色，且第九背板抱握器直，可以很容易与黑体褶蚊区分。

（17）泸水褶蚊 *Ptychoptera lushuiensis* Kang，Yao & Yang，2013（图 39；图版 14b）

Ptychoptera lushuiensis Kang，Yao & Yang，2013. Zootaxa 3682（4）：546. Type locality：China：Yunnan，Lushui.

鉴别特征　翅具 2 条棕色斑带：中部斑带从 Rs 基部延伸到 CuA_2 脉的中部；端部斑带从翅前缘开始，覆盖翅痣，延伸至 M_2 脉端部，在 R_{2+3} 和 m_1 处稍微不连续。第九背板抱握器细长，端部渐细，且端部向下弯曲。生殖刺突前基叶指状，端部二分叉；生殖刺突中基叶指状；生殖刺突端突第二叶片钩状；生殖刺突端突指状，具浓密短毛。

描述　雄虫　体长 7.0 mm，翅长 8.5 mm。

头顶黑色；额黄色；颜黄色；颊黄色，中间具一个黑色椭圆形的斑点；后头黄色；头被棕黄色毛，头顶毛黑色。唇基黄色，被棕黑色毛。复眼黑色，小眼间光裸无毛。触角柄节，梗节和鞭节第一节基部 4/5 黄色，其他鞭节为棕色；各节具黑色毛。喙黄色，具黑色毛。下颚须大部分为黄色，末节端部棕色，具黑色毛。

胸部前胸盾片棕黄色，前胸侧片黄色。中胸前盾片黑色；盾片黑色；小盾片大部分呈黑色，中部区域黄棕色，小盾片两侧具一簇浓密黑色短毛；后盾片黑色。侧片一致呈黄色，下后侧片具一簇黑色毛。各足基节呈黄色；各足转节呈黄色；各足腿节大部分黄色，末端具深棕色环；各足胫节大部分黄色，末端具深棕色环；前足跗节第一节基部黄色，后逐渐加深至深棕色；中足和后足跗节第一节大部分黄色，末端具深棕色环；跗节其他节深棕色；足各节具黑色毛。后足跗节之比为 11.5∶2.4∶1.5∶1∶1。翅长为翅宽的 3.9 倍，半透明。翅具 2 条棕色斑带：中部斑带从 Rs 基部延伸到 CuA_2 脉的中部；

端部斑带从翅前缘开始，覆盖翅痣，延伸至 M_2 脉端部，在 R_{2+3} 和 m_1 处稍微不连续。翅脉棕色。脉序：Sc 脉与 C 脉的合并处达到 R_{2+3} 基部 1/5 处；Rs 短，与 r-m 长短近乎相等；r-m 与 Rs 的连接点在 Rs 分叉处后。平衡棒黄棕色，具黑色毛，前平衡棒黄棕色。

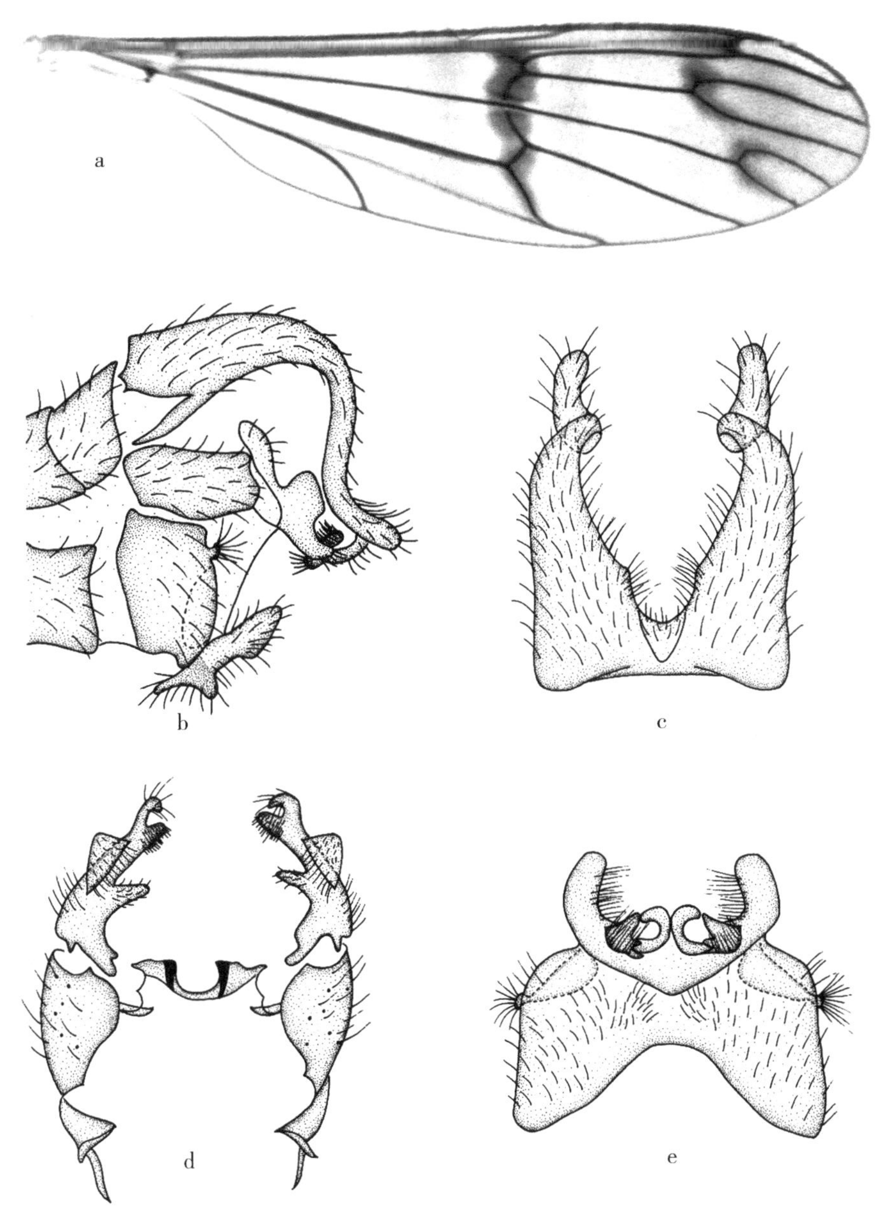

图 39 泸水褶蚊 *Ptychoptera lushuiensis* Kang，Yao & Yang

a. 翅（wing）；b. 雄性外生殖器，侧视（male genitalia，lateral view）；
c. 第九背板，背视（epandrium，dorsal view）；
d. 生殖基节和生殖刺突，背视（gonocoxite and gonostylus，dorsal view）；
e. 下生殖板，腹视（hypandrium，ventral view）

腹部背板第一节基部黄色，端部1/2为深棕色；背板第二节大部分呈黄色，中部区域和端部呈深棕色；背板第三节大部分黄色，端部1/4为深棕色；背板第四节基部为黄色，端部1/3为棕色黑；背板第五至第七节为棕黑色。腹板一致呈黄色。腹部具黑色毛。雄性外生殖器大部分为黄色，生殖基节略带棕色。第九背板两裂瓣；第九背板叶宽，呈近长方形；第九背板抱握器细长，端部渐细，且端部向下弯曲；具均匀短毛。肛上板“V”形，具短毛。生殖基节短且粗壮，长为宽的1.5倍，基部表皮内突细长；阳基侧突端突短，呈三角形。生殖刺突前基叶指状，端部二分叉；生殖刺突中基叶指状，具均匀短毛；生殖刺突端突第二叶片指状，具浓密短毛；生殖刺突端突钩状，端部具几根长毛。下生殖板基部哑铃形，两侧直，具均匀短毛；下生殖板指突叶指状，中部微向内侧弯曲，基部具三角形突起，内缘具浓密长毛；下生殖板端部“X”形。

雌虫　体长8.0~9.0 mm，翅长7.5~8.0 mm。与雄虫相似。腹部末端第八腹板黄色，长为第七腹板的1.8倍；尾须黄色，刀叶状，长约为第八腹板的1.4倍。

观察标本　正模♂，云南泸水，2012. Ⅶ. 25，席玉强。副模4♂20♀，云南泸水片马，2012. Ⅷ. 1，王俊潮。

分布　中国云南（泸水）。

讨论　此种翅上斑带与分布于日本和我国的台湾褶蚊相似，但第二背板前缘为黄色，中部具有棕色斑点；生殖突刺中基叶细长呈指状。而台湾褶蚊第二背板前缘黄棕色，中部不具棕色斑点；生殖突刺中基叶宽阔呈舌状，可以很容易与泸水褶蚊区分出来。

（18）青沟褶蚊 *Ptychoptera qinggouensis* Kang，Yao & Yang，2013（图40；图版15a）

Ptychoptera qinggouensis Kang，Yao & Yang，2013. Zootaxa 3682（4）：549. Type locality：China：Neimenggu，Daqinggou.

鉴别特征　翅具1条窄的棕色斑带和3个棕色云状斑点：斑带从R_{2+3}基部延伸到m-cu脉；3个云状斑点位于Rs脉基部、R_1脉端部和R_4脉的基部。阳基侧突端突短，呈弯月形。下生殖板基部两裂瓣，呈半圆形，中部区域具浓密长毛；下生殖板指突叶指状，中部微向内侧弯曲，具均匀长毛；下生殖板端部三角形。

描述　雄虫　体长9.0 mm，翅长8.0 mm。

头顶黑色；额黄色；颜黄色；颊黄色，中间具一个黑色椭圆形的斑点；后头黄色；头被棕黄色毛，头顶毛黑色。唇基黄色，被棕黑色毛。复眼黑色，小眼间光裸无毛。触角柄节、梗节、鞭节第一节和第二节基部黄色，其他鞭节为棕色；各节具黑色毛。喙黄色，具黑色毛。下颚须大部分为黄色，末节端部略带棕色，具黑色毛。

胸部前胸背板黄色，前胸侧板黄色。中胸前盾片大部分黑色，前缘两侧黄色；盾片黑色；小盾片呈黄色；后盾片黄色，前缘两侧具一簇浓密黑色短毛。侧片一致呈黄色。各足基节呈黄色；各足转节呈黄色；各足腿节大部分黄色，末端具深棕色环；各足胫节大部分黄色，末端具深棕色环；各足跗节第一节基部黄色，后逐渐加深至深棕色；跗节

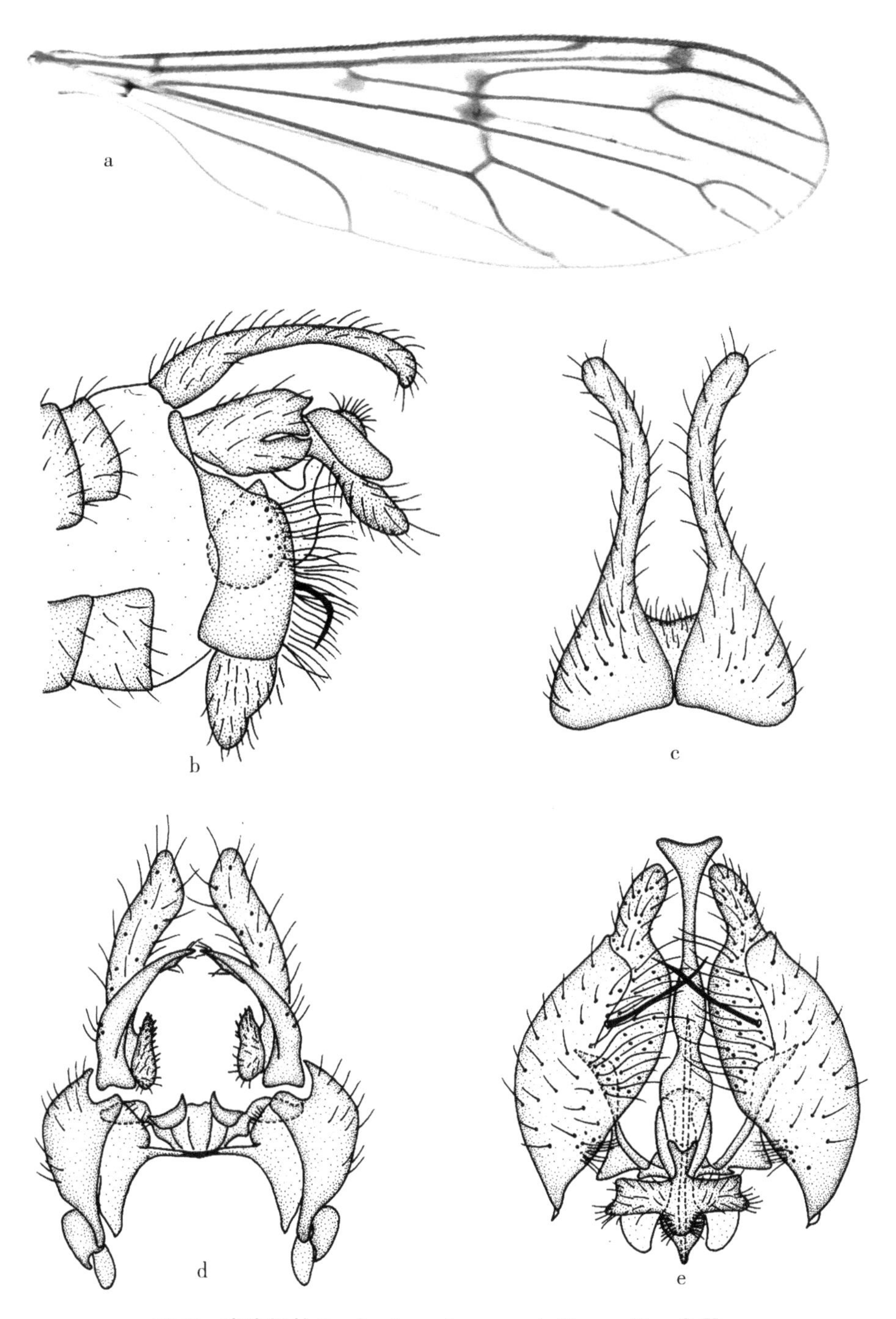

图 40 青沟褶蚊 *Ptychoptera qinggouensis* Kang，Yao & Yang

a. 翅（wing）；b. 雄性外生殖器，侧视（male genitalia，lateral view）；
c. 第九背板，背视（epandrium，dorsal view）；
d. 生殖基节和生殖刺突，背视（gonocoxite and gonostylus，dorsal view）；
e. 下生殖板，腹视（hypandrium，ventral view）

其他节深棕色；足各节具黑色毛。后足跗节之比为 11.2 : 2.5 : 1.5 : 1 : 1。翅长为翅宽的 3.5 倍，半透明。翅具 1 条窄的棕色斑带和 3 个棕色云状斑点：斑带从 R_{2+3} 基部延伸到 m-cu 脉；3 个云状斑点位于 Rs 脉基部、R_1 脉端部和 R_4 脉的基部。翅脉棕色。脉序：Sc 脉与 C 脉的合并处达到 R_{2+3} 基部 1/3 处；Rs 长，长约为 r-m 的 5 倍；r-m 与 Rs 的连接点在 Rs 分叉处。平衡棒黄棕色，具黑色毛，前平衡棒黄棕色。

腹部背板第一节黄色；背板第二节大部分呈棕色，中部区域呈黄色；背板第三节大部分黄色，端部 1/3 为深棕色；背板第四节基部为黄色，端部 1/2 为棕黑色；背板第五至第七节为棕黑色。腹板第一至第五节呈黄色，第六至第七节呈棕黑色；腹部具黑色毛。雄性外生殖器大部分为棕黑色，第九背板抱握器黄色。第九背板两裂瓣；第九背板叶宽，呈近三角形；第九背板抱握器细长，端部渐细，且端部向下且向外侧弯曲；具均匀短毛。肛上板三角形，具短毛。生殖基节短且粗壮，长为宽的 1.5 倍，基部表皮内突短小；阳基侧突端突短，呈弯月形。生殖刺突中基叶梨形，具浓密均匀短毛；生殖刺突端突第二叶片长牛角状，端部具几根毛；生殖刺突端突指状，端部稍膨大，具均匀长毛。下生殖板基部两裂瓣，呈半圆形，中部区域具浓密长毛；下生殖板指突叶指状，中部微向内侧弯曲，具均匀长毛；下生殖板端部三角形。

雌虫　体长 9.5 mm，翅长 9.5 mm。与雄虫相似。腹部末端第八腹板黄色，长为第七腹板的 1.5 倍；尾须黄色，刀叶状，长约为第八腹板的 1.67 倍。

观察标本　正模♂，内蒙古科左后旗大青沟（160 m），2011. Ⅷ. 5，王俊潮。副模 8♂7♀，内蒙古科左后旗大青沟（160 m），2011. Ⅷ. 5，王俊潮。

分布　中国内蒙古（科左后旗）。

讨论　此种与分布于我国的鞍背褶蚊相似，但 Rs 基部具一个椭圆形斑点，腹部腹板为黄色。而鞍背褶蚊 Rs 基部不具一个椭圆形斑点，腹部腹板为黑色，可以很容易与青沟褶蚊区分。

（19）离脉褶蚊 *Ptychoptera separata* Kang, Xue & Zhang, 2019（图 41；图版 15b）

Ptychoptera separata Kang, Xue & Zhang, 2019. Zootaxa 4648 (3): 468. Type locality: China: Xizang, Motuo, Mount Galonglashan (3 026 m).

鉴别特征　翅半透明，略带棕色，不具棕色斑点或斑带。r-m 与 Rs 的连接点在 Rs 分叉处前，约与 r-m 长等长。第九背板未两裂瓣，第九背板叶宽大，呈近半圆形，两侧具较均匀短毛；第九背板抱握器很短，呈圆锥形，内侧具 3 个乳状突起。生殖刺突简单，生殖刺突基叶细长方形，内侧具较浓密短毛；生殖刺突端突球棒状，稍向内侧弯曲，端部稍膨大，且向内侧弯曲。

描述　雄虫　体长 8.0~9.0 mm，翅长 8.5~10.0 mm。

额呈深棕色；头顶呈深棕色；颊呈深棕色，中间区域带有黑色圆形斑点；后头呈深棕色；唇基黄棕色；头被深棕色毛。复眼黑色，小眼间光裸无毛。触角丝状；一致呈深棕色；各节具深棕色毛。喙黄色，具棕色毛。下颚须大部分为黄色，末节端部逐渐加深至棕色，具棕色毛。

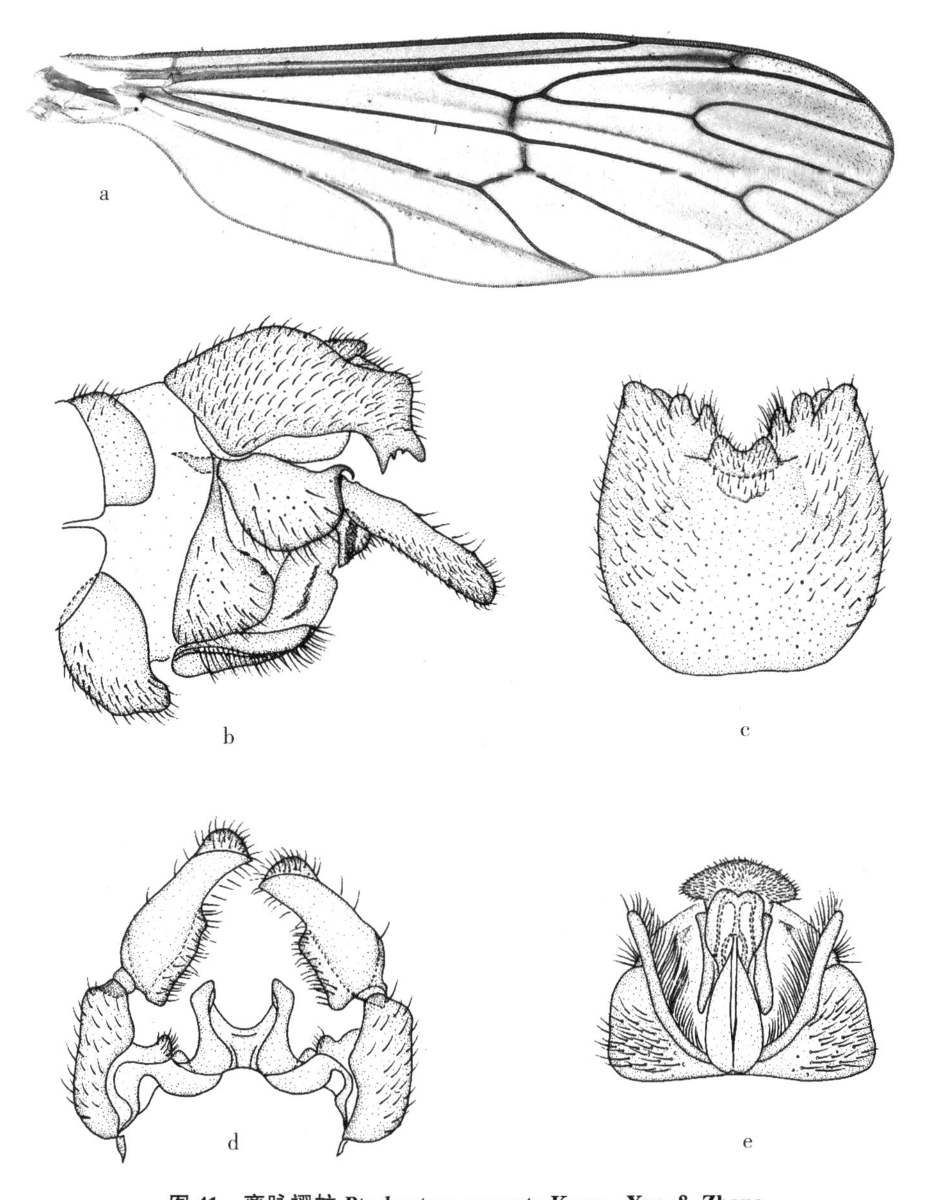

图 41　离脉褶蚊 *Ptychoptera separata* Kang，Xue & Zhang

a. 翅（wing）；b. 雄性外生殖器，侧视（male genitalia，lateral view）；
c. 第九背板，背视（epandrium，dorsal view）；
d. 生殖基节和生殖刺突，背视（gonocoxite and gonostylus，dorsal view）；
e. 下生殖板，腹视（hypandrium，ventral view）

胸部前胸背板棕色，前缘黄棕色；前胸侧板棕色，前缘具一簇浓密棕色毛。中胸前盾片、盾片黑色；小盾片大部分黑色，中部区域呈棕色，小盾片两侧具一簇深棕色毛；后盾片黑色；侧片大部分呈深棕色，上前侧片 1/2 黄色。前足基节大部分黄色，基部

1/4 为深棕色；中足基节大部分黄色，基部 1/4 为棕色；后足基节大部分棕色，端部 1/3 黄色。前足转节黄棕色，中足和后足转节黄色。前足和中足腿节基部棕色，端部 1/3 为深棕色；后足腿节大部分黄棕色，基部和端部加深至棕色。前足和中足胫节棕色，末端区域具浅色区域；后足胫节大部分深棕色，基部 1/3 黄色，后缘端部具窄的棕色环。跗节一致呈深棕色。足上具深棕色毛。后足跗节各节之比为 11：2.4：1.8：1.2：1。翅长为翅宽的 3.5 倍，半透明，略带棕色，不具棕色斑点或斑带。翅脉棕色，脉序：Sc 脉与 C 脉的合并处达到 R_{2+3} 基部 1/3 处；Rs 基部略微弯曲，约为 r-m 长的 4 倍；r-m 与 Rs 的连接点在 Rs 分叉处前，约与 r-m 等长。平衡棒浅黄色，具灰白色毛，前平衡棒浅黄色。

腹部背板第一节呈深棕色；背板第二节棕色；背板第三和第四节大部分棕色，基部为黄棕色；背板第五至第七节一致呈棕色。腹板第一和第二节棕色；腹部第三和第四节大部分黄色，端部 1/3 棕色；腹板第五节大部分棕色，端部 1/2 深棕色；腹板第六和第七节深棕色；腹部毛深棕色。雄性外生殖器为深棕色。第九背板未两裂瓣，第九背板叶宽大，呈近半圆形，两侧具较均匀短毛；第九背板抱握器很短，呈圆锥形，内侧具 3 个乳状突起，具较均匀短毛。肛上板“U”形，具较均匀短毛。生殖基节短且膨大，长为宽的 2.2 倍，基部表皮内突短小；阳基侧突端突两侧具 2 对乳状突起和 1 对“S”形突起。生殖刺突基叶细长方形，内侧具较浓密短毛；生殖刺突端突球棒状，稍向内侧弯曲，端部稍膨大，且向内侧弯曲，端部具均匀短毛。下生殖板横宽，两裂瓣，每个裂瓣呈近三角形，两侧具浓密均匀长毛；下生殖板指突叶细长呈指状，内侧具较浓密均匀长毛；下生殖板端部呈伞形，具较浓密均匀短毛。

雌虫　未知。

观察标本　正模♂，西藏墨脱嘎隆拉山（3 026 m），2013. Ⅷ. 13，刘晓艳。副模 3♂，西藏墨脱嘎隆拉山（3 026 m），2013. Ⅷ. 13，刘晓艳；1♂，西藏波密鲁朗（3 220 m），2013. Ⅶ. 14，刘晓艳。

分布　中国西藏（墨脱、波密）。

讨论　此种翅脉与分布于印度和我国的黄胫褶蚊 *P. tibialis* Brunetti，1911 相似，但此种前足和中足腿节为棕色，端部 1/3 为深棕色；前足和中足胫节大部分为深棕色；腹部大部分为深棕色；第九背板抱握器很短，呈圆锥形，内侧具 3 个乳状突起；阳基侧突“S”形弯曲。而黄胫褶蚊前足和中足腿节为亮黄色，前足和中足胫节大部分为黄色；腹部大部分为黄色；第九背板抱握器为三角形，内侧具 2 个圆锥形突起；阳基侧突呈指状，可以很容易与离脉褶蚊区分。

（20）天目山褶蚊 *Ptychoptera tianmushana* Shao & Kang，2021（图 42；图版 16a）

Ptychoptera tianmushana Shao & Kang，2021. ZooKeys 1070：91. Type locality：China：Zhejiang，Lin'an，Mount Tianmushan.

鉴别特征　翅具 2 条棕色斑带：中部斑带宽且明显，从 r_{2+3} 室基部延伸到 CuA_2 脉中部；亚端部斑带从翅前缘开始，覆盖 R_1 和 R_2 端部、R_{4+5} 分叉处，到达 M_{1+2} 分叉处，常轻微分开成 3 个斑。第九背板抱握器细长，端部渐细，端部向下且向外侧弯曲，末端略微膨大且向上翘起。下生殖板指突叶指状，微向外侧弯曲，基部和端部各具一簇浓密长毛。

描述 雄虫 体长 7.0 mm，翅长 8.0 mm。

头顶深棕色；额深棕色；颜深棕色；颊黄色，中间具 1 个黑色椭圆形的斑点；后头黄色；头被棕黄色毛，头顶毛深棕色。唇基黄色，被深棕色毛。复眼黑色，小眼间光裸无毛。触角柄节、梗节、鞭节第一节基部 1/2 黄色，其他鞭节为浅棕色；各节具棕色毛。喙黄色，具棕色毛。下颚须大部分为黄色，末端两节浅棕色，具棕色毛。

胸部前胸背板黄色，前胸侧板黄色。中胸前盾片棕黑色；盾片棕黑色；小盾片大部分呈棕黑色，中部区域黄色；中背片棕黑色；侧背片上半部分棕黑色，下半部分黄色。侧片一致呈黄色。各足基节呈黄色；各足转节呈黄色；前足腿节基部黄色，后逐渐加深至深棕色；中足和后足腿节大部分黄色，末端具深棕色环；各足胫节大部分黄色，末端具深棕色环；各足跗节第一节基部黄棕色，后逐渐加深至深棕色；跗节其他节深棕色；足各节具棕色毛。后足跗节之比为 11.2∶2.8∶1.6∶1∶1。翅长为翅宽的 3.4 倍，半透明。翅具 2 条棕色斑带：中部斑带宽且明显，从 r_{2+3} 室基部延伸到 CuA_2 脉中部；亚端部斑带从翅前缘开始，覆盖 R_1 和 R_2 端部、R_{4+5} 分叉处，到达 M_{1+2} 分叉处，轻微分开成 3 个斑。翅脉棕色。脉序：Sc 脉与 C 脉的合并处未达到 R_{2+3} 基部 1/3 处；Rs 短，约与 r-m 等长；r-m 与 Rs 的连接点在 Rs 分叉处后。平衡棒浅黄色，具棕色毛，前平衡棒浅黄色。

腹部背板第一节棕黑色；背板第二节大部分呈棕色，中部区域呈黄色；背板第三和第四节大部分黄色，端部 1/3 为棕色；背板第五至第七节棕色；腹板一致呈浅黄色；腹部具棕色毛。雄性外生殖器黄色。第九背板两裂瓣；第九背板叶宽，呈近三角形；第九背板抱握器细长，端部渐细，端部向下且向外侧弯曲，末端略微膨大且向上翘起；具均匀短毛。肛上板三角形，后缘具短毛。生殖基节细长，长为宽的 3 倍，基部表皮内突长；阳基侧突端具 1 对钩状突起和 1 对圆锥形突起。生殖刺突前基叶椭圆形，端部二分裂；生殖刺突中基叶舌状，具均匀短毛；生殖刺突端突第二叶片基部膨大，端部刷状，基部具均匀短毛，端部具浓密短毛；生殖刺突端突钩状，端部稍膨大，端部具几根长毛。下生殖板基部哑铃形，两侧直，中部后缘区域具浓密长毛，两侧具短毛；下生殖板指突叶指状，微向外侧弯曲，基部和端部各具一簇浓密长毛；下生殖板端部两裂瓣，呈三角形两侧缘具浓密短毛。

雌虫 未知。

观察标本 正模♂，浙江临安天目山，2019. V. 15，张晓。

分布 中国浙江（临安）。

讨论 此种与分布于我国的峨眉褶蚊相似，但此种腹部腹板第六和第七节为黄色，第九背板抱握器末端略微膨大且向上翘起，阳基侧突端具 1 对钩状突起和 1 对圆锥形突起。峨眉褶蚊则腹部腹板第六和第七节为棕色，第九背板抱握器末端未向上翘起，阳基侧突端具一对“L”形突起，可以很容易与天目山褶蚊区分。

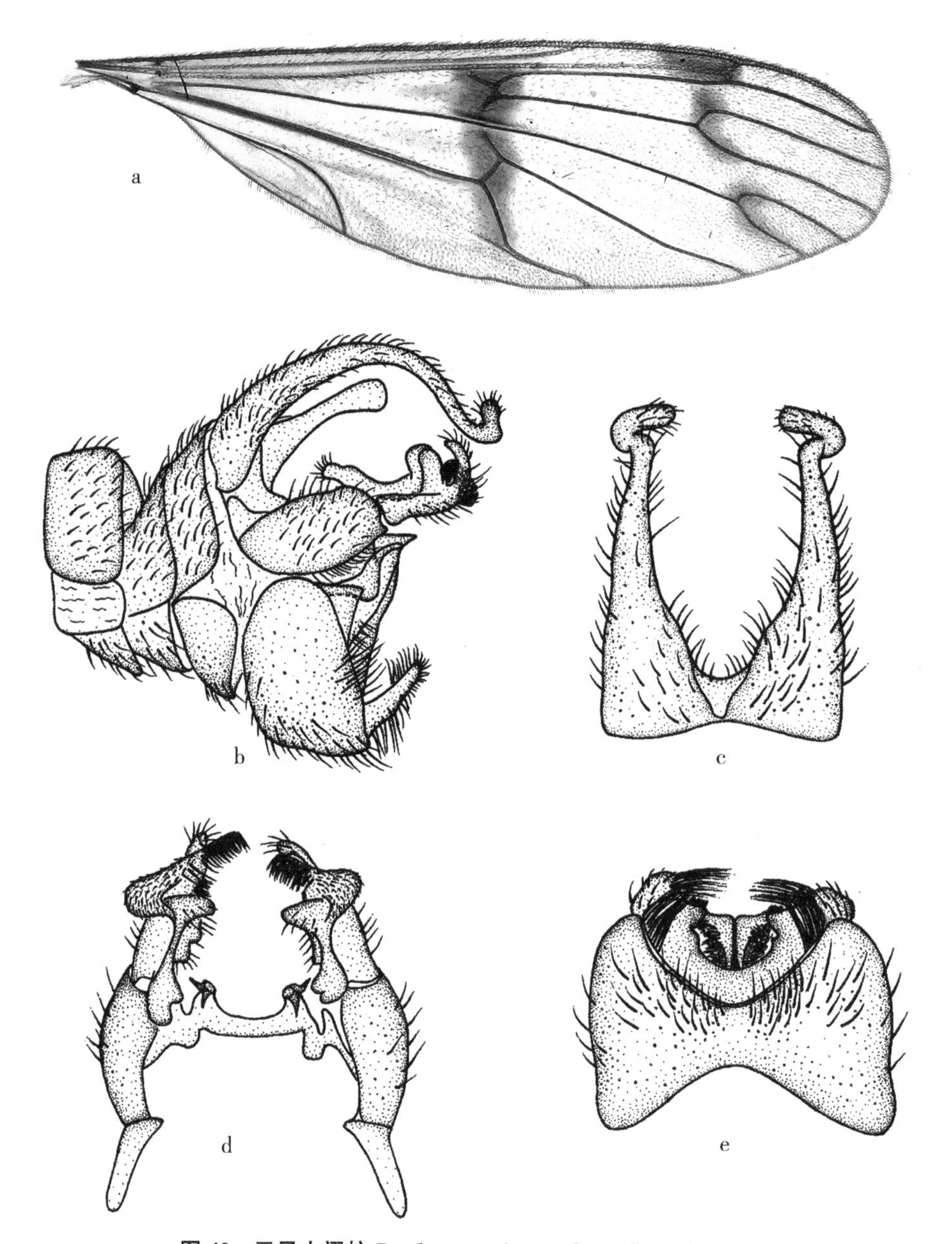

图 42　天目山褶蚊 *Ptychoptera tianmushana* Shao & Kang

a. 翅（wing）；b. 雄性外生殖器，侧视（male genitalia，lateral view）；
c. 第九背板，背视（epandrium，dorsal view）；
d. 生殖基节和生殖刺突，背视（gonocoxite and gonostylus，dorsal view）；
e. 下生殖板，腹视（hypandrium，ventral view）

（21）黄胫褶蚊 *Ptychoptera tibialis* Brunetti，1911（图 43；图版 16b）

Ptychoptera tibialis Brunetti，1911. Rec. Indian Mus. 6：233. Type locality：Indian：Darjiling.

鉴别特征 翅半透明，略带棕色，翅不具棕色斑点或斑带，翅端部密布微毛。Rs 短，短于 R_{4+5}，为 r-m 长的 2~3 倍；r-m 与 Rs 的连接点在 Rs 分叉处前，约与 r-m 等长。第九背板叶宽大，呈近半圆形，具较均匀短毛；第九背板抱握器很短，为三角形，内侧具两个圆锥形突起，具较均匀短毛。第九背板后缘中部肛上板呈乳状，具较均匀短毛。

描述 雄虫 体长 6.0~8.0 mm，翅长 8.5~9.0 mm。

额呈黄棕色；头顶呈深棕色；颊呈黄棕色，中间区域带有黑色圆形斑点；后头呈深棕色；唇基黄棕色；头被深棕色毛。复眼黑色，小眼间光裸无毛。触角丝状；柄节与梗节为棕色，鞭节为深棕色；柄节端部 1/3 处密集深棕色毛，梗节中部具一圈深棕色毛，其他鞭节具深棕色毛。喙黄色，具深棕色毛。下颚须黄色，具棕色毛。

胸部前胸背板棕色；前胸侧板棕色，前缘具一簇浓密黑色长毛。中胸前盾片棕黑色；盾片棕黑色，后缘黄色且后缘中部具"Y"形黄色斑；小盾片棕色，中部区域呈黄色；后盾片棕色。侧片大部分呈深棕色，上前侧片 1/2 黄色。前足与中足基节为黄色，基部有棕色斑块；后足基节基部为深棕色，端部 1/2 为黄色；各足转节黄色；前足与中足腿节为黄色，后足腿节大部分深棕色，仅在端部 1/5 处之间变为黄色；前足胫节基部黄色，后逐渐变为深棕色；中足胫节大部分为黄色，仅在端部为棕色；后足胫节大部分为深棕色，端部 2/5 为黄色；各足跗节均为深棕色。各足具均匀深棕色毛。胫节距为 1-2-2。后足跗节之比为 5：1.5：1.25：1：1。翅长为翅宽的 3.4 倍，翅半透明，略带棕色，翅不具棕色斑点或斑带，翅端部密布微毛。翅脉棕色。脉序：Sc 脉与 C 脉的合并处未达到 R_{2+3} 基部 1/3 处；Rs 短，短于 R_{4+5}，为 r-m 长的 2~3 倍；r-m 与 Rs 的连接点在 Rs 分叉处前，约与 r-m 等长。平衡棒黄色，被棕色毛；前平衡棒黄色。

腹部背板第一节棕黑色；背板第二至第四节大部分为黄色，末端 1/4 为棕色；背板第五至第八节棕色。腹板第一节为棕黑色，腹板其他节为黄色。腹部背板毛呈棕色，腹板毛呈浅色。雄性外生殖器黄棕色。第九背板未两裂瓣，第九背板叶宽大，呈近半圆形，具较均匀短毛；第九背板抱握器很短，为三角形，内侧具两个圆锥形突起，具较均匀短毛。第九背板后缘中部肛上板呈乳状，具较均匀短毛。生殖基节细长，长为宽的约 2 倍，基部表皮内突短小；阳基侧突端突细长，呈指状。生殖刺突基叶细圆锥形，内侧具较浓密短毛；生殖刺突端突球棒状，稍向内侧弯曲，端部稍膨大，且向内侧弯曲，端部具均匀短毛。下生殖板横宽，两侧具指状突起，具较浓密均匀长毛；下生殖板指突叶细长呈指状，具均匀短毛；下生殖板端部呈乳状，具较浓密均匀短毛。

雌虫 体长 7.0 mm，翅长 9.0 mm。与雄虫相似，但雌虫胸部背板具更广阔的黄色斑块，上后侧片为黄色。腹部末端尾须刀叶状，较宽，约为第八腹板的 4.5 倍，第八腹板为第七腹板的 2 倍。

观察标本 1♂，西藏波密（3 050 m），1978. Ⅶ. 18，李法圣；1♀，西藏波密，1978. Ⅶ. 16，李法圣；1♂，西藏亚东，1992. Ⅵ. 10，郭天宇；3♂1♀，云南贡山县城（1 400 m），2007. V. 13，刘星月；25♂48♀，云南泸水片马，2012. Ⅶ. 25，王俊潮。

分布 中国西藏（波密、亚东）、云南（泸水、贡山）；印度。

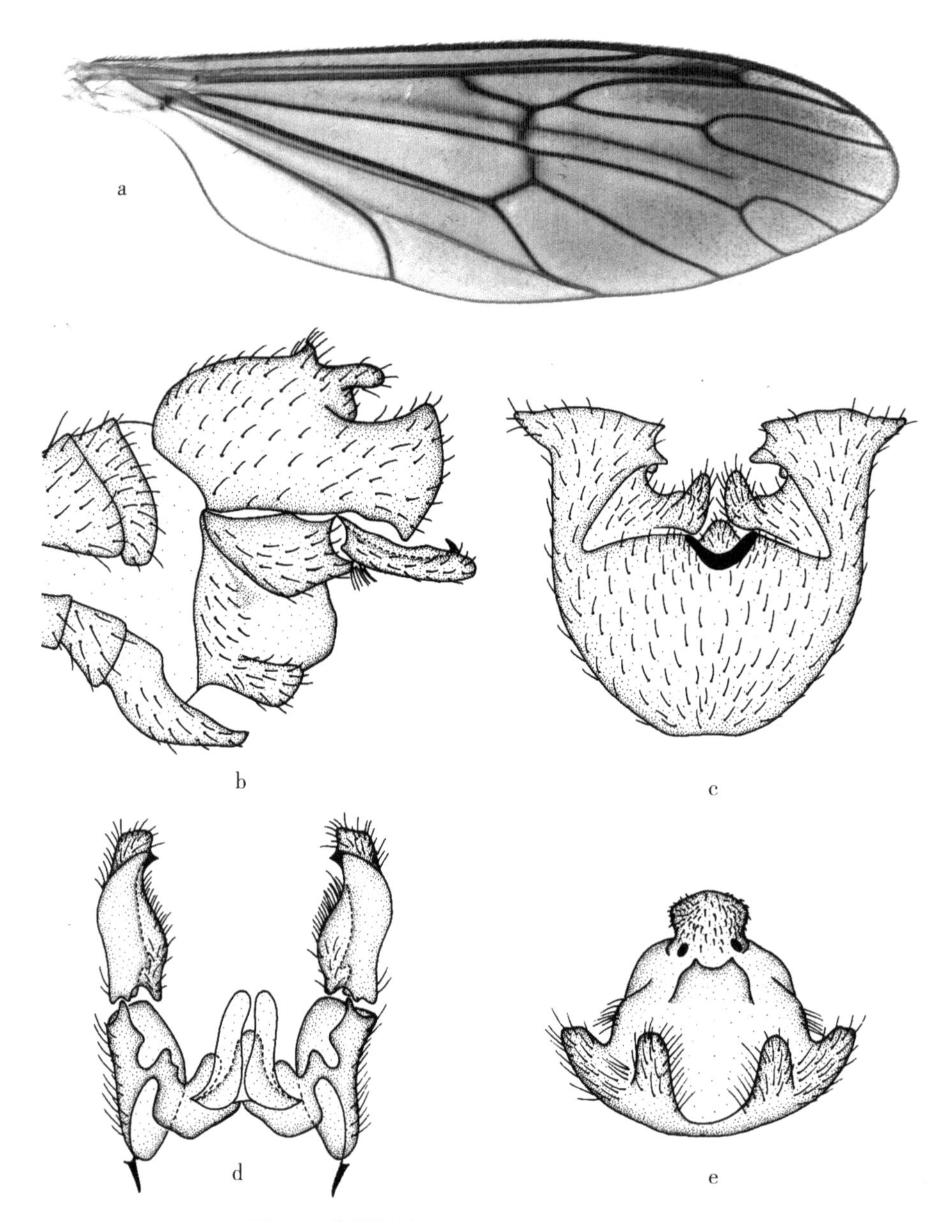

图 43 黄胫褶蚊 *Ptychoptera tibialis* Brunetti

a. 翅（wing）；b. 雄性外生殖器，侧视（male genitalia，lateral view）；
c. 第九背板，背视（epandrium，dorsal view）；
d. 生殖基节和生殖刺突，背视（gonocoxite and gonostylus，dorsal view）；
e. 下生殖板，腹视（hypandrium，ventral view）

讨论 此种原记录于印度大吉岭，后发现于中国西藏和云南，为中国新记录种。此种雌雄体色差异较大，雌虫较雄虫身体黑斑部分更少。

（22）王氏褶蚊 *Ptychoptera wangae* Kang，Yao & Yang，2013（图 44；图版 17a）

Ptychoptera wangae Kang，Yao & Yang，2013. Zootaxa 3682（4）：551. Type locality：China：Yunnan，Xiaozhongdian，Hongshanlinchang.

鉴别特征 中胸前盾片大部分黑色，前缘两侧黄色；盾片黑色；小盾片呈黄棕色；后盾片黄棕色。侧片一致呈黄色。腹部背板第一至第四节大部分黄色，后缘具棕黑色边缘；背板第五至第七节黑色；腹板第一至第四节大部分呈黄色，后缘具棕黑色边缘；第五至第七节呈黑色。第九背板抱握器细长，端部渐细，直，端部微向内侧弯曲。

描述 雄虫 体长 8.0 mm，翅长 9.0 mm。

头顶黑色；额黄色；颜黄色；颊黄色，中部具一个黑色椭圆形的斑点；后头黄色；头被棕黄色毛，头顶毛黑色。唇基黄色，被棕黑色毛。复眼黑色，小眼间光裸无毛。触角柄节、梗节、鞭节第一节基部 1/8 黄色，其他鞭节为深棕色；各节具黑色毛。喙黄色，具黑色毛。下颚须大部分为黄色，末端两节略带棕色，具黑色毛。

胸部前胸背板棕黄色，前胸侧板黄色。中胸前盾片大部分黑色，前缘两侧黄色；盾片黑色；小盾片呈黄棕色，两侧具一簇浓密黑色短毛；后盾片黄棕色。侧片一致呈黄色。各足基节呈黄色；各足转节呈黄色；各足腿节基部黄色，末端逐渐加深至黑色；各足胫节基部黄色，末端逐渐加深至棕黑色；各足跗节第一节棕黑色；跗节其他节黑色；足各节具黑色毛。后足跗节之比为 10∶8∶1.5∶1∶1。翅长为翅宽的 3.8 倍，半透明，略带棕色。翅具 4 个棕色云状斑点位于 R_2、R_3、r-m 和 m-cu 脉基部。翅脉棕色。脉序：Sc 脉与 C 脉的合并处达到 R_{2+3} 基部 1/3 处；Rs 长约为 r-m 的 5 倍；r-m 与 Rs 的连接点在 Rs 分叉处前。平衡棒棕色，具黑色毛，前平衡棒黄棕色。

腹部背板第一至第四节大部分黄色，后缘具棕黑色边缘；背板第五至第七节黑色；腹板第一至第四节大部分呈黄色，后缘具棕黑色边缘；第五至第七节呈黑色；腹部具黑色毛。雄性外生殖器大部分为棕黑色，第九背板抱握器灰白色。第九背板末两裂瓣，第九背板叶宽，呈近长方形，内缘具较浓密长毛；第九背板抱握器细长，端部渐细，直，端部微向内侧弯曲，基部外侧具一簇浓密长毛，其余部分具均匀短毛。肛上板两裂瓣，近三角形，具短毛。生殖基节短且粗壮，长为宽的 1.5 倍，基部表皮内突短小；阳基侧突端突基部宽，端部呈钩状。生殖刺突中基叶半圆形，具浓密均匀短毛；生殖刺突端突第二叶片钩状，端部尖，具均匀长毛；生殖刺突端突细长呈指状，端部圆，具均匀长毛。下生殖板基部两裂瓣，呈半圆形，基部具短指状突起，内缘具浓密长毛；下生殖板指突叶短指状，具均匀长毛；下生殖板端部呈“山”字形。

雌虫 体长 9.0 mm，翅长 10.5 mm。与雄虫相似。腹部末端第八腹板黄色，长为第七腹板的 2 倍；尾须黄色，刀叶状，长约为第八腹板的 2.5 倍。

观察标本 正模♂，云南小中甸红山林场（3 297 m），2012. Ⅵ. 12，王玉玉。副模 5♂2♀，云南小中甸红山林场（3 297 m），2012. Ⅵ. 12，王玉玉。

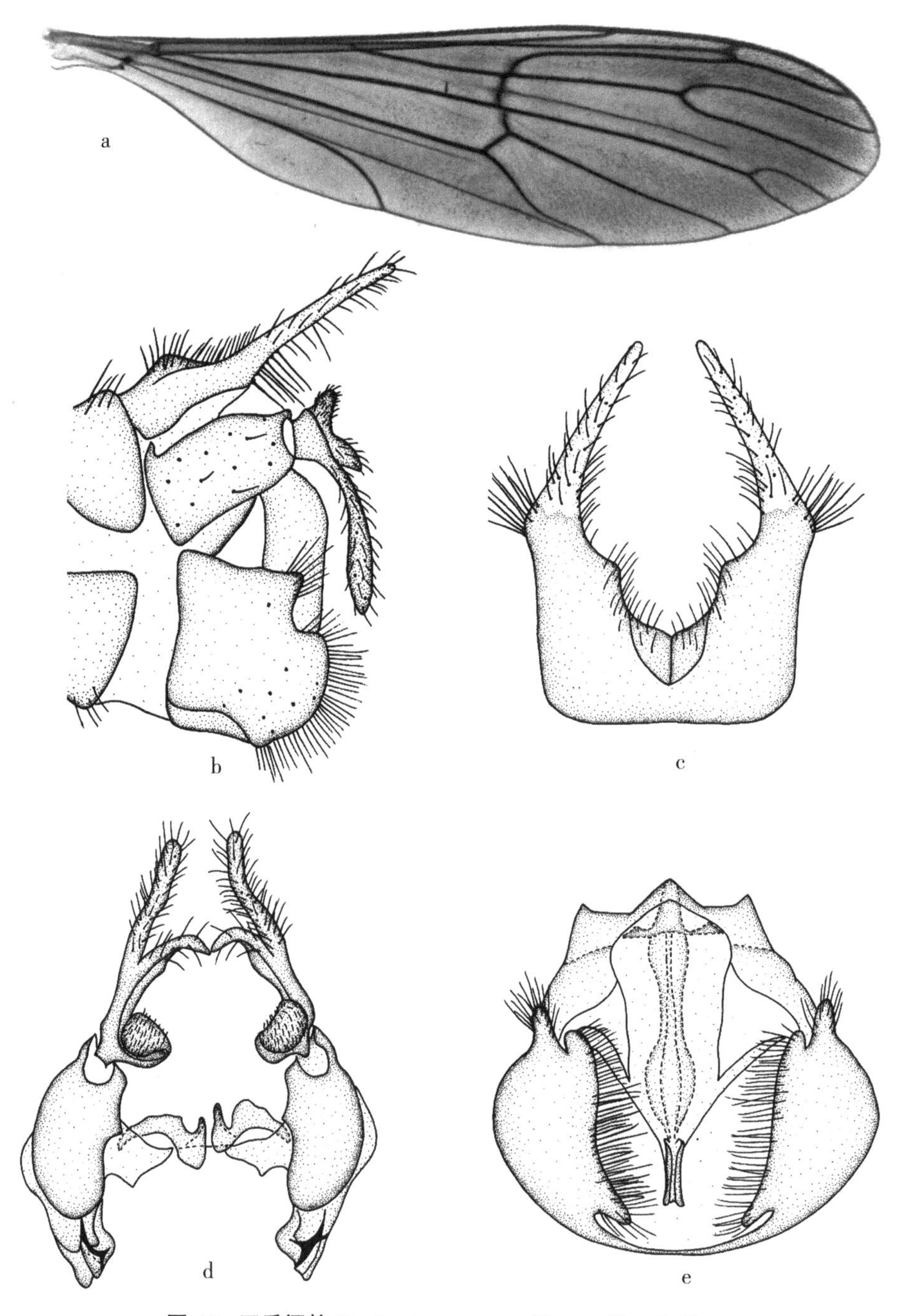

图 44　王氏褶蚊 *Ptychoptera wangae* Kang，Yao & Yang

a. 翅（wing）；b. 雄性外生殖器，侧视（male genitalia，lateral view）；
c. 第九背板，背视（epandrium，dorsal view）；
d. 生殖基节和生殖刺突，背视（gonocoxite and gonostylus，dorsal view）；
e. 下生殖板，腹视（hypandrium，ventral view）

分布 中国云南（小中甸）。

讨论 此种与分布于我国的河口褶蚊相似，但小盾片为黄棕色；腹部第二背板大部分为黄色，后缘为棕色；第九背板抱握器内侧不具乳状突起；生殖刺突中基叶呈半圆形。而河口褶蚊小盾片为棕黑色，中间区域为黄色；腹部第二背板大部分为棕黑色，中间区域为黄色；第九背板抱握器内侧具2个乳状突起；生殖刺突中基叶呈耳朵形，可以很容易与王氏褶蚊区分。

（23）小黄山褶蚊 *Ptychoptera xiaohuangshana* Kang，Gao & Zhang，2022（图45）

Ptychoptera xiaohuangshana Kang，Gao & Zhang，2022. ZooKeys 1122：169. Type locality：China：Guangdong，Ruyuan，Nanling.

鉴别特征 胸部侧片大部分呈棕色，仅上前侧片上半部分呈黄色。翅具2条棕色斑带和3个棕色斑点：中部斑带从翅前缘开始，覆盖 R_{2+3} 基部和 r-m，到达 CuA_2 端部弯曲部分；亚端部斑带从翅前缘开始，覆盖 R_1、R_2 端部和 R_{4+5} 分叉处，到达 M_{1+2} 分叉处；1个三角形棕色斑点位于M脉基部；2个椭圆形斑点位于Rs基部和 CuA_1 中部。第九背板抱握器内侧具1个弯曲的指状突起。生殖刺突前基叶鼻状。生殖刺突中基叶牙刷状。

描述 雄虫 体长7.0 mm，翅长7.0 mm。

头顶和额棕色；颜黄色，具浅棕色毛；颊黄色，中间具一个黑色椭圆形的斑点，具棕色毛；后头黄色。唇基黄色，被浅棕色毛。复眼黑色，小眼间光裸无毛。触角柄节和梗节黄色，鞭节浅黄色；各节具棕色毛。喙浅黄色，具浅黄色毛。下颚须浅黄色，具浅黄色毛。

胸部前胸背板浅黄色，前胸侧板浅黄色。中胸前盾片、盾片棕色；小盾片大部分棕色，中部区域黄棕色；后背片棕色，侧背片具一簇浓密棕色毛；侧片大部分呈棕色，仅上前侧片上半部分呈黄色。各足基节和转节黄色；腿节黄色，端部具1个窄的棕色环；足上具棕色毛。翅长为翅宽的3.8倍，半透明。翅具2条棕色斑带和3个棕色斑点：中部斑带从翅前缘开始，覆盖 R_{2+3} 基部和 r-m，到达 CuA_2 端部弯曲部分；亚端部斑带从翅前缘开始，覆盖 R_1、R_2 端部和 R_{4+5} 分叉处，到达 M_{1+2} 分叉处；1个三角形棕色斑点位于M脉基部；2个椭圆形斑点位于Rs基部和 CuA_1 中部。翅脉棕色，脉序：Sc脉与C脉的合并处未达到 R_{2+3} 基部1/3处；Rs中部微弯曲，为r-m长的4.1倍；r-m与Rs的连接点在Rs分叉处前。翅在Sc、Rs和褶下 cua_2 室和翅端部1/2区域具微毛。平衡棒和前平衡棒浅黄色，具浅棕色毛。

腹部背板第一节浅棕色；背板第二节大部分浅棕色，中间1/3黄色；背板第三节大部分黄色，端部1/2浅棕色；背板第四至第六节浅棕色；背板第七节大部分黄色，基部1/3浅棕色。腹板第一至第三节黄色；第四至第六节浅棕色，前缘黄色；腹板第七节大部分黄色，基部1/3浅棕色。腹部毛浅棕色。雄性外生殖器棕色。第九背板二分裂，第九背板叶半圆形；第九背板抱握器基部宽，内侧具一个弯曲的指状突起，指状突起基部窄，端部膨大，具均匀长毛；第九背板抱握器中部窄，后缘向下弯曲，端部膨大且平，具浓密长毛。肛上板三角形，后缘具两个乳状突起，具短毛。生殖基节宽，长为宽的2

倍，内缘中部具一个三角形的突起，具浓密长毛；基部表皮内突小。阳基侧突端突钩状。生殖刺突前基叶鼻状，具几根长毛；生殖刺突中基叶牙刷状，基部具一个多毛的半圆形突起，中部一个多毛的乳状突起；生殖刺突端突指状，具短毛。下生殖板基部呈三角形，前缘具“V”形凹陷；下生殖板端部葫芦形，具浓密短毛。

雌虫　未知。

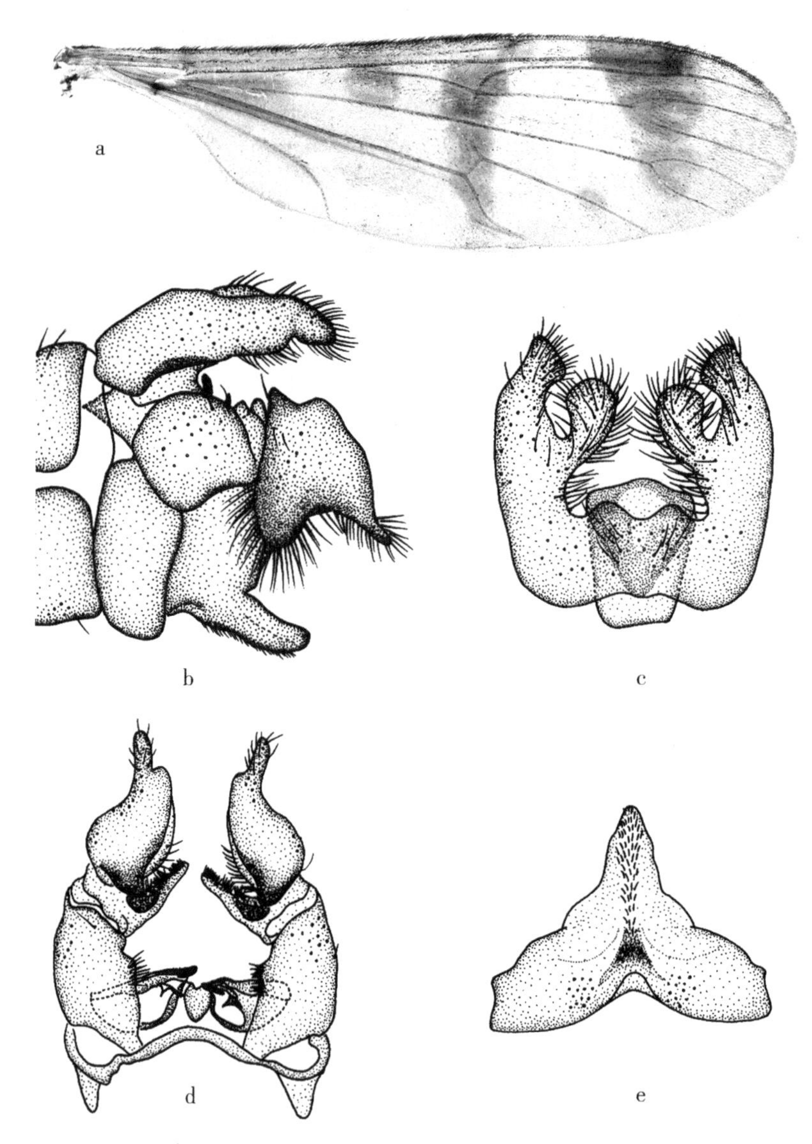

图 45　小黄山褶蚊 *Ptychoptera xiaohuangshana* Kang, Gao & Zhang

a. 翅（wing）；b. 雄性外生殖器，侧视（male genitalia, lateral view）；
c. 第九背板，背视（epandrium, dorsal view）；
d. 生殖基节和生殖刺突，背视（gonocoxite and gonostylus, dorsal view）；
e. 下生殖板，腹视（hypandrium, ventral view）

观察标本 正模♂，广东乳源南岭国家森林公园小黄山，2010. Ⅷ. 24，张婷婷。副模 1 ♂，广东乳源南岭国家森林公园小黄山，2010. Ⅷ. 24，张婷婷。

分布 中国广东（乳源）。

讨论 此种与分布于我国的小丽褶蚊相似，但腹部背板第二节大部分浅棕色，中部 1/3 为黄色，第九背板抱握器内缘具一个弯曲的指状突起，肛上板后缘具两个乳状突起，生殖刺突中基叶牙刷状。而在小丽褶蚊中，腹部背板第二节大部分为黑色，基部为黄色；第九背板抱握器内缘不具一个弯曲的指状突起；肛上板后缘具一个具浓密毛的乳状突起；生殖刺突中基叶半圆形。

（24）兴隆山褶蚊 *Ptychoptera xinglongshana* Yang，1996（图 46）

Ptychoptera xinglongshana Yang，1996. National Nature Reserve Resources Background Investigation of Xinglong Mountain，Gansu：288. Type locality：China：Gansu，Yuzhong.

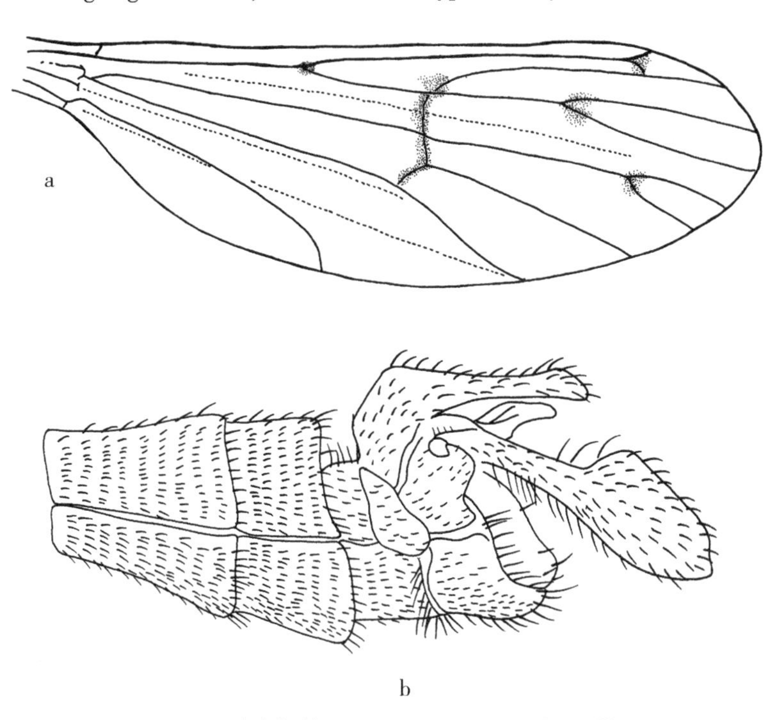

图 46 兴隆山褶蚊 *Ptychoptera xinglongshana* Yang

a. 翅（wing）；b. 雄性外生殖器，侧视（male genitalia，lateral view）

（据 Yang，1996 重绘）

鉴别特征 体长 7 mm，翅长 7 mm。体大部分黑色光亮，具白色细毛。头部黑亮，复眼半球形，离眼式，无单眼。触角细长，黑褐色，具稀疏黑毛，具 15 节。柄节和梗节呈球形。鞭节呈圆柱形，长大于宽；鞭节最长，约为鞭节第二节和第三节之和。喙粗短，呈黄色；下颚须细长，呈黄色；末节极长，呈黑褐色。胸部粗壮。前胸背板黄色，侧板黑色。中胸背板大部分黑色，仅中胸小盾片、侧背片和翅与平衡棒基部为黄色；侧板黑色，具粉被。足基节和转节黄色；腿节大部分呈黄色，端部褐色；胫节黑褐色；跗节黑褐色，跗节第一节极长。翅淡烟色，Sc 的上下区域和 CuA_1 和 CuA_2 之间呈淡黄褐色；翅脉褐色明显，脉的分叉处和两条横脉上各具淡褐色云斑。Rs 很长，与 R_{4+5} 几乎相等；r-m 连接在 Rs 上。r-m 下端和 m-cu 上端均具一小段白色透明区域。平衡棒大部分黄色，端部褐色。生殖刺突极发达，远超第九背板抱握器之外，基半细长而端部宽大如匙状，基部背面各具一向内伸的薄叶。

分布 中国甘肃（榆中）。

讨论 此种为杨集昆先生于 1996 年根据雄性成虫的形态特征描述的新种，本研究期间未见模式标本。此种的描述和图亦可见 Yang（1996）。

（25）扬褶蚊 *Ptychoptera yankovskiana* Alexander，1945（图 47；图版 17b）

Ptychoptera yankovskiana Alexander，1945：228. Type locality：Korea：Puksu Pyaksan，Kaukyo Nando.

鉴别特征 翅具 2 个棕色斑点和 2 条棕色斑带：2 个棕色斑点分别位于 Rs 脉基部和 M_{1+2} 脉分叉处；中部斑带从 Rs 基部延伸到 CuA_2 脉中部区域；亚端部斑带从翅前缘开始，覆盖翅痣，R_1 端部，延伸至 R_{4+5} 分叉处。第九背板呈两裂瓣，第九背板叶宽，呈近半圆形；第九背板抱握器与第九背板叶分离，平，呈弯刀状，基部宽且具一个"Y"形突起，内缘中部微膨大。下生殖板基部横宽呈近三角形，前缘微向内弯曲，后缘两侧具浓密均匀短毛；下生殖板指突叶呈梭形，基部和中部具浓密长毛；下生殖板端部骨化强烈，呈"U"形。

描述 雄虫 体长 8.5~9.5 mm，翅长 7.5~8.0 mm。

额呈深棕色；头顶呈深棕色；颊呈棕色，中间区域带有黑色圆形斑点；后头呈棕色；唇基浅棕色；头被深棕色毛。复眼黑色，小眼间光裸无毛。触角丝状；触角柄节，梗节和鞭节第一节基部 1/5 黄色，其他鞭节均为深棕色；各节具深棕色毛。喙黄色，具棕色毛。下颚须大部分为黄色，末节端部逐渐加深至浅棕色，具棕色毛。

胸部前胸背板棕色，前缘黄色；前胸侧板棕色。中胸前盾片、盾片黑色；小盾片大部分黑色，中部区域呈棕色，小盾片两侧具一簇深棕色毛；后盾片黑色；侧片大部分呈深棕色，上前侧片 1/2 浅黄色。前足和中足基节大部分黄色，基部棕色；后足基节黄棕色，端部 1/3 黄色；各足转节黄色；各足腿节和胫节黄色，末端具棕色环；各足跗节第一节基部黄棕色，后逐渐加深至深棕色，跗节其他节深棕色。足上具棕色毛。后足跗节各节之比为 9：1.8：1.2：1：1。翅长为翅宽的 3.3 倍，半透明。翅具两个棕色斑点和两条棕色斑带：两个棕色斑点分别位于 Rs 脉基部和 M_{1+2} 脉分叉处；中部斑带从 Rs 基部延伸到 CuA_2 脉中部区域；亚端部斑带从翅前缘开始，覆盖翅痣，R_1 端部，延伸至 R_{4+5} 分叉处。翅脉棕色，脉序：Sc 脉与 C 脉的合并处未达到 R_{2+3} 基部 1/3 处；Rs 直，约为 r-m 长的 3 倍；r-m 与 Rs 的连接点在 Rs 分叉处。平衡棒灰白色，具灰白色毛，前平衡棒灰白色。

腹部背板第一节呈深棕色；背板第二节中部呈黄色，基部 1/4 及端部 1/4 呈棕色；

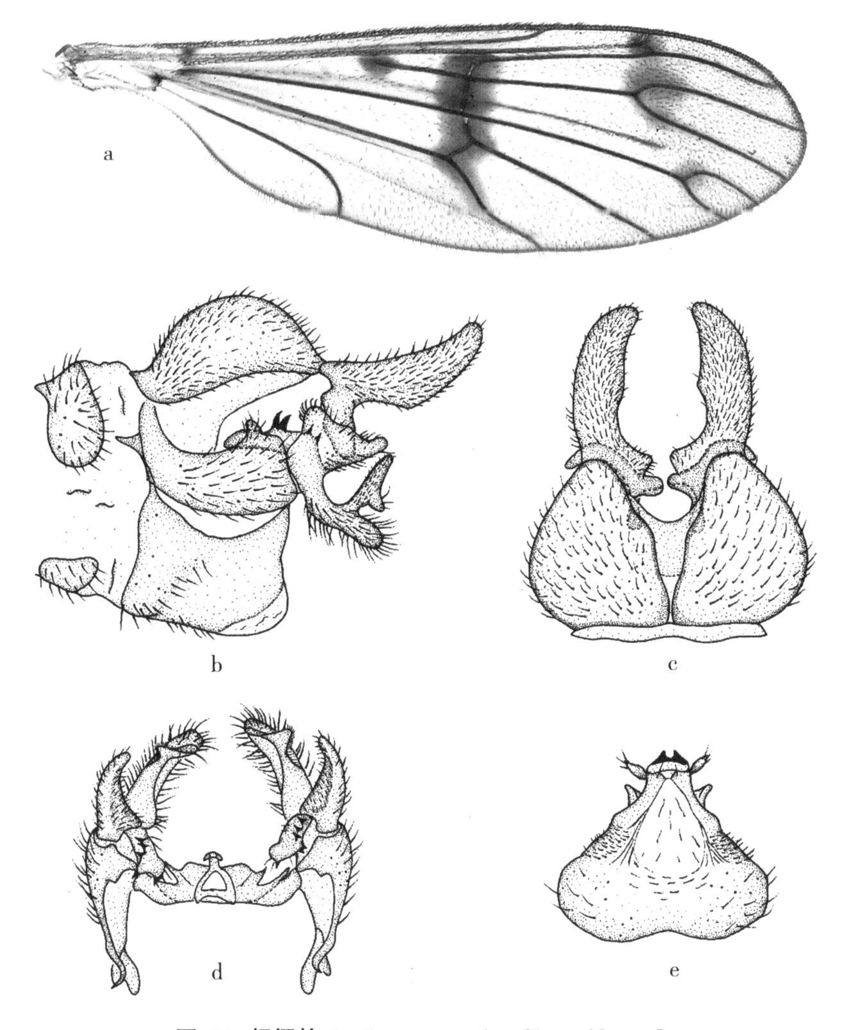

图 47 扬褶蚊 *Ptychoptera yankovskiana* Alexander

a. 翅（wing）；b. 雄性外生殖器，侧视（male genitalia，lateral view）；
c. 第九背板，背视（epandrium，dorsal view）；
d. 生殖基节和生殖刺突，背视（gonocoxite and gonostylus，dorsal view）；
e. 下生殖板，腹视（hypandrium，ventral view）

背板第三节大部分呈黄色，端部 1/4 呈棕色；背板第四节大部分深棕色，前缘浅黄色；背板第五至第七节一致呈深棕色。腹板第一节灰白色，端部 1/2 棕色；腹板第二节黄色，后缘棕色；腹板第三节黄色；腹板第四至第七节大部分呈深棕色，后缘浅黄色。腹部毛棕色。雄性外生殖器大部分为深棕色，第九背板抱握器棕色。第九背板呈两裂瓣，第九背板叶宽，呈近半圆形；第九背板抱握器与第九背板叶分离，平，呈弯刀状，基部宽且具一个“Y”形突起，内缘中部微膨大，具均匀短毛。肛上板“V”形，后缘具短毛。生殖基节长且膨大，长为宽的 2.2 倍，基部表皮内突短小；阳基侧突端突两侧具 1 对指状突起和 1 对钩状突起，中部具 1 个钩状突起。生殖刺突前基叶椭圆形，上具 5~6 根短刺；生殖刺突中基叶基部宽大，端部变窄且向内弯曲，具均匀短毛；生殖刺突端突

第二叶片基部膨大且向上弯曲，外侧具短毛，端部平；生殖刺突端突指状，稍向内侧弯曲，具后缘具长毛。下生殖板基部横宽呈近三角形，前缘微向内弯曲，后缘两侧具浓密均匀短毛；下生殖板指突叶呈梭形，基部和中部具浓密长毛；下生殖板端部骨化强烈，呈“U”形。

雌虫　体长 8.0~9.0 mm，翅长 7.5~8.5 mm。与雄虫相似，背板第一节大部分棕色，前缘灰白色；背板第二节大部分黄色，前缘和后缘棕色；背板第三和第四节棕色，两侧基部具黄色区域；背板第五至第七节深棕色。腹板第一节大部分棕色，基部 1/2 灰白色；腹板第二节大部分为棕色，中部区域黄色；腹板第三至第七节深棕色，后缘浅黄色。雌虫腹部末端第八腹板黄色，长为第七腹板的 2.5 倍；尾须黄色具棕色边缘，刀叶状，第十背板加尾须的长约为第八腹板的 1.2 倍。

观察标本　1♂，内蒙古科左后旗大青沟原始森林（42°47′58″N，122°10′44″E；220 m；马氏网诱集），2015. Ⅵ. 23-Ⅷ. 3；30♂，内蒙古科左后旗大青沟原始森林（42°47′58″N，122°10′44″E；220 m；马氏网诱集），2015. Ⅵ. 23-Ⅷ. 3；11♂1♀，内蒙古科左后旗大青沟原始森林（42°47′58″N，122°10′44″E；220 m；马氏网诱集），2015. Ⅷ. 3-Ⅸ. 29；7♂1♀，内蒙古科左后旗大青沟原始森林，2014. Ⅷ. 20-21，李彦；3♂1♀，内蒙古科左后旗大青沟原始森林，2014. Ⅷ. 21-22，席玉强；1♀，内蒙古科左后旗大青沟原始森林（180 m），2014. Ⅶ. 23，杨定；1♀，内蒙古科左后旗大青沟源头（235 m），2014. Ⅷ. 27，史丽；1♀，内蒙古科左后旗大青沟大青沟河（169 m），2014. Ⅷ. 27，史丽；1♀，内蒙古科左后旗大青沟（210 m），2014. Ⅷ. 28，史丽；1♀，内蒙古科左后旗大青沟三岔口（171 m），2014. Ⅷ. 29，史丽；2♂，内蒙古科左后旗大青沟原始森林，2013. Ⅶ. 18，张晓。

分布　中国内蒙古（科左后旗）；韩国。

讨论　此种 Krzemiński 和 Zwick（1993）将其作为 *P. subscutellaris* Alexander，1921 的异名。后 Fasbender（2014）将两种分别进行了描述，且比较了两种的异同。他认为两种的区别可以作为种间差异来将两种进行区分。

（26）云南褶蚊 *Ptychoptera yunnanica* Zhang & Kang，2021（图 48；图版 18）

Ptychoptera yunnanica Zhang & Kang，2021. ZooKeys 1070：80. Type locality：China：Yunnan，Binchuan，Mount Jizushan（1 875 m）.

鉴别特征　中背片中部具 1 个大的椭圆形的黄色斑。翅具 3 个棕色斑点和 1 条棕色斑带：3 个棕色斑点位于 R_1 脉端部，R_{4+5} 脉分叉处和 M_{1+2} 脉分叉处；棕色斑带从 Rs 基部延伸到 CuA_2 脉中部区域。第九背板亚端刺横向呈圆锥形；下生殖板基部横宽呈长方形，前缘强烈向内弯曲；下生殖板指突叶呈指状，基部和中部具浓密长毛；下生殖板端部呈心形。

描述　雄虫　体长 6.5~8.0 mm，翅长 7.0~7.5 mm。

头顶深棕色，额深棕色，具棕色毛；颜和唇基黄色，具浅棕色毛；颊黄色，中间具 1 个黑色椭圆形的斑点，具深棕色毛；后头黄色。复眼黑色，小眼间光裸无毛。触角柄

节，梗节和鞭节第一节基部1/2黄色，其他鞭节均为棕色；各节具深棕色毛。喙浅黄色，具棕色毛。下颚须大部分为黄色，末节端部逐渐加深至棕色，具棕色毛。

胸部前胸背板浅黄色，前胸侧板浅黄色。中胸前盾片、盾片黑色；小盾片大部分深棕色，中部区域黄色，小盾片两侧具一簇深棕色毛；中背片深棕色，中部具1个大的椭圆形的黄色斑；侧背片上半部分为深棕色，下半部分为黄色并具一簇浓密深棕色毛；侧片一致呈黄色。各足基节和转节黄色；前足腿节基部为黄色，后逐渐加深至棕色；中足和后足腿节黄色，端部具1个窄的棕色环；各足胫节黄棕色，端部具1个窄的棕色环；前足和中足跗节第一节为棕色，后足跗节第一节黄色，端部具1个窄的棕色环；跗节其他节深棕色。足上具深棕色毛。后足跗节各节之比为7：2：1.2：1：1。翅长为翅宽的3.8倍，半透明。翅具3个棕色斑点和1条棕色斑带：3个棕色斑点位于R_1脉端部，R_{4+5}脉分叉处和M_{1+2}脉分叉处；棕色斑带从Rs基部延伸到CuA_2脉中部区域。翅脉棕色，脉序：Sc脉与C脉的合并处未达到R_{2+3}基部1/3处；Rs直，稍长于r-m；r-m与Rs的连接点在Rs分叉处后。平衡棒浅黄色，具棕色毛，前平衡棒浅黄色。

腹部背板第一节大部分为深棕色，基部1/5为黄色；背板第二节大部分为黄色，中部区域和端部1/6为深棕色；背板第三节大部分为黄色，端部1/5为深棕色；背板第四节大部分为黄色，端部1/4为深棕色；背板第五至第七节为深棕色。腹板一致为黄色。腹部具棕色毛。雄性外生殖器为黄色。第九背板呈两裂瓣，第九背板叶宽，呈近三角形；第九背板抱握器基部宽，逐渐变细且向下弯曲，端部稍膨大；第九背板亚端刺横向呈圆锥形；第九背板具棕色毛。肛上板“V”形，后缘具短毛。生殖基节短且细，长为宽的2倍，基部表皮内突长，为生殖基节的3/4长；阳基侧突端突钩状，端部向内弯曲。生殖刺突前基叶两裂片，不具毛；生殖刺突中基叶宽大呈指状，内侧具浓密黑色短毛；生殖刺突端突第二叶片基部呈扇形，不具毛，端部呈指状，具短毛；生殖刺突端突指状，具浓密黑色短刚毛。下生殖板基部横宽呈长方形，前缘强烈向内弯曲，具稀疏短毛；下生殖板基叶呈乳突状；下生殖板指突叶呈指状，基部和中部具浓密长毛；下生殖板端部呈心形。

雌虫　体长8.5~9.0 mm，翅长9.0~9.5 mm。与雄虫相似，但腹部背板第三节大部分为黄色，端部1/3为黄色；背板第四和第五节棕色；背板第六节大部分为棕色，端部1/3为黄色；背板第七和第八节为黄色。腹部末端腹板第八节黄色，长与腹板第七节等长；尾须黄色具棕色末端，刀叶状，第十背板加尾须的长约为腹板第八节的1.8倍。

观察标本　正模♂，云南宾川鸡足山（25°56′38″N，100°23′58″E；1 875 m），2019.Ⅵ.1，康泽辉。副模1♀，云南宾川鸡足山（25°56′38″N，100°23′58″E；1 875 m），2019.Ⅵ.1，康泽辉；1♀，云南盘龙云南农业大学（25°8′4″N，102°25′2″E；1 953 m；马氏网诱集），2016.Ⅳ.28-Ⅵ.3，王亮；1♀，云南盘龙云南农业大学（25°8′9″N，102°45′8″E；1 958 m；马氏网诱集），2016.Ⅳ.28-Ⅵ.3，王亮；1♂，云南盘龙云南农业大学（25°8′22″N，102°45′14″E；1 965 m；马氏网诱集），2016.Ⅸ.28-Ⅺ.24，王亮。

分布　中国云南（盘龙、宾川）。

讨论　此种翅上斑带与分布于缅甸的*P. persimilis* Alexander，1947相似，但中背片中部具一个大的椭圆形的黄色斑，第九背板亚端刺横向呈圆锥形，阳基侧突端突钩状，端部向内弯曲等特征，可以很容易与云南褶蚊区分。

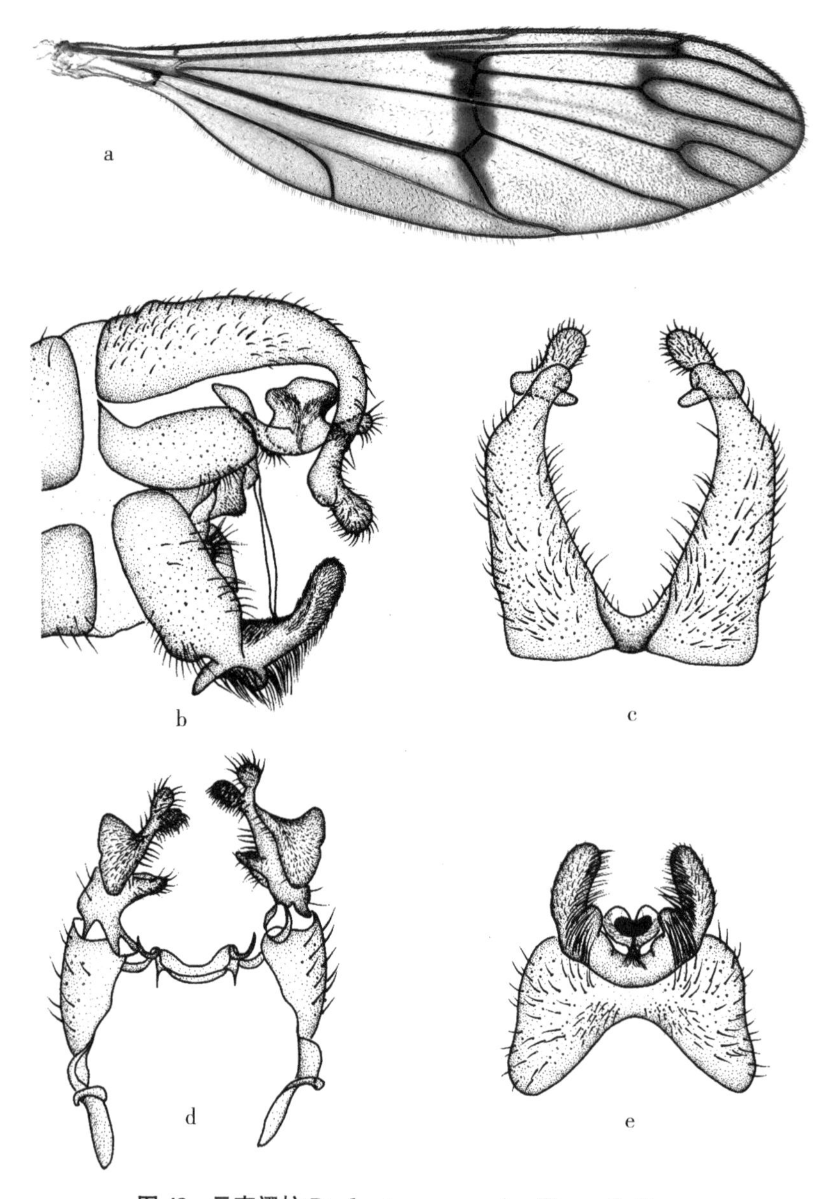

图 48　云南褶蚊 *Ptychoptera yunnanica* Zhang & Kang

a. 翅（wing）；b. 雄性外生殖器，侧视（male genitalia，lateral view）；
c. 第九背板，背视（epandrium，dorsal view）；
d. 生殖基节和生殖刺突，背视（gonocoxite and gonostylus，dorsal view）；
e. 下生殖板，腹视（hypandrium，ventral view）

二、网蚊科 Blephariceridae

体型小型到中型。复眼大而特殊，每个复眼横向分为背区与腹区两部分。口器雌雄性异型，雌虫具更长且尖锐的上颚，雄虫则退化。翅脉间具细小的网状细纹，臀角突出。该科昆虫由于前翅膜质区具有独特网状纹，故称网蚊。

网蚊科昆虫世界广布，目前已知 2 亚科 30 属 330 余种。本书记述我国网蚊科 1 亚科 7 属 28 种，其中包括 2 新种。

分 属 检 索 表

1.	喙具增长的唇瓣，每个唇瓣变化成为单个拟气管状结构	2
-	喙不具增长的唇瓣，唇瓣内部未变化	3
2.	触角具 10 节，端节成棒状；下颚须两节；Rs 短或不存在，短于 r-m；R_{4+5} 弯曲，端部接近 $R_{1(+2+3)}$	蜂网蚊属 *Apistomyia*
-	触角具 8 节或更少；下颚须一节；Rs 较长，约为 r-m 的 1.5 倍；R_{4+5} 直，端部远离 $R_{1(+2+3)}$	霍氏网蚊属 *Horaia*
3.	翅脉 M_2 脉存在	4
-	翅脉 M_2 脉不存在	新网蚊属 *Neohapalothrix*
4.	R 脉三分支，翅脉 R_{2+3} 存在	5
-	R 脉二分支，翅脉 R_{2+3} 不存在	6
5.	触角短；头和胸部侧片具毛；翅脉 R_{2+3} 长于端部融合的 R_1	毛网蚊属 *Bibiocephala*
-	触角长；头和胸部侧片不具毛；翅脉 R_{2+3} 短于端部融合的 R_1	丽网蚊属 *Agathon*
6.	R_{4+5} 基部存在，r_4 室具长柄，横脉 m-cu 存在	望网蚊属 *Philorus*
-	R_{4+5} 基部萎缩，r_4 室不具柄，横脉 m-cu 不存在	网蚊属 *Blephariceras*

1. 丽网蚊属 *Agathon* von Röder，1890

Agathon von Röder，1890. Wien. Ent. Ztg. 9：230. Type species：*Agathon elegantulus* von Röder，1890（monotypy）.

属征　成虫胸部侧片多刚毛。翅脉 R 具四分支，第二分支 R_{2+3} 在基部与 R_1 汇合，形成闭合 r_1 室；R_4 与 $R_{1(+2+3)}$ 长几乎相等；r_4 室不具长柄；翅脉 M_2 存在但不完整；横脉 m-cu 存在。雄性腹部尾须很长，中部平行分开很宽，仅基部由一条横向棒状结构相连，每个叶片细长呈棒状。

讨论　该属分布于全北区。我国仅知 1 种。该属与分布于中亚地区的亚网蚊属有相似的尾须，但生殖刺突分裂成背叶和腹叶。

(1) 山丽网蚊 *Agathon montanus* (Kitakami, 1931)(图 49;图版 19a)

Bibiocephala montanus Kitakami, 1931. Mem. Coll. Sci. Kyoto Univ. (B) 6: 78. Type locality: Japan: Kurama, Kibune and Atago near Kyōto.

鉴别特征 胸部棕色,前侧片深棕色,中胸背板中部有 3~5 个不明显深色圆形斑点。Rs 基部轻微向下弯曲,R_{2+3} 端部轻微退化,长小于 Rs 的一半;r-m 略弯,约为 Rs 的 1/2 长;m-cu 脉长与 r-m 几乎相等。尾须具两叶片,叶片增长使尾须呈"U"形,叶片长约与尾须基部宽相等。

描述 雄虫 体长 5.0 mm,翅长 6.2 mm,翅宽 2.3 mm。

头部深棕色,宽大于长。复眼分离,背区小,深棕色,与腹区分界不明显;腹区大,呈黑色。单眼三角区突出。头部被浓密黑色长毛,头顶区和复眼后缘毛较长。触角远长于头宽,14 节;柄节与鞭节第一节基部 1/2 淡黄色,其余部分为黄棕色;柄节与梗节中部各具一圈黑色长毛,鞭节第一节背部具一列明显长毛,末节顶端具 6 根明显长毛。下颚须 5 节,黄色,具明显黑色长毛,长约为喙的 2 倍。

胸部大部分棕色,前侧片深棕色,中胸背板中部有 3~5 个不明显深色圆形斑点。胸部长毛较少,仅中胸背板后缘具稀疏黑色长毛,小盾片后缘具较密黑色长毛,上后侧片顶端及后胸侧片具明显黑色长毛。足大部分浅棕色,基节与转节黄色,所有转节中部前端具黑色斑点,所有腿节末端深棕色。足上具黑色均匀浓密的毛,前足基节前端具浓密黑色毛簇,后足胫节末端具 2 个明显的刺,1 个较长,1 个较短。翅黄色,透明;翅脉大部分棕色,前缘脉,R_1 及 R_5 脉具黑色毛,翅后缘具黄色细毛。Sc 脉退化,几乎未达到 Rs 的基部;Rs 基部轻微向下弯曲,R_{2+3} 端部轻微退化,长小于 Rs 的 1/2;r-m 略弯,约为 Rs 的 1/2 长;m-cu 脉长与 r-m 几乎相等。平衡棒黄色,具黑色毛。

腹部背板浅棕色,仅第二至第四背板前缘黄色;腹板黄色。腹部具黑色短毛。第九背板两侧圆凸,后缘中间微凹,有均匀黑色短毛。尾须具两叶片,叶片增长使尾须呈"U"形,叶片长约与尾须基部宽相等。尾须光裸,仅内侧密布短毛。生殖刺突具两叶片,背叶片深棕色,细而短,约为腹叶片长的 3/4,具黑色长毛;腹叶片棕色,宽大,端部钝圆,具黑色长毛。生殖基节叶黄色稍透明,宽大,顶端尖。下生殖板近似正方形,后缘中间微凹,两侧稍凸,突出部分被黑色短毛。阳茎基端部明显,呈三角状,顶端钝圆。

雌虫 未知。

观察标本 2♂,辽宁宽甸泉山林场(650 m),2009. Ⅶ. 9,李彦;1♂,黑龙江五营丰林保护区,2011. Ⅶ. 16,康泽辉。

分布 中国黑龙江(五营)、辽宁(宽甸);日本。

讨论 此种与分布于日本的 *A. japonicus*(Alexander, 1922)相似,但复眼背区较小,中胸背板中部有 3~5 个不明显深色圆形斑点。而 *A. japonicus* 复眼背区较大,且中胸背板中部不具圆形斑点。

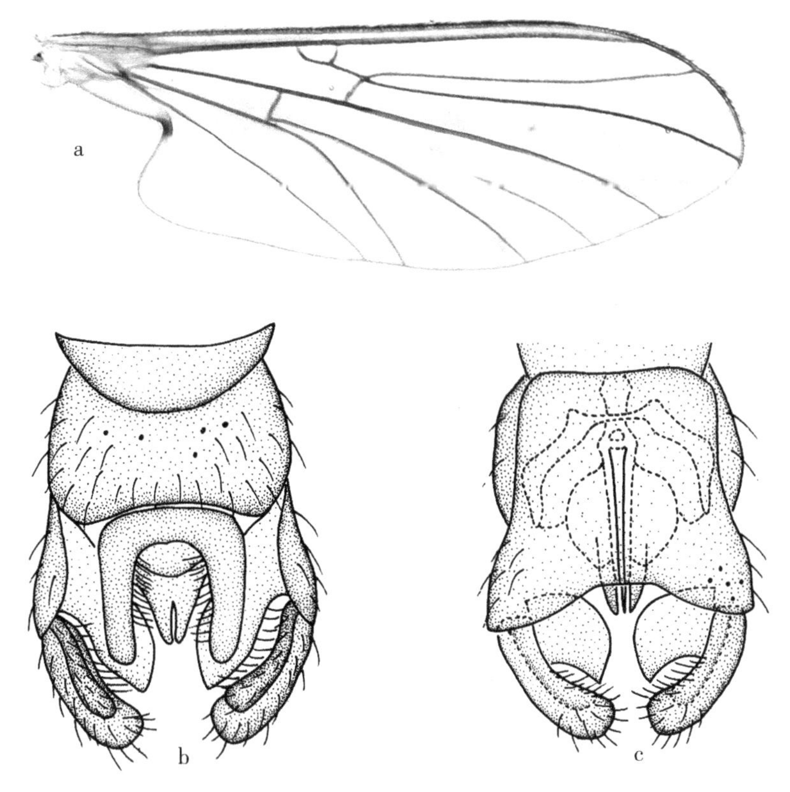

图 49 山丽网蚊 *Agathon montanus*（Kitakami）

a. 翅（wing）；b. 雄性外生殖器，背视（male genitalia，dorsal view）；
c. 雄性外生殖器，腹视（male genitalia，ventral view）

2. 蜂网蚊属 *Apistomyia* Bigot，1862

Apistomyia Bigot，1862. Ann. Soc. Entomol. Fr. 2（4）：109. Type species：*Apistomyia elegans* Bigot，1862（monotypy）.

属征 触角短小，约等于头宽，一般仅 10 节。口器发达，上唇与下唇都细长，长于头宽，下颚须仅一节。翅脉 R 仅分两支，即 $R_{1(+2+3)}$ 和 R_{4+5}；Rs 很小；M_2 脉不存在；m-cu 脉不存在。

讨论 此属分布较广泛，分布于古北区、东洋区和澳新区等。我国已知 2 种。

分 种 检 索 表

1.	复眼背区小，而腹区大；翅上臀叶具一个深烟灰色的斑……………………	**黑蜂网蚊 *A. nigra***
-	复眼背区大，而腹区小；翅上臀叶不具深烟灰色的斑…………………	**日本蜂网蚊 *A. uenoi***

（2）黑蜂网蚊 *Apistomyia nigra* Kitakami，1941（图 50）

Apistomyia nigra kitakami，1941. Mem. Coll. Sci. Kyoto Univ. （B） 16：66. Type locality：China：Taiwan，Taroko Can，Heisyana.

鉴别特征 雌虫 体长 4.2~4.5 mm，翅长 5.0~5.3 mm，翅宽 1.7~1.8 mm，喙长 1.7~1.9 mm。头黑色。复眼左右分离。复眼背区小，高度为复眼的 1/5；小眼眼面大，黄棕色，大小为腹区小眼直径的 1.5 倍。腹区大，小眼小而黑。单眼黄色。后头黑色，具稀疏毛。额和头顶宽，大部分黑色，具银色区域。触角 10 节，很短，棕黑色，具稀疏毛。柄节长与宽几乎相等；梗节最大，末端逐渐膨大，端部为基部的至少 2 倍。鞭节细，具微毛；除鞭节第一节和最后一节外，其余各节长稍短于宽。鞭节第一节长约为宽的 1.5 倍，为鞭节第二节的 2 倍。鞭节末节椭圆形，不具毛，稍宽于其他节，长为前一节的 3 倍。唇基光裸，棕黑色，具银色区域。上唇长，基部 2/3 为黑色，端部 1/3 色浅。上颚细长，短于上唇，具小齿。舌细长，长于上颚，但稍短于上唇。下颚稍弯曲，黄色。下颚须不分节，椭圆形，黑色，具几根毛。下唇长，大于头宽的 2 倍长，与口器其他部分分离。下唇基部黑，具毛，背部膜状且色较浅，2 节。下唇须长，长稍长于下唇基部区域，圆柱形，端部渐细，末端尖。中胸背板黑色，光裸无毛；侧板黑色，具银色区域。前足和中足短，后足长。翅较窄，透明，除翅前缘脉室不透明；翅尖和翅臀叶各具一个深烟灰色的斑。翅脉：C 脉粗壮，黑色，端部分成两支；Sc 脉退化，末端到达 c 室的基部；R_1 粗壮，黑色，末端退化；Rs 简单，末端向上弯曲，近端部和末端接近 R_1 端部；r-m 斜且稍弯曲，与 Rs 成一条直线；M 脉简单；Cu 基部分叉。平衡棒棕色。前足和中足很短，后足细长。前足和中足呈深色至黑色，除中足基节和腿节近端部 1/3 呈黄棕色。后足腿节近端部 2/3，胫节近端部 1/3 和跗节第一至第四节端部以及整个第五节呈黑色；其余部分颜色较浅。前足转节长与宽几乎相等。腿节棒状；前足腿节在端部 2/3 处略微弯曲并变粗，而后足腿节在尖端附近变粗。胫节距式 0-0-2。爪上小齿为 4 个或 5 个。腹部背板黑棕色，除各节前缘外侧为银色，疏生短柔毛。侧边膜状区域宽，暗灰色，具非常轻微的纵向皱折。侧片狭窄，纵向，暗褐色，不具毛。第七腹板横宽，深棕色，疏生毛。下生殖板细长。第八背板小，黑色。第九背板横向，黑色，背面具长毛。第十节侧面两裂瓣，端部具从乳状突起上着生的短硬刚毛。第八腹板黑色，具短毛，后缘深凹。第九腹板前缘黑色，具短毛；后缘具深裂，具短毛。尾须细长，长为基部宽的 1.5 倍，具毛；端部 1/3 游离，顶端具从圆柱形突起上着生的短硬刚毛。

分布 中国台湾（花莲、嘉义）。

讨论 此种为 Kitakami 于 1941 年根据幼虫、蛹和雌性成虫的形态特征描述的新种，雄性成虫阶段形态特征未知。

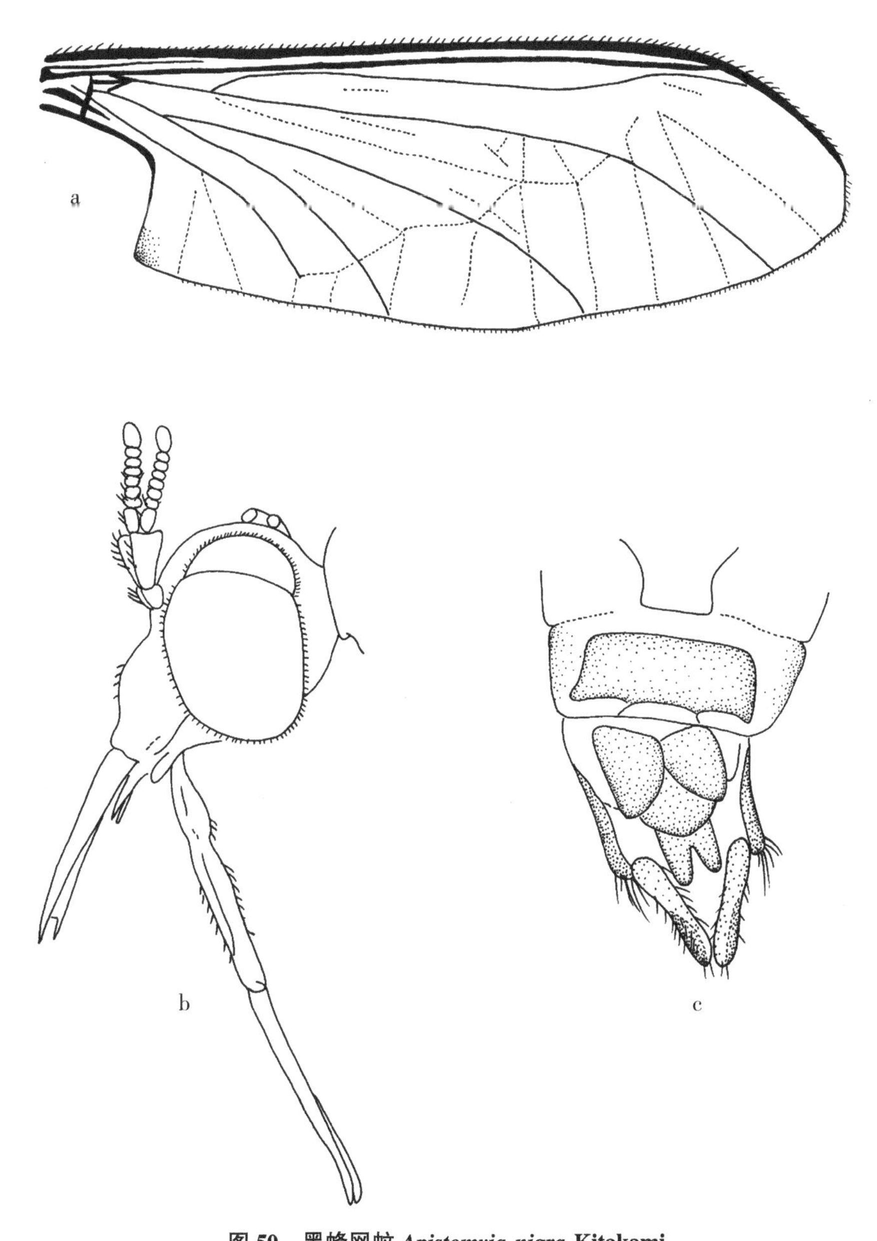

图 50　黑蜂网蚊 *Apistomyia nigra* Kitakami

a. 翅（wing）；b. 雌虫头部，侧视（female head，lateral view）；
c. 雌虫腹部末端，腹视（female terminal，ventral view）（据 Kitakami，1941 重绘）

（3）日本蜂网蚊 *Apistomyia uenoi*（Kitakami，1931）（图 51；图版 19b）

Curupira uenoi Kitakami，1931. Mem. Coll. Sci. Kyoto Univ.（B）6：103. Type locality：Nakabusa in Province of Sinano.

鉴别特征 背区与腹区分界明显；背区较腹区大。上唇明显，长几乎与触角相等，深棕色表面具银色光芒。翅透明，翅尖具淡棕色云状斑；R_1 尖端稍退化；Rs 简单，末端弯曲向上，末尾接近 R_1 端部；r-m 明显与 Rs 对齐成一条直线。腹部第一至第五节背板前缘两侧分别有一个银色三角形斑。

描述 雄虫 体长 4.9 mm，翅长 4.4 mm，翅宽 1.6 mm。

头部头顶和后头黑色，额区银色，颊银色，单眼三角区黑色，明显突出。头部光裸，不具长毛。复眼突圆，左右相接，复眼几乎占据整个头部；背区与腹区分界明显；背区大，砖红色，小眼眼面上具浅色微毛；腹区较小，呈红棕色，小眼眼面上具浅色微毛。单眼砖红色，突出。触角很短，接近头宽，10 节。触角柄节深棕色，中部被一圈棕色长毛。触角梗节端部膨大，呈三角状，其长为柄节的 3 倍。梗节呈深棕色，被深棕色长毛。鞭节前 7 节很短，长与宽几乎相等，最后一节较长，为其他鞭节的 3 倍以上；鞭节呈深棕色，具深棕色长毛。唇基发达，深棕色，表面具银色光芒，端部两侧具几根棕色长毛。上唇明显，长几乎与触角相等，深棕色表面具银色光芒，具均匀棕色长毛。下唇明显增长，几乎为上唇长的 2 倍，分为两节，基部一节较短，端部一节较长，几乎为基部一节的 2 倍；下唇深棕色，表面被稀疏棕色短毛。下颚须增长，几乎与下唇长相等，圆柱形，顶端尖细并分开，深棕色。

胸部背板大部分呈黑色，中胸背板边缘部分具银色反光斑块，小盾片深棕色。胸部侧片深棕色，具银色闪光表面。胸部毛很少，仅侧背片具稀疏棕色短毛。足大部分呈深棕色，除基节，转节与腿节基部黄棕色。腿节端部膨大呈棒状。后足胫节端部具两根距。足上均匀密布黑色毛。爪黑色，顶端稍弯曲，具黑色毛。翅透明，翅尖具淡棕色云状斑，翅脉棕色。Sc 脉退化，达到 Rs 的基部；R_1 尖端稍退化；Rs 简单，远侧弯曲向上，末尾接近 R_1 端部；r-m 明显与 Rs 对齐成一条直线；M_1 简单，端部弯曲向下，M_2 退化；m-cu 脉不存在；Cu 脉分叉在近基部，Cu_2 脉端部缩小；A_1 脉端部未达翅缘。平衡棒柄部黄色，棒部深棕色，光裸无毛。

腹部背板大部分呈黑棕色，第一至第五节背板前缘两侧分别有一个银色三角形斑，腹板黄棕色。腹部光裸无毛。第九背板盾形，后缘有一圈“V”形较深区域，有均匀黑色短毛。尾须具两叶片，叶片宽大钝圆，被均匀黑色短毛。生殖刺突仅一叶片，棒状细长，长约为宽的 3 倍，布黑色短毛；生殖刺突内侧具长条形凹陷，凹陷处密被长毛。生殖基节叶黄稍透明，细长，指状。下生殖板近似长方形，后缘中间微凹，两侧稍凸，不具短毛。阳茎基端部明显，呈“U”形，顶端圆。

雌虫 未知。

观察标本 1♂，浙江磐安天目山大镜谷，2007. Ⅶ. 20，朱雅君。

分布 中国浙江（磐安）；日本。

讨论 此种与分布于我国的黑蜂网蚊相似，但复眼背区较腹区大，翅臀叶不具深烟灰色的斑。黑蜂网蚊复眼背区较腹区小，翅臀叶具深烟灰色的斑，可与日本蜂网蚊区分。

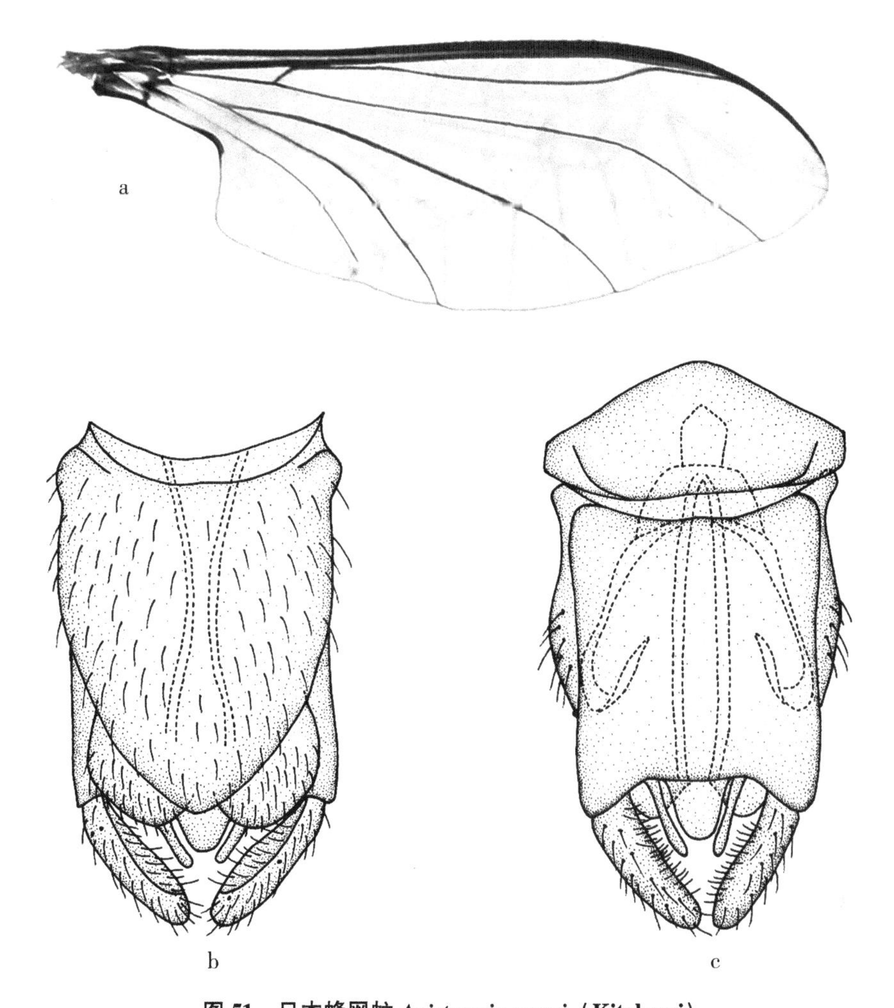

图 51　日本蜂网蚊 *Apistomyia uenoi*（Kitakami）

a. 翅（wing）；b. 雄性外生殖器，背视（male genitalia，dorsal view）；
c. 雄性外生殖器，腹视（male genitalia，ventral view）

3. 毛网蚊属 *Bibiocephala* Osten Sacken，1874

Bibiocephala Osten Sacken，1874. Rep. U. S. Geol. Survey Terr. 1873 7：564. Type species：*Bibiocephala grandis* Osten Sacken，1874（monotypy）.

Bibionus Curran，1923. Can. Entomol. 55：266. Type species：*Bibionus griseus* Curran，1923（prig，des.）[= *Bibiocephala grandis* Osten Sacken，1874].

属征　体常具毛，尤其在雄虫头和胸部侧片多具毛。雄虫触角短而紧凑。前足腿节弯曲。翅 R 脉三分支；翅脉 R_{2+3} 存在，翅脉 R_{2+3} 长于端部融合的 R_1；M_2 脉存在。腹部第一节与后胸融合，且向上倾斜。

讨论　此属主要分布于古北区和新北区。我国已知 1 种。

(4) 狛江毛网蚊 *Bibiocephala komaensis* (Kitakami, 1950)

Amika komaensis Kitakami, 1950. J. Kumamoto Women's Univ. 2: 41. Type locality: North Korea. Northeast China. South Korea.

鉴别特征 体长 10.8~12.7 mm，宽 3.2~3.7 mm。背板深棕色，胸部较浅。腹板浅棕色；腹部第一节横向椭圆形。触角短且黑；倒数第二节端部膨大，长为宽的近 2 倍；末节圆柱形，约为前一节长的 2 倍，长为宽的 4~5 倍。下颚须大且具毛；末端部分圆锥形，长为宽的 1.5 倍。爪很长。

分布 中国黑龙江；朝鲜，韩国。

讨论 此种为 Kitakami 于 1950 年根据幼虫和蛹的形态特征描述的新种，成虫阶段形态特征未知。

4. 网蚊属 *Blepharicera* Macquart, 1843

Blepharicera Macquart, 1843. Ann. Soc. Entomol. Fr. 1 (2): 61. Type species: *Blepharicera limbipennis* Macquart, 1843 (by original designation).

Asthenia Westwood, 1842. Mag. Zool. Anat. Comp. (Guerins Magazin) 12: 94. Type species: *Asthenia fasciata* Westwood, 1842 (monotypy).

Blepharocera Loew, 1858. Berl. Ent. Z. 2: 107 (unjustified emendation).

Parablepharocera Kitakami, 1931. Mem. Coll. Sci. Kyoto Univ. (B) 6: 97. Type species: *Blepharicera shirakii* Alexander, 1922 (by original designation).

属征 雌虫额区具刷状或条状斑块的刚毛。雌虫中足基节中部具多刚毛的分支，中足转节被短刚毛，雄性中不明显。后足基跗节基部长的黑刚毛有时被误认为胫节刺。真正的胫节刺在部分雄虫中缺无，而雌虫常在后足胫节具一大一小 2 个刺，2 个刺颜色暗淡不明显。翅脉 R 具三分支，无闭合的 r_1 室；r_4 室不具长柄；M_2 脉存在，但不完整，远离 CuA_1；m-cu 脉不存在。

讨论 网蚊属仅分布在全北区和东洋区。该属世界已知 54 种，我国已知 18 种，其中包括 2 新种。

分种检索表

1.	复眼背区大，至少为腹区的 1/3 …………………………………………	2
-	复眼背区小，最多为腹区的 1/10 …………………………………………	7
2.	生殖刺突二分裂 …………………………………………	3
-	生殖刺突顶端有凹陷，但不二分裂 …………………………………………	4
3.	鞭节末节比前一节短；Rs 为 r-m 的 1.5 倍；生殖刺突腹叶不具毛 …………………………………………	**台湾网蚊 *B. taiwanica***
-	鞭节末节比前一节长；Rs 与 r-m 等长或略长于 r-m；生殖刺突腹叶分叉，具两簇短而密的刚毛 …………………………………………	**大尾网蚊 *B. macropyga***
4.	第九背板半圆形；尾须半椭圆形；生殖刺突近基部具一个半圆形的内叶片 …………………………………………	**海南网蚊 *B. hainana***
-	第九背板梯形或矩形；尾须三角形；生殖刺突近基部不具一个半圆形的内叶片 …………	5

5. 复眼的背区与腹区等大；内生殖基节叶杆状……………………… 巴郎山网蚊 *B. balangshana*
- 复眼背区为腹区的 1/3；内生殖基节叶纺锤形 ……………………………………………………… 6
6. 翅脉 Rs 略短于 r-m；中胸背板棕黑色，在后 1/2 处具棕黄色的中部条纹；小盾片一致呈棕色；第九背板梯形；背阳基侧突端部二分裂；背脊具非常尖的端部，刺状 ……………………………………………………………………………… 独山子网蚊 *B. dushanzica*
- 翅脉 Rs 长于 r-m；中胸背板深棕色，后缘黄色，后 1/2 中部区域浅棕色并具一条棕黄色窄的中部条纹；小盾片浅棕色，前缘 1/3 黄色；第九背板矩形；背阳基侧突尖端箭头状；背脊不具非常尖的端部 ……………………………………… 新疆网蚊 *B. xinjiangica*
7. 尾须呈三角形………………………………………………………………………………………… 8
- 尾须呈半圆形或半椭圆形 ……………………………………………………………………… 15
8. 外生殖基节叶直……………………………………………………………………………………… 9
- 外生殖基节叶呈“S”形…………………………………………………………………………… 12
9. 腹部第二至第七腹板一致呈深棕色；背脊尖且向下弯曲 ………………… 草网蚊 *B. asiatica*
- 腹部第二至第七腹板具基部或中部的灰白区域；背脊扁平或圆形 ………………………… 10
10. 体长 3.0~4.0 mm；Rs 与 r-m 等长 ……………………………… 西藏网蚊 *B. xizangica*
- 体长 4.0~5.0 mm；Rs 长于 r-m ……………………………………………………………… 11
11. 翅 Rs 为 r-m 的 1.5 倍；背阳基侧突端部呈箭头状 ……………… 北山网蚊 *B. beishanica*
- 翅 Rs 为 r-m 的 1.2 倍；背阳基侧突端部呈“U”形……………………… 黑体网蚊 *B. nigra*
12. 鞭节末节比前一节短 …………………………………………………………………………… 13
- 鞭节末节比前一节长 …………………………………………………………………………… 14
13. 下生殖板后缘向内凹陷，中部平；生殖刺突两裂瓣，背叶片短且较宽而腹叶片较窄 …… …………………………………………………………………………… 孔色网蚊 *B. kongsica*
- 下生殖板后缘向内凹陷，中部微突；生殖刺突两裂瓣，背叶片短且较窄而腹叶片宽大 …………………………………………………………………………… 陕西网蚊 *B. shaanxica*
14. 复眼背区与腹区相接，大小为腹区的 1/30；Rs 基部稍弯曲，其长为 r-m 的 1.75 倍；生殖刺突端部微具凹痕 …………………………………… 牯牛山网蚊 *B. guniushanica*
- 复眼背区与腹区相接，大小为腹区的 1/20；Rs 直，其长为 r-m 的 1.5 倍；生殖刺突两裂瓣………………………………………………………………………… 耿达网蚊 *B. gengdica*
15. 中足基节具一个圆锥形突起，圆锥形突起约为基节的一半长，顶端具坚硬的黑色刚毛 …………………………………………………………………………… 山崎网蚊 *B. yamasakii*
- 中足基节不具上述突起………………………………………………………………………… 16
16. 第九背板后缘不具明显向内的凹陷；尾须半圆形；生殖刺突两裂瓣 ………………………… ……………………………………………………………………………… 两型网蚊 *B. dimorphops*
- 第九背板后缘具明显向内的凹陷，“V”形；尾须半椭圆形；生殖刺突不裂瓣，端部轻微凹陷 ……………………………………………………………… 河北网蚊 *B. hebeiensis*

（5）草网蚊 *Blepharicera asiatica*（Brodsky，1930）（图 52；图版 20a）

Blepharocera fasciata asiatica Brodsky，1930. Zool. Anz. 90：135. Type locality：USSR：Sailiiski Alatau（Transiliische），Fluss Issyk.

Blepharocera kuenlunensis Lackschewitz，1935. Wiss. Erg. Niederländ. Exped. Karakorum. 1：391. Type locality：Russia：Sanju-Pass to Sanju Bazar，Karakorum.

Blepharocera tertia Kaul，1971. Orient. Ins. 5：419. Type locality：India：Northwest Himalaya，Jobri Nullah，Pir Panjal Range.

Blepharocera autumnalis Kaul，1971. Orient. Ins. 5：423. Type locality：India：Northwest Himalaya，R. Solang，Pir Panjal Range.

鉴别特征 复眼背区与腹区相接，大小为腹区的 1/10。Rs 直，其长与 r-m 几乎相等；M_1 末端到 M_2 末端的长度比 M_2 末端到 CuA_1 末端的短。生殖刺突端部肿胀，微具凹痕，外侧具一个宽的三角形的叶片折向腹侧；生殖基节叶两裂瓣；外生殖基节叶透明，棒状，端部膨大，略微弯曲；内生殖基节叶透明，棒状，端部尖。

描述　雄虫　体长 3.8 mm，翅长 5.0 mm，翅宽 2.0 mm。

头部颜色一致呈黑色，复眼后缘具一列黑色长毛。复眼为离眼式，无眼间脊，复眼上下分离，眼轮状愈伤组织不存在；复眼背区与腹区相接，大小为腹区的 1/10；背区小眼呈橘红色，直径较大，小眼间具微毛；腹区小眼呈黑色，直径较小，小眼间具黑色毛。单眼呈砖红色。触角柄节椭圆形，呈深棕色，具棕色短毛。梗节膨大，呈深棕色，具棕色毛。鞭节第一节基部微缩，呈深棕色，具棕色短毛；鞭节其他节呈圆柱形，深棕色，具棕色短毛。唇基很小，深棕色，光裸无毛；上唇明显，深棕色，光裸无毛；下唇明显，黑色，边缘具一圈黑色长毛。下颚须具五节，第一节极小；第二节和第三节细长，呈圆柱形，黄色，具棕色毛；第四节和第五节深棕色，具棕色短毛。

胸部大部分呈黑色，仅后胸侧片深棕色。胸部大部分光裸无毛，仅小盾片后缘两侧具两簇毛。足基节、转节和腿节基部呈黄棕色，各转节前端具黑色斑块，其他区域呈深棕色；足胫节和跗节呈深棕色；前足转节后端具 2 个黑色长毛，足其他区域具均匀黑色毛。胫节距式 0-0-0。爪深棕色，顶端稍弯曲，具黑色毛。翅透明，略带棕色，sc 室端部 1/3 棕色；翅脉棕色。Sc 脉退化，未达 Rs 的基部；Rs 直，其长与 r-m 几乎相等；R_4 靠近端部 1/3 处向上弯曲呈波浪状，末端向上翘起，R_1 末端到 R_4 末端的长小于 R_4 末端到 R_5 末端的长；r-m 直，与 Rs 的夹角小于 90°；M_1 末端稍向下弯曲，M_2 明显，M_1 末端到 M_2 末端的长度比 M_2 末端到 CuA_1 末端的短；A_1 脉端部伸达翅缘。平衡棒柄部黄色，具浅色短毛，棒部黑色，密布深色短毛。

腹部背板第一节深棕色，第二至第五节背板前缘 1/5 具浅棕色，其他部分深棕色；第六至第八背板深棕色；腹板第一节深棕色，第二至第五节大部分呈棕色，基部具浅棕色且窄的条带，第六至第八腹板棕色；腹部具黑色短毛。雄性外生殖器深棕色。第九背板横宽，呈梯形，后缘中部向内凹陷，上布均匀深色短毛。尾须三角形，外侧缘突出，内侧缘弯曲呈波浪状，后缘中部锥状，具棕色毛。肛下板端部圆，具两根长毛。生殖刺突端部肿胀，微具凹痕，外侧具 1 个宽的三角形的叶片折向腹侧，具短毛。生殖基节叶两裂瓣；外生殖基节叶透明，棒状，端部膨大，略微弯曲；内生殖基节叶透明，棒状，端部尖。下生殖板近长方形，长为宽的 1.4 倍，顶端较窄，后边缘中部向内凹陷，具短毛；背阳基侧突后缘平，中部稍向内凹陷。

雌虫　未知。

观察标本　1♂，云南贡山丹珠，2007. V. 18，刘星月；25♂，云南贡山迪麻洛（1 600 m），2007. V. 19，刘星月。1♂，广西金秀罗香（500 m），2008. Ⅳ. 28，姚刚。

分布　中国云南（贡山）、广西（金秀）；俄罗斯、阿富汗、巴基斯坦、印度。

讨论　此种与分布于我国的巴朗山网蚊 *B. balangshana* Zhang & Kang, 2022 相似，但小盾片和腹部的腹板均为深棕色，背脊有 1 个非常尖且向下弯曲的尖端，有时几乎平行于背阳基侧突。而后者小盾片大部分为浅棕色并具黄色前缘，腹部的腹板大部分为灰白色，背脊具有几乎垂直的尖端。此种分布较为广泛，在古北区和东洋区均有分布。我

国云南和广西均发现此种，但可能分布于更广的地区。

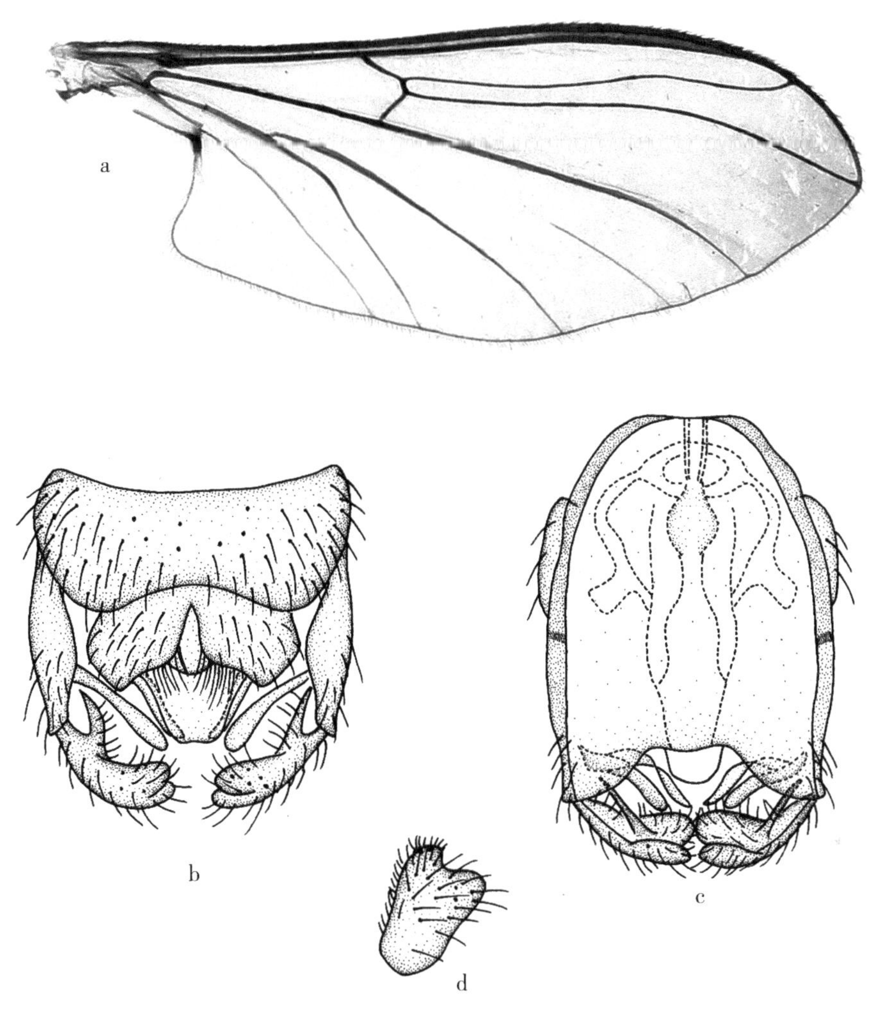

图 52 草网蚊 *Blepharicera asiatica*（Brodsky）

a. 翅（wing）；b. 雄性外生殖器，背视（male genitalia，dorsal view）；
c. 雄性外生殖器，腹视（male genitalia，ventral view）；
d. 生殖刺突，背视（gonostylus，dorsal view）

（6）巴朗山网蚊 *Blepharicera balangshana* Zhang & Kang，2022（图 53、图 54；图版 20b）

Blepharicera balangshana Zhang & Kang，2022. ZooKeys 1085：58. Type locality：China：Sichuan，Xiaojin，Balangshan.

鉴别特征 复眼背区与腹区相接，大小与腹区相等。小盾片大部分呈浅棕色，仅前缘较细窄的区域呈黄色。Rs 基部稍弯曲，其长与 r-m 相等。尾须三角形，外侧缘突出，内侧缘弯曲呈波浪状，后缘中部锥状。生殖刺突端部肿胀，微具凹痕，外侧具一个宽的三角形的叶片折向腹侧。背脊明显，端部呈近直角。雌虫生殖叉“X”形。

描述 雄虫 体长4.50~5.00 mm，翅长6.00~6.50 mm，翅宽2.00~2.50 mm。

头部被粉，颜色一致呈棕色，头部毛深棕色。复眼为离眼式，无眼间脊；复眼上下分离，眼轮状愈伤组织不存在；复眼背区与腹区相接，大小与腹区相等；背区小眼呈橘红色，直径较大，具约20排小眼，小眼间光裸具浅色毛；腹区小眼呈黑色，直径较小，小眼间具黑色毛。单眼呈棕黄色。触角柄节和梗节椭圆形，棕色，具棕黑色短毛。鞭节第一节圆锥形，基部微缩，端部膨大；基部1/2呈棕黄色，端部呈棕黑色，具棕黑色短毛；鞭节其他节呈圆柱形，棕黑色，具棕黑色短毛；末端鞭节与前一节比例为1.6∶1。唇基近长椭圆形，棕黄色，长比宽为2∶1。上唇棕黄色；唇瓣棕黄色，具棕色毛；上颚不存在。喙长约为头宽的2/3。下颚须具五节，第一节极小；第二和第三节呈圆柱形，黄色，具棕色毛；第四节呈圆柱形，端部膨大，基部1/2呈黄色，端部1/2呈棕黄色，具棕色短毛；第五节细长，棕黄色，具棕色短毛；下颚须末端四节长比例为1∶1∶1.2∶2.3。

胸部被粉。前胸背板棕色不具毛，前胸侧板棕色不具毛。中胸盾片大部分呈深棕色，仅后缘中部呈黄色；小盾片大部分呈浅棕色，仅前缘较细窄的区域呈黄色，小盾片后缘两侧角具一簇棕色毛，约6~7根；后背片棕色；前侧片棕色，后侧片黄色，不具毛。足腿节、胫节、跗节第一至第五节的比例为前足15∶13∶7.4∶3.4∶2∶1∶1，中足15.4∶12.8∶7.4∶2.6∶2.4∶1∶1，后足23∶20∶7.2∶2∶1.4∶1∶1。前足基节大部分为灰白色，仅靠近基部前缘呈棕黄色，具棕黄色毛；中足和后足基节灰白色，具棕黑色毛；各足转节灰白色，末端前缘具黑色斑块，具棕黑色毛；各足腿节基部黄色，颜色逐渐加深至棕色，具棕黑色短毛；前足和中足胫节呈棕色，具棕黑色短毛；后足胫节棕黄色，具棕黑色短毛；各足跗节一致呈棕色，具棕黑色短毛，后足跗节第一节基部具2~3根明显黑色长毛；爪棕色。胫节距式0-0-0。翅透明，略带棕色，sc室端部1/3棕色；翅脉棕色。Sc脉退化，未达Rs的基部；Rs基部稍弯曲，其长与r-m相等；R_4靠近端部1/3处向上弯曲呈波浪状，末端向上翘起，R_1末端到R_4末端的长小于R_4末端到R_5末端的长；r-m直，与Rs的夹角小于90°；M_1末端稍向下弯曲，M_2明显，M_1末端到M_2末端的长度与M_2末端到CuA_1末端相等。平衡棒基部灰白，柄部和棒部棕色，棒部具棕黑色短毛。

腹部背板第一节中部灰白色，两侧棕色；背板第二节棕色，背板第三至第五节基部1/3为棕黄色，端部2/3为棕色；背板第六至第八节为棕色。腹板第一节灰白色，腹板第二至第六节大部分为灰白色，两侧具棕色条带，腹板第七节灰白色。腹部具棕色短毛。雄性外生殖器棕色。第九背板呈梯形，后缘向内凹陷，具棕色短毛。尾须三角形，外侧缘突出，内侧缘弯曲呈波浪状，后缘中部锥状，具棕色毛。肛下板端部圆，具两根长毛。生殖刺突端部肿胀，微具凹痕，外侧具一个宽的三角形的叶片折向腹侧，具短毛。生殖基节叶两裂瓣；外生殖基节叶透明，棒状，略微弯曲；内生殖基节叶透明，棒状，较直，较外生殖基节叶细长。下生殖板近长方形，长为宽的2倍，顶端较窄，后边缘中部向内凹陷，具短毛；背阳基侧突后缘圆；背脊明显，端部呈近直角。

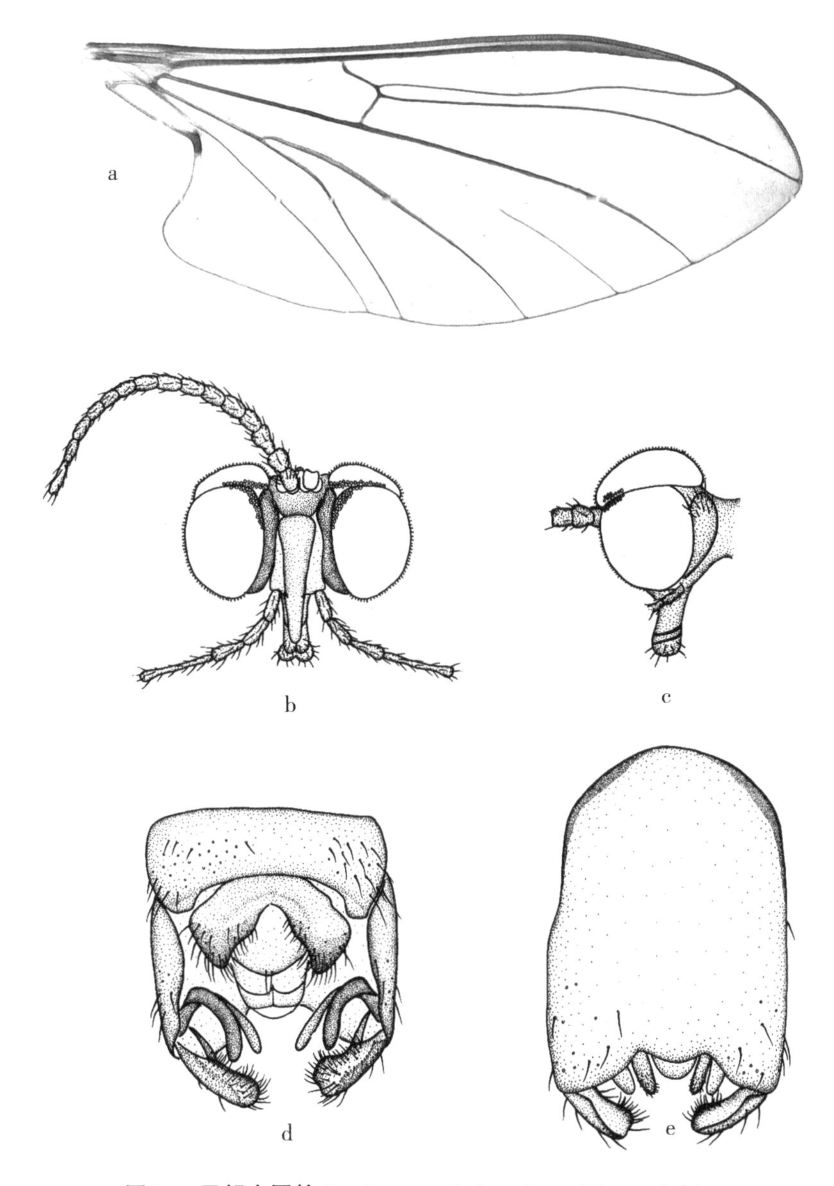

图 53 巴朗山网蚊 *Blephariceera balangshana* Zhang & Kang

a. 翅（wing）；b. 雄虫头部，前视（male head，frontal view）；
c. 雄虫头部，侧视（male head，lateral view）；
d. 雄性外生殖器，背视（male genitalia，dorsal view）；
c. 雄性外生殖器，腹视（male genitalia，ventral view）

雌虫　体长 6.00 mm，翅长 7.50 mm，翅宽 2.75 mm。

头部被粉。复眼为亚接眼式，有眼间脊，复眼上下分离，眼轮状愈伤组织存在；复眼背区与腹区相离，大小与腹区近相等；背区小眼呈橘红色，直径较大，具约 20 排小眼，小眼间具浅色毛；腹区小眼呈黑色，直径较小，小眼间具浅棕色毛。触角柄节椭圆形，棕色，具棕色短毛；梗节圆锥形，深棕色，具棕色毛；鞭节第一节圆柱形，中部微缩，基部1/2呈棕黄色，端部1/2呈棕黑色，具棕黑色短毛；鞭节其他节呈圆柱形，向端部逐渐变细，棕黑色，具棕黑色短毛；末端鞭节与前一节比例为1.47∶1。口器上唇棕色；唇瓣灰白色，具棕色毛；上颚不存在；喙长约为头宽的3/4。下颚须具五节，第一节极小，呈黄色，具棕黑色毛；第二节圆柱形，呈黄色，具棕黑色短毛；第三至第四节呈圆柱形，棕黄色，具棕黑色短毛；第五节呈细长，呈圆柱形，棕黄色，具棕黑色短毛；下颚须末端四节长比例为1∶1.5∶1.5∶2.2。胫节距式0-0-0。雌性外生殖器：第八腹板两裂瓣，中部凹陷处“W”形，两侧各具六根长毛；生殖叉“X”形；第九腹板半圆形；下生殖板基部宽，端部两裂瓣，每个叶瓣端部圆，瓣膜间区“U”形，后缘具短毛；肛上板具两根明显的毛；受精囊3个。

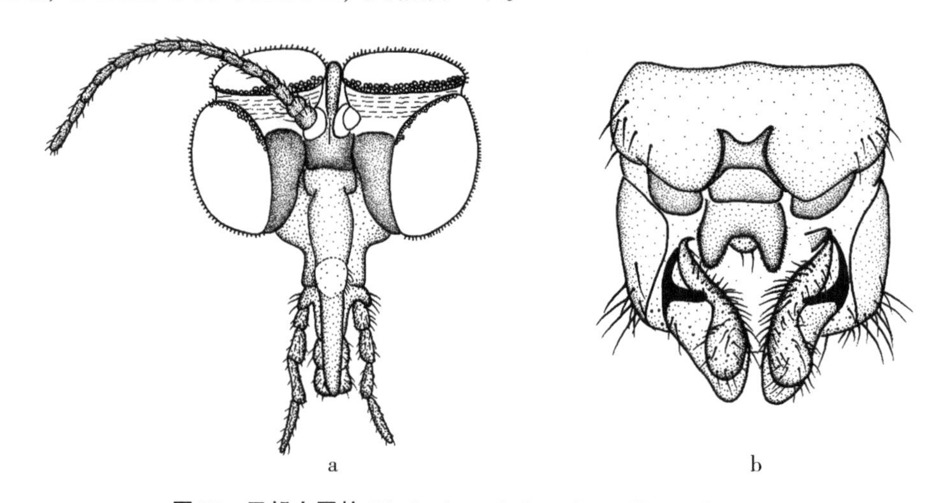

图54　巴朗山网蚊 *Blepharicera balangshana* Zhang & Kang

a. 雌虫头部，前视（female head，frontal view）；

b. 雌虫腹部末端，腹视（female terminal，ventral view）

观察标本　正模♂，四川小金巴朗山（3 281m），2013.Ⅷ.9，刘晓艳；副模5♂1♀，四川小金巴朗山（3 281m），2013.Ⅷ.9，刘晓艳。

分布　中国四川（小金）。

讨论　此种和分布于阿富汗、巴基斯坦、斯里兰卡和印度的*B. indica*（Brunetti，1911）相似，但生殖刺突顶端略微肿胀且具缺口，背脊明显，顶端几乎垂直。而*B. indica*的生殖刺突顶端不肿胀且不具缺口，背脊不明显，可与巴朗山网蚊区分。

（7）北山网蚊 *Blepharicera beishanica* Zhang，Yang & Kang，2022（图55、图56；图版21a）

Blepharicera beishanica Zhang，Yang & Kang，2022. Insects 13：5. Type locality：China：Qinghai，Huzhu，Beishan Forest Farm.

鉴别特征　复眼背区与腹区相接，大小为腹区的1/15。中胸盾片大部分呈棕色，仅后缘中部浅棕色，后缘1/2中部具一条黄色条纹。中胸侧片大部分浅棕色，上后侧片浅黄色。Rs基部稍弯曲，其长为r-m的1.5倍。生殖刺突端部肿胀，微具凹痕。背阳

基侧突后缘箭头状，端部圆；背脊明显，端部钝且圆。

描述 雄虫 体长 4.00~5.00 mm，翅长 5.25~6.00 mm，翅宽 2.00~2.25 mm。

头部颜色一致呈棕色，头部毛棕黑色。复眼为离眼式，无眼间脊，复眼上下分离，眼轮状愈伤组织不存在；复眼背区与腹区相接，大小为腹区的 1/15；背区小眼呈橘红色，直径较大，具 11~12 排小眼，小眼间具微毛；腹区小眼呈黑色，直径较小，小眼间具黑色毛。单眼呈棕黄色。触角柄节和梗节椭圆形，棕色，具棕黑色短毛；鞭节第一节基部微缩，基部 1/2 呈棕黄色，端部 1/2 膨大呈棕色，具棕黑色短毛；鞭节其他节呈圆柱形，棕色，具棕黑色短毛；末端鞭节与前一节比例为 1.3∶1。唇基近长方形，棕黄色，长与宽近等长。上唇黄色；唇瓣黄色，具棕黑色毛；上颚不存在。喙长约为头宽的 1/2。下颚须具 5 节，第一节极小；第二和第三节呈圆柱形，黄色，具棕色毛；第四节呈圆柱形，端部膨大，黄色，具棕色短毛；第五节细长，棕黄色，具棕黑色短毛；下颚须末端四节长比例为 1∶1∶1.5∶3.4。

胸部前胸背板和侧板棕色不具毛。中胸盾片大部分呈棕色，仅后缘中部浅棕色，后缘 1/2 中部具一条黄色条纹；小盾片浅棕色，小盾片后缘两侧角具一簇棕黑色毛；后盾片棕色。中胸侧片大部分浅棕色，上后侧片浅黄色，不具毛。足腿节、胫节、跗节第一至第五节的比例为前足 11.7∶10.3∶6∶2.8∶1.7∶0.8∶1，中足 13.3∶10.8∶5.2∶2.7∶1.5∶0.8∶1，后足 17∶15∶5.5∶1.5∶1∶0.8∶1。前足基节浅棕色，具棕色毛；中足和后足基节灰白色，中具棕黑色毛；各足转节灰白色，末端前缘具黑色斑块，具棕黑色毛；前足和中足腿节基部棕黄色，逐渐颜色加深至棕色，具棕黑色短毛；后足腿节基部棕黄色，逐渐颜色加深至浅棕色，具棕黑色短毛；前足和中足胫节一致呈棕色，具棕黑色短毛；后足胫节浅棕色，具棕黑色短毛；各足跗节一致呈棕色，具棕黑色短毛；爪棕色。胫节距式 0-0-0。翅透明，略带烟灰色，sc 室后 1/3 棕色；翅脉棕色。Sc 脉退化，未达 Rs 的基部；Rs 基部稍弯曲，其长为 r-m 的 1.5 倍；R_4 靠近端部 1/3 处向上弯曲呈波浪状，末端向上翘起，R_1 末端到 R_4 末端的长小于 R_4 末端到 R_5 末端的长；r-m 直，与 Rs 的夹角小于 90°；M_1 末端稍向下弯曲，M_2 明显，M_1 末端到 M_2 末端的长度与 M_2 末端到 CuA_1 末端相等。平衡棒基部灰白，柄部和棒部浅棕色，棒部具棕黑色短毛。

腹部背板第一节中部浅棕色，两侧棕色；背板第二至第七节大部分浅棕色，端部具棕色条带；背板第八节为棕黄色；腹板第一节浅棕色，腹板第二至第七节中部浅棕色，两边为灰白色；腹部具棕黑色短毛。雄性外生殖器大部分呈棕色，仅下生殖板基部 1/2 为灰白色，具棕黑色短毛。第九背板呈梯形，后缘向内凹陷，具棕色短毛。尾须三角形，外侧缘突出，内侧缘微凸，具棕色毛。肛下板端部圆，具两根长毛。生殖刺突端部肿胀，微具凹痕，外侧具一个宽的三角形的叶片折向腹侧，具短毛。生殖基节叶两裂瓣；外生殖基节叶透明，棒状，中部弯曲，端部微膨大；内生殖基节叶透明，棒状，较直。下生殖板近长方形，长为宽的 2 倍，顶端较窄，后边缘中部向内凹陷，具棕色短毛；背阳基侧突后缘箭头状，端部圆；背脊明显，端部钝且圆。

雌虫 体长 5.50~6.50 mm，翅长 7.25~8.00 mm，翅宽 2.50~2.80 mm。

复眼为接眼式，有眼间脊，复眼上下分离，眼轮状愈伤组织存在；复眼背区与腹区

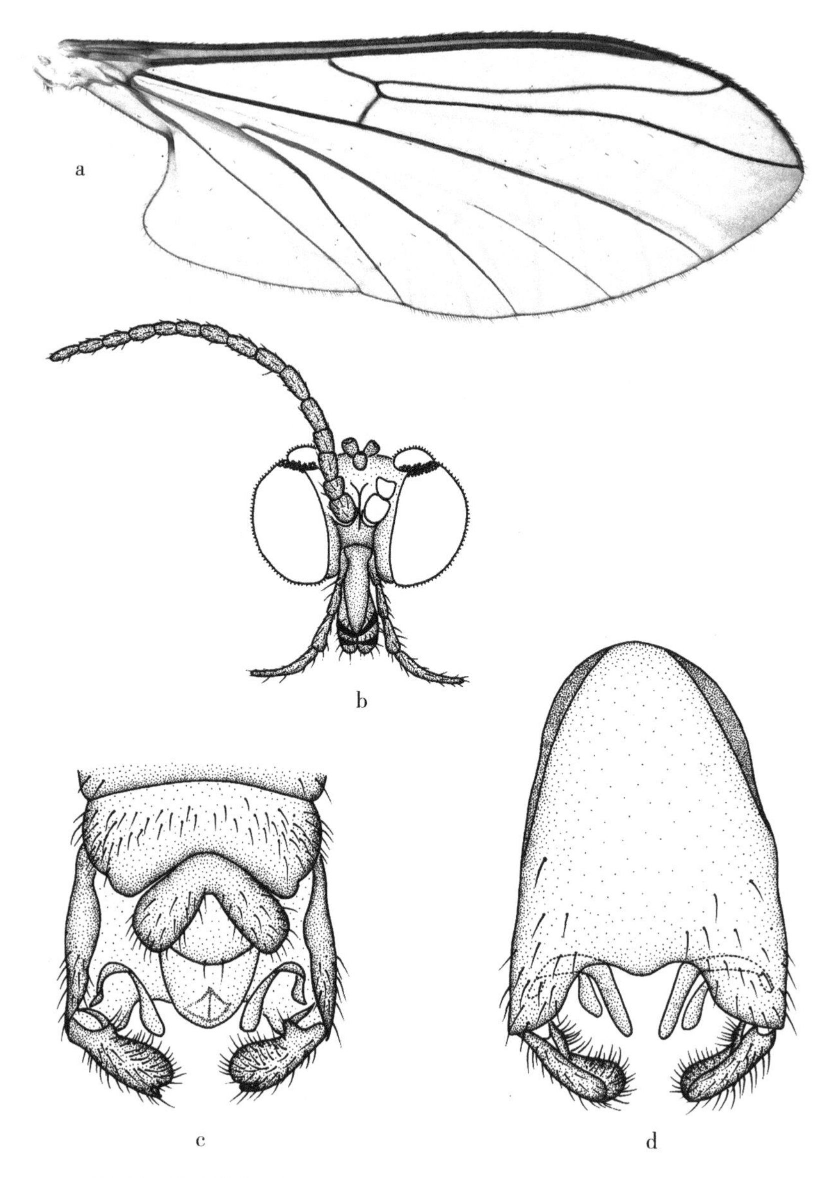

图 55　北山网蚊 *Blepharicera beishanica* Zhang，Yang & Kang

a. 翅（wing）；b. 雄虫头部，前视（male head，frontal view）；
c. 雄性外生殖器，背视（male genitalia，dorsal view）；
d. 雄性外生殖器，腹视（male genitalia，ventral view）

相离，大小与腹区近相等；背区小眼呈橘红色，直径较大，具 20 排小眼，小眼间具黑色毛；腹区小眼呈黑色，直径较小，小眼间具黑色毛。触角柄节和梗节椭圆形，深棕色，具棕黑色短毛；鞭节第一节圆锥形，基部 1/2 呈棕黄色，其余呈深棕色，具棕黑色短毛；鞭节其他节呈圆柱形，向端部逐渐变细，深棕色，具棕黑色短毛；末端鞭节与前一节比例为 2∶1。口器上唇棕色；唇瓣棕黄色，具棕黑色毛；上颚棕黄色。喙长约为头宽的 4/5。下颚须具五节，第一节极小，呈棕黄色，具棕黑色毛；第二至第四节呈圆柱形，棕黄色，具棕黑色短毛；第五节较细，呈圆柱形，基部1/2为棕黄色，端部1/2呈棕黑色，具棕黑色短毛；下颚须末端四节长度比例为1∶1.5∶1.5∶2.5。胫节距式0-0-2。雌性外生殖器：第八腹板呈近梯形，后缘两裂瓣，中部凹陷处平，两侧各具几根长毛；生殖叉"X"形；第九腹板细长呈弯月形；下生殖板基部宽，两侧具三角形突起，端部两裂瓣，每个叶瓣端部圆，瓣膜间区"V"形，后缘具短毛；受精囊3个。

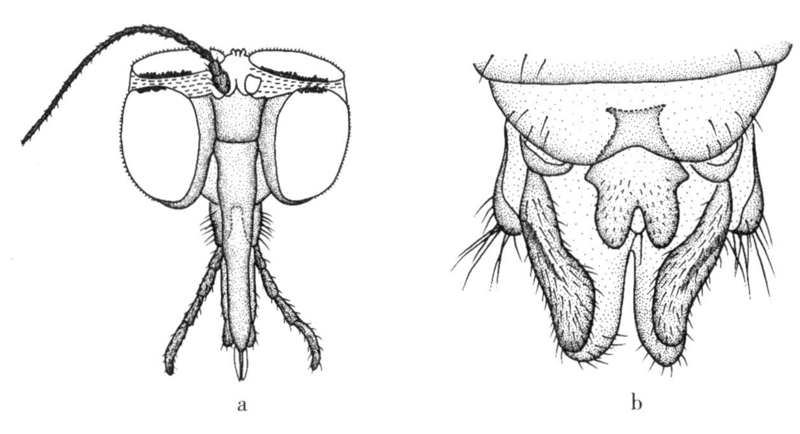

图56 北山网蚊 *Blepharicera beishanica* Zhang, Yang & Kang

a. 雌虫头部，前视（female head, frontal view）;
b. 雌虫腹部末端，腹视（female terminal, ventral view）

观察标本 正模♂，青海互助北山林场（36°50′56″N，101°56′47″E；2 100 m），2015.Ⅶ.27，王亮。副模10♂3♀，青海互助北山林场（36°50′56″N，101°56′47″E；2 100 m），2015.Ⅶ.27，王亮；1♀，青海互助北山林场（36°50′56″N，101°56′47″E；2 100 m；灯诱），2015.Ⅶ.26，王亮。

分布 中国青海（互助）。

讨论 此种与分布于阿富汗、巴基斯坦、斯里兰卡和印度的*B. indica*相似，但复眼背区和腹区相接，约为腹区的1/15，生殖刺突端部膨大，且有凹陷。在*B. indica*中，复眼背区和腹区被1条明显的缝分开，大小与腹区等大，生殖刺突端部纤细，顶部没有明显的凹陷，可与北山网蚊区分。

（8）两型网蚊 *Blepharicera dimorphops*（Alexander, 1953）（图57；图版21b）

Blepharocera dimorphops Alexander, 1953. Bull. Brooklyn Ent. Soc. 48: 101. Type locality: China, Fukien, Ta-Chu-Lan.

鉴别特征 复眼背区与腹区相接，大小为腹区的1/10。Rs基部稍弯曲，其长为r-m的1.6倍；r-m中部稍弯；M_1末端到M_2末端的长度长于M_2末端到CuA_1末端。尾须呈半椭圆形，两侧向外膨大，端部钝圆。下生殖板近长方形，后边缘中部向内凹陷，呈"W"形。

描述 雄虫 体长4.0~4.5 mm，翅长3.5~4.0 mm。

头部颜色一致呈黑色，头部毛深棕色。复眼为离眼式，无眼间脊，复眼上下分离，眼轮状愈伤组织不存在；复眼背区与腹区相接，大小为腹区的1/10；背区小眼呈红棕色，直径较大，小眼间具微毛；腹区小眼呈黑色，直径较小，小眼间具黑色毛。单眼呈深棕色。触角柄节和梗节椭圆形，黄棕色，具棕色短毛；鞭节第一节基部微缩，基部1/2呈浅棕色，端部1/2膨大呈黄棕色，具棕色短毛；鞭节其他节呈圆柱形，黄棕色，具棕色短毛；末端鞭节与前一节比例为2∶1。喙粗短，端部钝圆，黄棕色。下颚须具5节，第一节极小，棕色；第二至第四节细长，黄棕色，具棕色毛；第五节细长，为其他节长之和，黄棕色，具棕色短毛。

胸部背板一致呈深棕色，侧板大部分成深棕色，后侧片呈棕色；胸部大部分光裸无毛，仅小盾片两侧各具一簇浓密毛。前足基节基部1/2为深棕色，端部1/2为黄色；中足和后足基节呈黄色。各足转节为黄色。前足和中足腿节基部为黄色，后逐渐加深至棕色；后足腿节基部为黄色，中部逐渐加深至棕色，末端1/3为棕黄色，端部具深棕色环。各足胫节和跗节为棕色。足上具棕色毛。翅透明，略带棕色，sc室端部1/3棕色；翅脉棕色。Sc脉退化，未达Rs的基部；Rs基部稍弯曲，其长为r-m的1.6倍；R_4靠近端部1/3处向上弯曲呈波浪状，末端向上翘起，R_1末端到R_4末端的长度短于R_4末端到R_5末端；r-m中部稍弯，与Rs的夹角小于90°；M_1末端稍向下弯曲，M_2明显，M_1末端到M_2末端的长度长于M_2末端到CuA_1末端；A_1脉端部伸达翅缘。平衡棒柄部黄棕色，棒部黄棕色。

腹部背板第一节为棕色；背板第二至第六节前缘1/2为黄棕色，后缘1/2为深棕色；背板第七节和第八节为深棕色。腹板第一节浅棕色；腹板第二至第六节基部1/2为灰白色，端部1/2为深棕色。腹部具棕色毛。雄性外生殖器棕色。第九背板横宽，呈梯形，后缘中部向内微凹，背均匀棕色短毛。尾须呈半椭圆形，两侧向外膨大，端部钝圆，上具均匀短毛。肛下板端部圆。生殖刺突两裂瓣，背叶片短且较窄，端部圆，具均匀深棕色毛；腹叶片宽大，顶端圆，具均匀深棕色毛。生殖基节叶两裂瓣；外生殖基节叶透明，细长呈指状，顶端稍膨大，向下弯曲；内生殖基节呈透明，细长呈指状，稍短于外生殖基节叶，顶端稍膨大，向下弯曲。下生殖板近长方形，长为宽的2倍，顶端较窄，后边缘中部向内凹陷，呈“W”形，两侧具棕色短毛；背阳基侧突后缘端部圆。

雌虫　体长5.0~5.5 mm，翅长5.5~6.0 mm。

与雄虫近似。复眼为接眼式，有眼间脊，复眼上下分离，眼轮状愈伤组织存在；复眼背区与腹区相离，大小与腹区近相等；背区扁平的盘状，小眼呈橘红色，直径较大，小眼间具黑色毛；腹区小眼呈黑色，直径较小，小眼间具黑色毛。触角各节较雄虫长。口器发达，棕黑色，粗的圆锥状；下颚须仅稍长于喙。胸部足与雄虫相近，但中足基节内侧各具一向内弯的指状突起，上生黑毛。腹部较粗而端部渐细，末端黄色尖突。雌性外生殖器：第九背板横宽，呈近长方形，前缘向内凹陷，两侧具较浓密长毛；第十背板近圆锥形，后缘端部圆且具短毛。

观察标本　1♂，福建武夷山挂墩，1991. V. 7，吴鸿；1♂2♀，福建将乐龙栖山，1991. V. 10，吴鸿；1♀，福建德化水口，1974. XI. 6，杨集昆；2♀，福建德化水口，1974. XI. 12，杨集昆；1♀，福建德化水口，1974. XI. 12，李法圣；1♀，福建武夷山皮

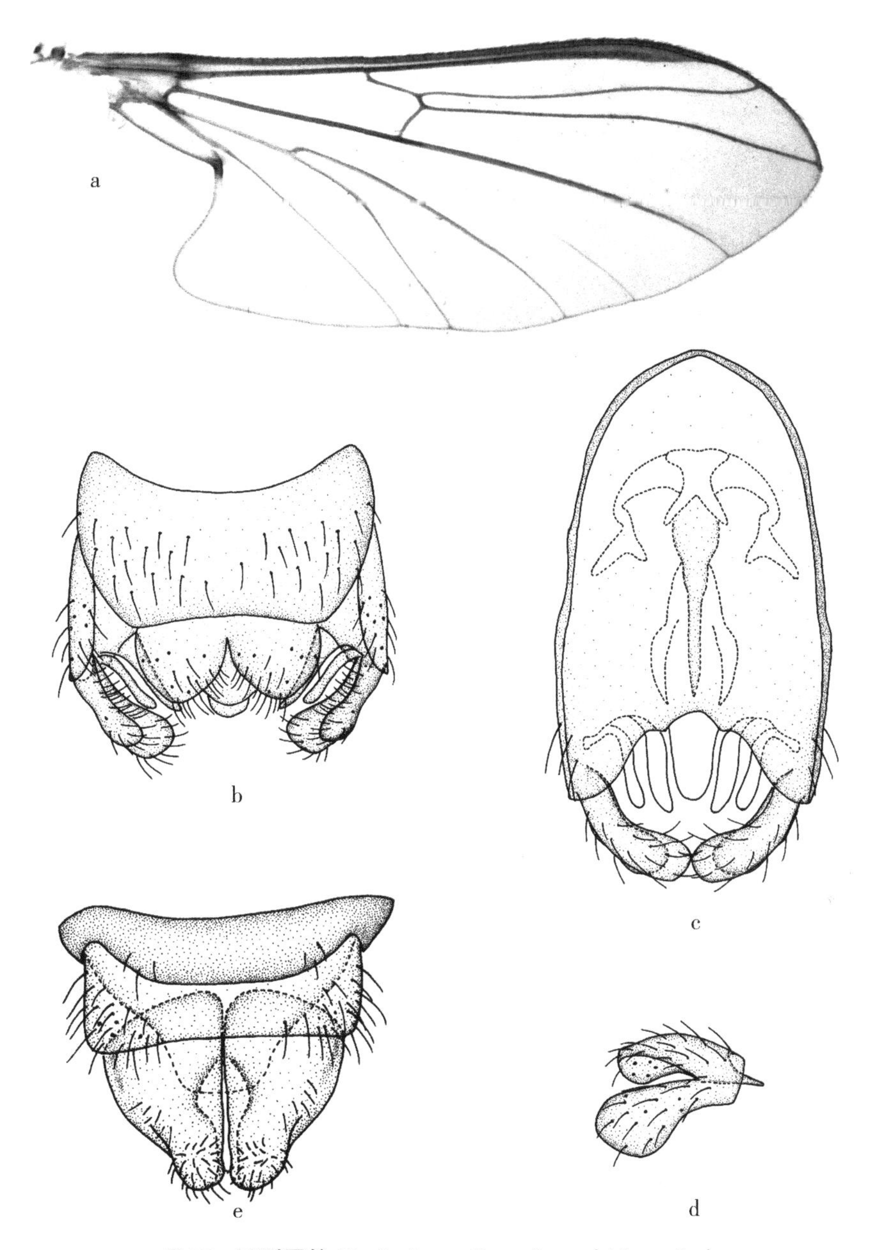

图 57 两型网蚊 *Blepharicera dimorphops*（Alexander）

a. 翅（wing）；b. 雄性外生殖器，背视（male genitalia，dorsal view）；

c. 雄性外生殖器，腹视（male genitalia，ventral view）；

d. 生殖刺突，背视（gonostylus，dorsal view）；

e. 雌虫腹部末端，背视（female terminal，dorsal view）

坑（500~650 m），2010. Ⅶ.20，刘晓艳；1♂1♀，福建武夷山大竹岚，2010. Ⅶ.21，刘晓艳；8♀，福建武夷山桐木村，2009. Ⅶ.2，刘晓艳；17♀，福建武夷山高桥（580 m），2009. Ⅶ.12，刘晓艳；1♀，福建武夷山桐木村，2009. Ⅶ.18，刘晓艳；16

♀，福建武夷山庙湾，2009. Ⅶ. 4，史丽；1♀，福建武夷山一里坪，2009. Ⅶ. 5，杨秀帅；1♂，福建武夷山桃源峪，2009. Ⅵ. 28，杨秀帅。

分布 中国福建（武夷山、德化、将乐）。

讨论 此种为 Alexander 于 1953 年描述的发现于我国福建省的新种。杨集昆先生于 1985 年根据福建省的标本进行了补充记述。

（9）独山子网蚊 *Blepharicera dushanzica* Zhang，Yang & Kang，2022（图 58、图 59；图版 22a）

Blepharicera dushanzica Zhang，Yang & Kang，2022. Insects 13：9. Type locality：China：Xinjiang，Dushanzi，Duku Highway.

鉴别特征 雄虫复眼背区与腹区相接，大小为腹区的 1/3。中胸盾片深棕色，盾片后缘 1/2 中部具一条棕黄色条纹。小盾片棕色。前侧片棕色，后侧片黄色。Rs 基部稍弯曲，其长稍短于 r-m。阳基侧突后缘两裂瓣，端部圆；背脊明显，端部尖，刺状。雌虫生殖叉“X”形。

描述 雄虫 体长 4.00~5.50 mm，翅长 4.50~6.00 mm，翅宽 1.50~2.00 mm。

头部被粉，头颜色一致呈棕黑色，头部毛黑色。复眼为离眼式，无眼间脊，复眼上下分离，眼轮状愈伤组织不存在；复眼背区与腹区相接，大小为腹区的 1/3；背区小眼呈橘红色，直径较大，具 18~20 排小眼，小眼间具微毛；腹区小眼呈黑色，直径较小，小眼间具黑色毛。单眼呈棕黑色。触角柄节和梗节椭圆形，棕色，具棕黑色短毛。鞭节第一节基部 1/2 微缩呈灰白色，端部 1/2 膨大呈棕黑色，具棕黑色短毛；鞭节其他节呈圆柱形，棕黑色，具棕黑色短毛；末端鞭节与前一节比例为 1.3∶1。唇基近长方形，深棕色，长与宽几乎相等。上唇棕黄色；唇瓣棕黄色，具棕黑色毛；上颚不存在。喙长约为头宽的 2/3。下颚须具 5 节，第一节极小；第二至第四节呈圆柱形，黄色，具棕黑色毛；第五节细长，棕黄色，具棕黑色短毛；下颚须末端四节长比例为 1.1∶1∶1.1∶1.8。

胸部前胸背板和侧板棕色不具毛。中胸盾片深棕色，盾片后缘 1/2 的中部具一条棕黄色条纹，小盾片和后背片棕色，小盾片后缘两侧角具一簇棕黑色毛；前侧片棕色，后侧片黄色，不具毛。足腿节、胫节、跗节第一至第五节的比例为前足 15∶10.5∶7.8∶3.6∶2.2∶1∶1，中足 13.8∶10.5∶6.2∶2.7∶1.8∶1∶1，后足 15.5∶12.7∶5∶1.2∶1∶0.8∶1。前足基节基部 1/2 浅棕色，端部 1/2 黄色，具浅棕色毛；中足和后足基节灰白色，具棕黑色毛；各足转节灰白色，末端前缘具黑色斑块，具棕黑色毛；各腿节基部灰白色，后逐渐加深至棕色，具棕黑色短毛；各足胫节一致呈棕色，具棕黑色短毛；各足跗节一致呈棕色，具棕黑色短毛；爪棕黄色。胫节距式 0-0-0。翅透明，略带棕色，sc 室浅棕色；翅脉棕色。Sc 脉退化，未达 Rs 的基部；Rs 基部稍弯曲，其长稍短于 r-m；R_4 靠近端部 1/3 处向上弯曲呈波浪状，末端向上翘起，R_1 末端到 R_4 末端的长度短于 R_4 末端到 R_5 末端；r-m 端部稍弯曲，与 Rs 的夹角小于 90°；M_1 末端稍向下弯曲，M_2 明显，M_1 末端到 M_2 末端的长度与 M_2 末端到 CuA_1 末端相等。平衡棒基部灰

白色，柄部和棒部浅棕色，棒部具棕黑色短毛。

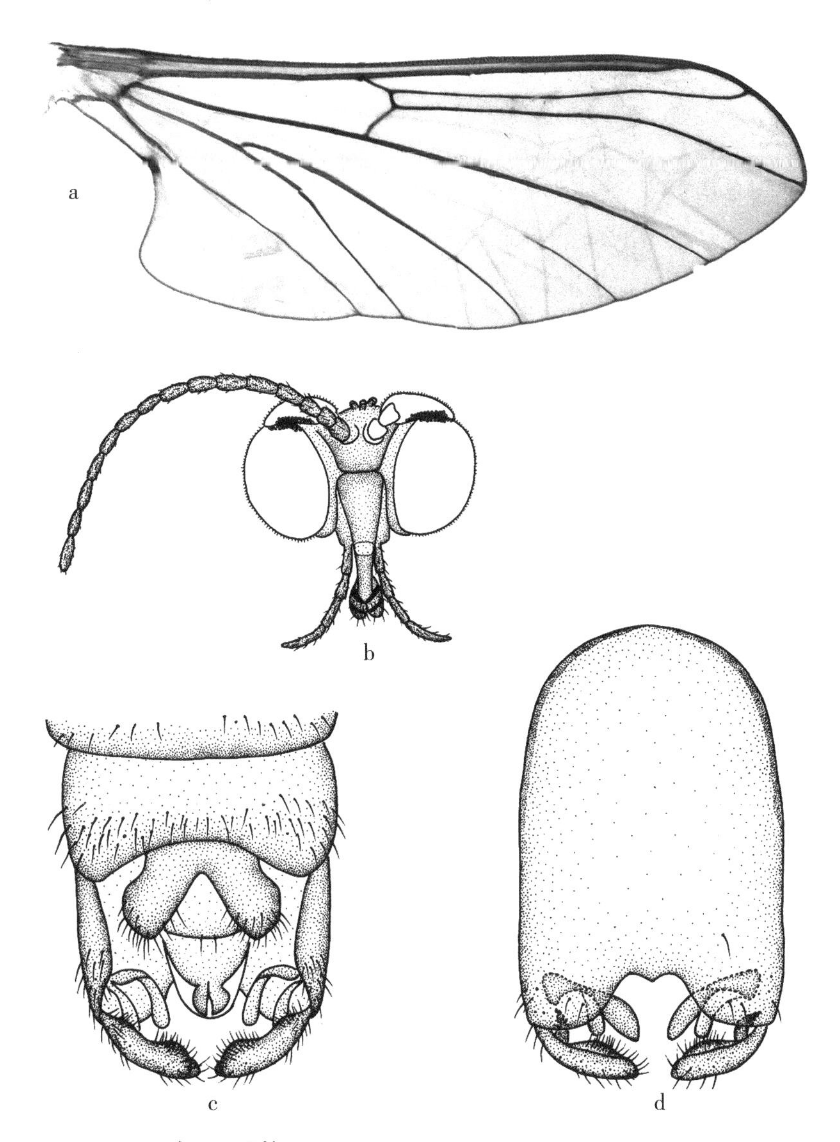

图 58 独山子网蚊 *Blepharicera dushanzica* Zhang，Yang & Kang

a. 翅（wing）；b. 雄虫头部，前视（male head，frontal view）；

c. 雄性外生殖器，背视（male genitalia，dorsal view）；

d. 雄性外生殖器，腹视（male genitalia，ventral view）

腹部背板第一节和第二节棕色；背板第三至第七节基部 1/3 为棕色，端部 2/3 为深棕色；背板第八节为深棕色；腹板第一至第七节为灰白色；腹部具棕黑色短毛。雄性外生殖器大部分棕色，下生殖板基部 2/3 为灰白色。第九背板呈梯形，后缘向内凹陷，具棕色短毛。尾须三角形，外侧缘突出，内侧缘直，具棕色毛。肛下板端部直，具两根长毛。生殖刺突端部肿胀，微具凹痕，外侧具一个宽的三角形的叶片折向腹侧，具短毛；生殖基节叶两裂瓣；外生殖基节叶透明，棒状，中部弯曲；内生殖基节叶透明，呈梭形，较直。下生殖板近长方形，长为宽的 2 倍，顶端较窄，后边缘中部向内凹陷，具棕色短毛；背阳基侧突后缘两裂瓣，端部圆；背脊明显，端部尖，刺状。

雌虫　体长 6.50~7.50 mm，翅长 7.00~8.00 mm，翅宽 2.20~2.50 mm。

复眼为接眼式，有眼间脊，复眼上下分离，眼轮状愈伤组织存在；复眼背区与腹区相离，大小与腹区近相等；背区小眼呈橘红色，直径较大，具 20 排小眼，小眼间具黑色毛；腹区小眼呈黑色，直径较小，小眼间具黑色毛。触角柄节和梗节椭圆形，浅棕色，具棕黑色短毛。鞭节第一节基部微缩呈灰白色，端部膨大呈深棕色，具棕黑色短毛；鞭节其他节呈圆柱形，棕黑色，具棕黑色短毛；末端鞭节与前一节比例为 1.72∶1。口器上唇深棕色；唇瓣棕黄色，具棕黑色毛；上颚棕黄色。喙长约为头宽的 4/5。下颚须具 5 节，第一节极小，呈黄色，具棕黑色毛；第二、第三和第四节呈圆柱形，棕黄色，具棕黑色短毛；第五节细长，圆柱形，黄色，具棕黑色短毛；下颚须末端四节长比例为 1.1∶1∶1.3∶2.6。胫节距式 0-0-2。雌性外生殖器：第八腹板呈近梯形，后缘两裂瓣，中部凹陷处平，两侧各具几根长毛；生殖叉“X”形；第九腹板细长呈弯月形；下生殖板基部宽，两侧具三角形突起，端部两裂瓣，每个叶瓣端部圆，瓣膜间区“V”形，后缘具短毛；受精囊 3 个。

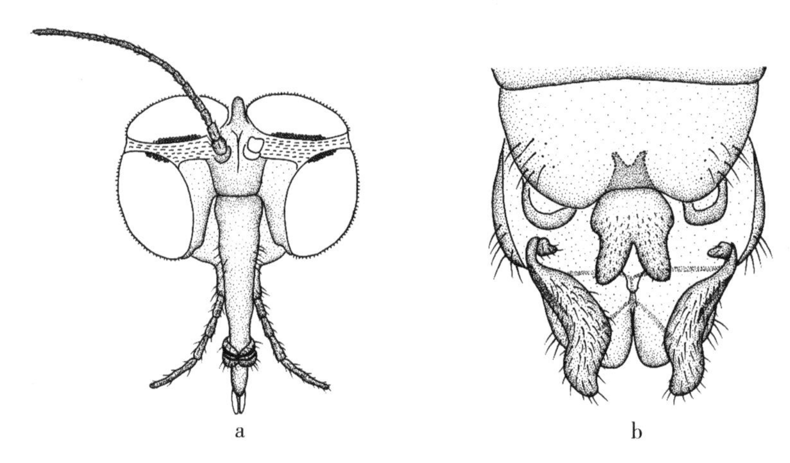

图 59　独山子网蚊 *Blephariceera dushanzica* Zhang，Yang & Kang

a. 雌虫头部，前视（female head，frontal view）；
b. 雌虫腹部末端，腹视（female terminal，ventral view）

观察标本　正模♂，新疆独山子独库公路（44°5′36″N，84°44′59″E；1 397 m），2017. Ⅶ. 25，任金龙。副模 4♂4♀，新疆独山子独库公路（44°5′36″N，84°44′59″E；1 397 m），2017. Ⅶ. 25，任金龙。

分布　中国新疆（独山子）。

讨论　此种与分布于阿富汗、巴基斯坦、斯里兰卡和印度的 *B. indica* 相似，但雄虫复眼背区和腹区相接，大小为腹区的 1/3；生殖刺突端部膨大，且有凹陷；背脊明显，端部尖，呈刺状。而后者复眼背区与腹区分离，大小与腹区相等，生殖刺突端部细长，顶部不具明显的凹陷，背脊为简单的手指状。

(10) 耿达网蚊 *Blephariceera gengdica* Zhang & Kang, 2022（图 60；图版 22b）

Blepharicera gengdica Zhang & Kang, 2022. ZooKeys 1085：55. Type locality：China：Sichuan，Wenchuan，Gengda.

鉴别特征 复眼背区与腹区相接，大小为腹区的 1/20。Rs 直，其长为 r-m 的 1.5 倍。尾须呈三角形。生殖刺突两裂瓣；背叶片短，端部微膨大，具均匀短毛；腹叶片较背叶片长且宽，端部圆，端部和内侧具几根长毛。生殖基节叶两裂瓣；外生殖基节叶透明，呈“S”形，端部圆；内生殖基节叶指状，透明。背脊明显，端部钝。

描述 雄虫 体长 4.50 mm，翅长 5.75 mm，翅宽 2.00 mm。

头部被粉，颜色一致呈棕黑色，头部毛黑色。复眼为离眼式，无眼间脊，复眼上下分离，眼轮状愈伤组织不存在；复眼背区与腹区相接，大小为腹区的 1/20；背区小眼呈橘红色，直径较大，具 6~7 排小眼，小眼间具浅色毛；腹区小眼呈黑色，直径较小，小眼间具浅色毛。单眼呈黑色。触角柄节和梗节椭圆形，棕色，具深棕色短毛；鞭节第一节呈圆锥形，基部 1/2 呈浅棕色，端部 1/2 呈棕色，具棕黑色短毛；鞭节其他节呈圆柱形，棕色，具棕黑色短毛；末端鞭节与前一节比例为 1.3：1。唇基近椭圆形，棕黑色，长比宽为 2：1。上唇棕色；唇瓣棕色，具棕黑色毛；上颚不存在。喙长约为头宽的 2/3。下颚须具五节，第一节极小；第二和第三节呈圆柱形，棕黄色，具棕色毛；第四节呈圆柱形，端部稍膨大，棕黄色，具棕色短毛；第五节细长，棕黄色，具棕色短毛；下颚须末端四节长比例为 1：1.2：1.5：2.9。

胸部被粉。前胸背深棕色不具毛，前胸侧板棕色不具毛。中胸大部分呈深棕色，仅盾片后缘中部及小盾片中部浅棕色，小盾片后缘两侧角具一簇约 10 根棕黑色毛；前侧片和下后侧片深棕色，上后侧片浅棕色，不具毛。足腿节、胫节、跗节第一至第五节的比例为前足 15：15：10.5：4.3：2.8：1.3：1，中足 15.5：14.5：9：4：2.5：1：1，后足 19.6：17.6：7.4：2.4：1.6：1：1。前足基节深棕色，具棕色毛；中足和后足基节灰白色，具棕黑色毛；各足转节灰白色，末端前缘具黑色斑块，具棕黑色毛；前足和中足腿节基部浅黄色，逐渐颜色加深至深棕色，具棕黑色短毛；后足腿节基部浅黄色，后颜色逐渐颜色加深至棕黄色，具棕黑色短毛；前足和中足胫节一致呈深棕色，具棕黑色短毛；后足胫节棕黄色，具棕色短毛；各足跗节一致呈深棕色，具棕黑色短毛，后足跗节第一节基部具 1 根明显黑色长毛；爪深棕色。胫节距式 0-0-0。翅透明，略带烟灰色，sc 室端部 1/3 棕色；翅脉棕色。Sc 脉退化，未达 Rs 的基部；Rs 直，其长为 r-m 的 1.5 倍；R_4 靠近端部 1/3 处稍向上弯曲呈波浪状，末端向上翘起，R_1 末端到 R_4 末端的长度短于 R_4 末端到 R_5 末端；r-m 直，与 Rs 的夹角小于 90°；M_1 末端较直，M_2 明显，M_1 末端到 M_2 末端的长度长于 M_2 末端到 CuA_1 末端。平衡棒基部灰白，柄部和棒部灰色，棒部具棕黑色短毛。

腹部背板第一节中部灰白色，两侧深棕色；背板第二节深棕色，背板第三至第五节基部 1/3 为棕黄色，端部 2/3 为深棕色；背板第六至第八节为深棕色。腹板第一至第七节中部棕黄色，两侧棕黑色。腹部具棕黑色短毛。雄性外生殖器深棕色。第九背板呈梯

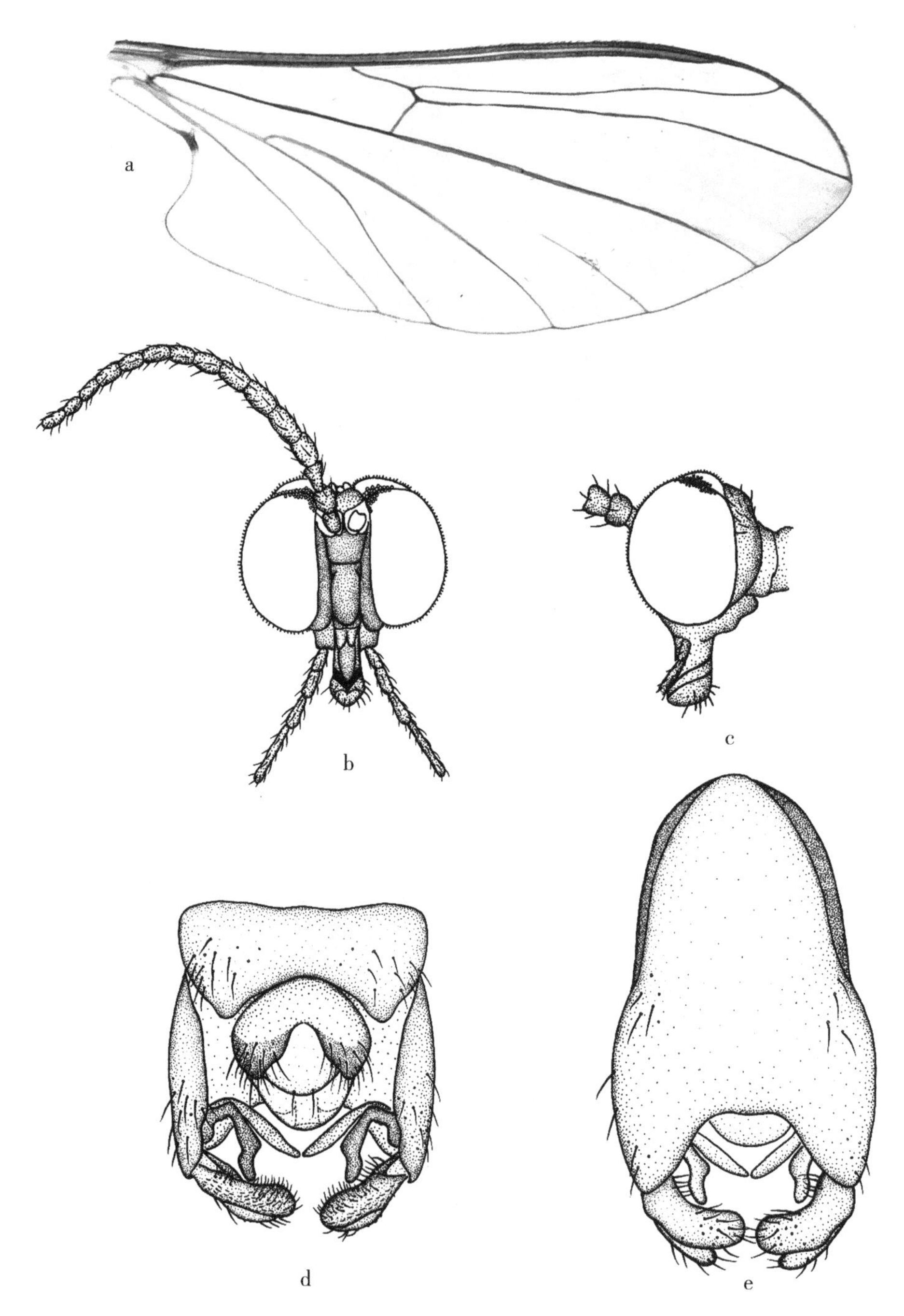

图 60　耿达网蚊 *Blepharicera gengdica* Zhang & Kang

a. 翅（wing）；b. 雄虫头部，前视（male head，frontal view）；
c. 雄虫头部，侧视（male head，lateral view）；
d. 雄性外生殖器，背视（male genitalia，dorsal view）；
c. 雄性外生殖器，腹视（male genitalia，ventral view）

形，后缘中部向内凹陷，两侧具几根毛。尾须呈三角形，内缘稍膨大，后缘具几根棕色毛。肛下板圆锥形，端部具两根长毛。生殖刺突两裂瓣；背叶片短，端部微膨大，具均匀短毛；腹叶片较背叶片长且宽，端部圆，端部和内侧具几根长毛。生殖基节叶两裂瓣；外生殖基节叶透明，呈“S”形，端部圆；内生殖基节叶指状，透明。下生殖板近三角形，长为宽的约2倍，基部圆且窄，中部两侧微凹，后缘向内凹陷，两侧具几根棕色毛。背阳基侧突后缘圆；背脊明显，端部钝。

雌虫　未知。

观察标本　1♂，四川汶川耿达乡福源客栈（灯诱），2016. V. 24，康泽辉。

分布　中国四川（汶川）。

讨论　此种与分布于俄罗斯远东的 *B. parva* Zwick & Arefina，2005 相似，但可以通过尾须向后逐渐变细、外生殖基节叶呈“S”形来区分。此种与分布于中国的山崎网蚊 *B. yamasakii*（Kitakami，1950）也相似，但雄性中足基节不具毛的突起，尾须为三角形，可以将其与山崎网蚊区分。

（11）牯牛山网蚊 *Blepharicera guniushanica* sp. nov.（图 61；图版 23a）

鉴别特征　复眼背区与腹区相接，大小为腹区的 1/30；背区小眼呈棕黄色，具 3~4 排小眼。末端鞭节细长呈梭形，末端鞭节与前一节比例为 5：3。翅脉 Rs 基部稍弯曲，其长为 r-m 的 1.75 倍；M_1 末端到 M_2 末端的长度长于 M_2 末端到 CuA_1 末端。后足腿节基部灰白色，中部逐渐颜色加深至棕色，端部 1/3 逐渐变浅至黄棕色，末端具深棕色环。胫节距式 0-0-1。

描述　雄虫　体长 5.0~5.5 mm，翅长 4.5~5.0 mm，翅宽 2.0~2.5 mm。

头部颜色一致呈深黑色，头部毛黑色。复眼为离眼式，无眼间脊，复眼上下分离，眼轮状愈伤组织不存在；复眼背区与腹区相接，大小为腹区的 1/30；背区小眼呈棕黄色，直径较大，具 3~4 排小眼，小眼间具浅色毛；腹区小眼呈黑色，直径较小，小眼间具黑色毛。单眼呈深棕色。触角柄节和梗节椭圆形，棕色，具棕色短毛；鞭节第一节圆锥形，基部 1/2 呈棕黄色，端部呈棕色，具棕色短毛；鞭节其他节大部分呈圆柱形，棕色，具棕色短毛；末端鞭节细长呈梭形，末端鞭节与前一节比例为 5：3。唇基近长方形，呈深棕色，长比宽为 2：1，毛深棕色。上唇棕色；唇瓣棕色，具深棕色毛；上颚不存在。喙长为头宽的 1/2。下颚须具五节，第一节极小；第二节和第三节呈圆柱形，棕色，具深棕色毛；第四节呈圆柱形，端部膨大，棕黄色，具深棕色短毛；第五节细长，棕黄色，具深棕色短毛；下颚须末端四节长比例为 1：1.4：1.4：3.8。

胸部前胸背板棕色不具毛，前胸侧板棕色不具毛。中胸背板大部分呈棕色，仅小盾片后缘呈棕黑色；小盾片后缘两侧角具一簇深棕色毛约 10 根。中胸侧片呈棕色。足腿节、胫节、跗节第一至第五节的比例为中足 30：21：12.5：6：4.5：1.75：2，后足 37.5：32.5：13：4.5：3：1.5：2。前足基节基部 1/2 棕色，端部 1/2 灰白色；具浅棕色毛。中足和后足基节灰白色，中足基节具浅棕色毛。各足转节灰白色，末端前缘具黑色斑块，具浅棕色毛。前足和中足腿节基部灰白色，后逐渐加深至棕色；后足腿节基部

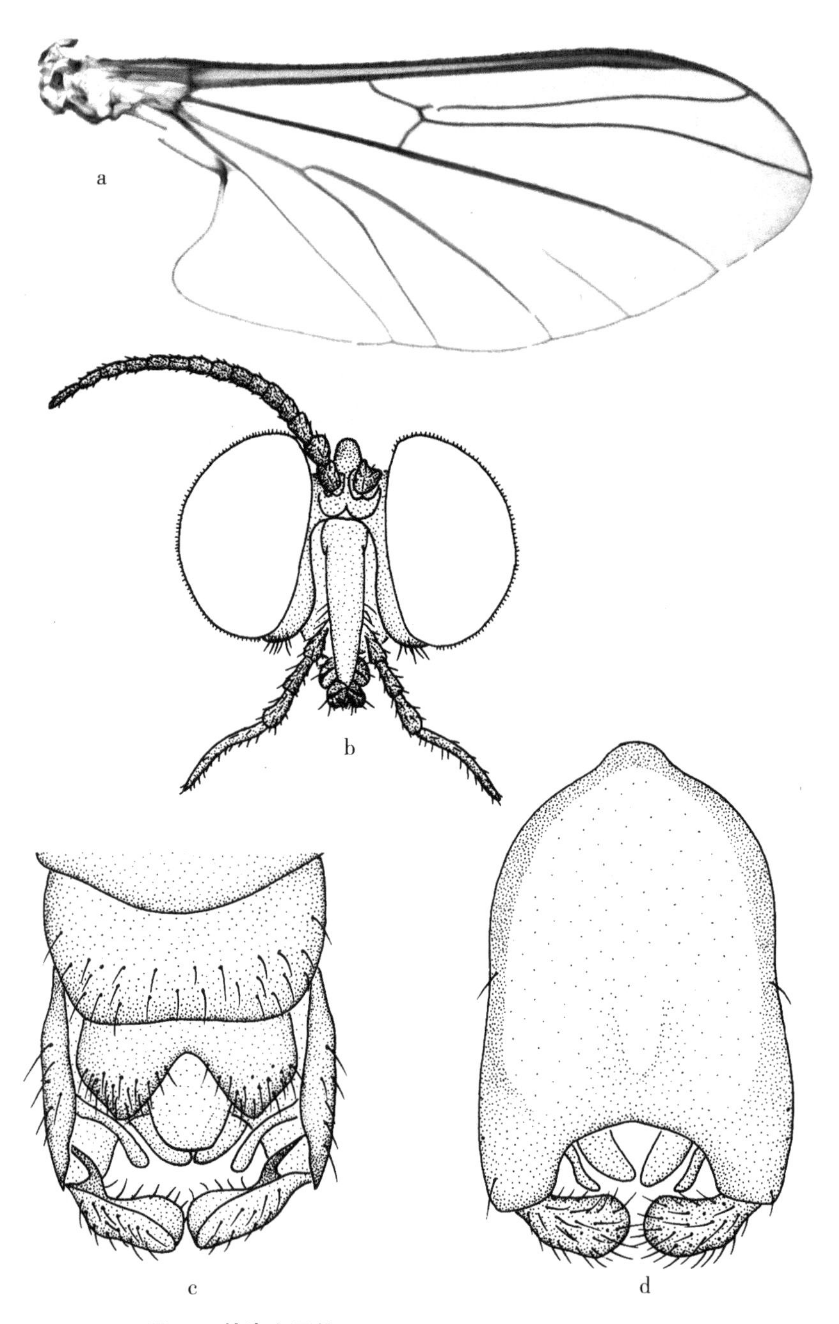

图 61　牯牛山网蚊 *Blepharicera guniushanica* sp. nov.

a. 翅（wing）；b. 雄虫头部，前视（male head，frontal view）；
c. 雄性外生殖器，背视（male genitalia，dorsal view）；
d. 雄性外生殖器，腹视（male genitalia，ventral view）

灰白色，中部逐渐颜色加深至棕色，端部1/3逐渐变浅至黄棕色，末端具深棕色环；腿节具棕色短毛。各足跗节第一节大部分呈深棕色，基部和端部呈浅棕色，具深棕色毛；其他跗节呈深棕色，具深棕色毛。爪棕色。胫节距式0-0-1。翅透明，略带棕色，sc室端部1/3棕色；翅脉棕色。Sc脉退化，未达Rs的基部；Rs基部稍弯曲，其长为r-m的1.75倍；R_4靠近端部1/3处向上弯曲呈波浪状，末端向上翘起，R_1末端到R_4末端的长度短于R_4末端到R_5末端；r-m直，与Rs的夹角小于90°；M_1末端稍向下弯曲，M_2明显，M_1末端到M_2末端的长度长于M_2末端到CuA_1末端。平衡棒柄部灰白色，棒部棕色，棒部具棕色短毛。

腹部背板第一节中部灰白色，两侧深棕色；背板第二至第六节基部1/2为棕色，端部1/2为深棕色；背板第七和第八节为深棕色。腹板第一节深棕色，腹板第二至第六节基部1/4为灰白色，端部为棕色。腹部具棕色短毛。雄性外生殖器深棕色。第九背板呈近梯形，后缘中部向内微凹陷，后缘及两侧具几根深棕色毛。尾须呈圆锥形，外缘膨大，内缘直，后缘尖，后缘具几根深棕色毛。肛下板后缘平，后缘中部具两根棕色长毛。生殖刺突端部肿胀，微具凹痕，外侧具一个宽的三角形的叶片折向腹侧，具短毛。生殖基节叶两裂瓣；外生殖基节叶透明，棒状弯曲，端部微膨大；内生殖基节叶呈粗棒状，端部微尖。下生殖板近长方形，长为宽的约1.45倍；基部圆且窄，后缘向内凹陷，呈宽“U”形，两侧具几根棕色毛。

雌虫　未知。

观察标本　正模♂，湖南桃源牯牛山，2016.Ⅸ.11，王亮。副模4♂，湖南桃源牯牛山（276m），2016.Ⅸ.12，杨定。

分布　中国湖南（桃源）。

种名词源　该种以其模式产地牯牛山命名。

讨论　此种腹部末端与分布于我国的巴朗山网蚊相似，但复眼背区极小，大小为腹区的1/30，中胸盾片一致呈棕色。而后者复眼背区极大，大小与腹区几乎相等，且中胸盾片大部分呈深棕色，后缘中部具黄色区域，可与牯牛山网蚊明显区分。

（12）海南网蚊 *Blepharicera hainana* Kang & Yang，2014（图62；图版23b）

Blepharicera hainana Kang & Yang，2014. Zootaxa 3866（3）：427. Type locality：China：Hainan，Ledong.

鉴别特征　复眼背区与腹区相接，大小为腹区的1/2。Rs较直，其长与r-m几乎相等；R_4靠近端部1/3处向下弯曲，末端稍向上翘起，R_1末端到R_4末端的长度长于R_4末端到R_5末端；r-m直，与Rs的夹角约为90°。尾须呈乳状，后缘钝圆，尾须间相隔较宽，由基部横向细长的桥相连，两边稍向下弯，上布黑色短毛；尾须端部具一簇较长毛。生殖刺突中部宽大突出，形成一个宽阔钝圆的叶瓣。

描述　雄虫　体长4.3 mm，翅长4.5 mm，翅宽1.7 mm。

头部颜色一致呈深棕色，头部毛棕黑色；复眼后缘具一列较长的毛，头顶具两簇毛。复眼为离眼式，无眼间脊，复眼上下分离，眼轮状愈伤组织不存在；复眼背区与腹区相接，大小为腹区的 1/2；背区小眼呈砖红色，直径较大，小眼间具微毛；腹区小眼呈黑色，直径较小，小眼间具黑色毛。单眼呈浅棕色。触角柄节和梗节短粗，呈椭圆形，深棕色，中部具几根长毛；鞭节各节长几乎相等，末节端部稍尖，每节长为其宽的 2 倍；鞭节呈深棕色，具均匀深棕色短毛。唇基发达，深棕色，表面具银色光芒；上唇明显，深棕色，不具毛。唇瓣明显，深棕色，具均匀棕色毛。下颚须具 5 节，第一节极小；第二至第四节较长，呈圆柱形，深棕色，具棕黑色毛；第五节细长，长约为其他 4 节之和，深棕色，具棕黑色毛。

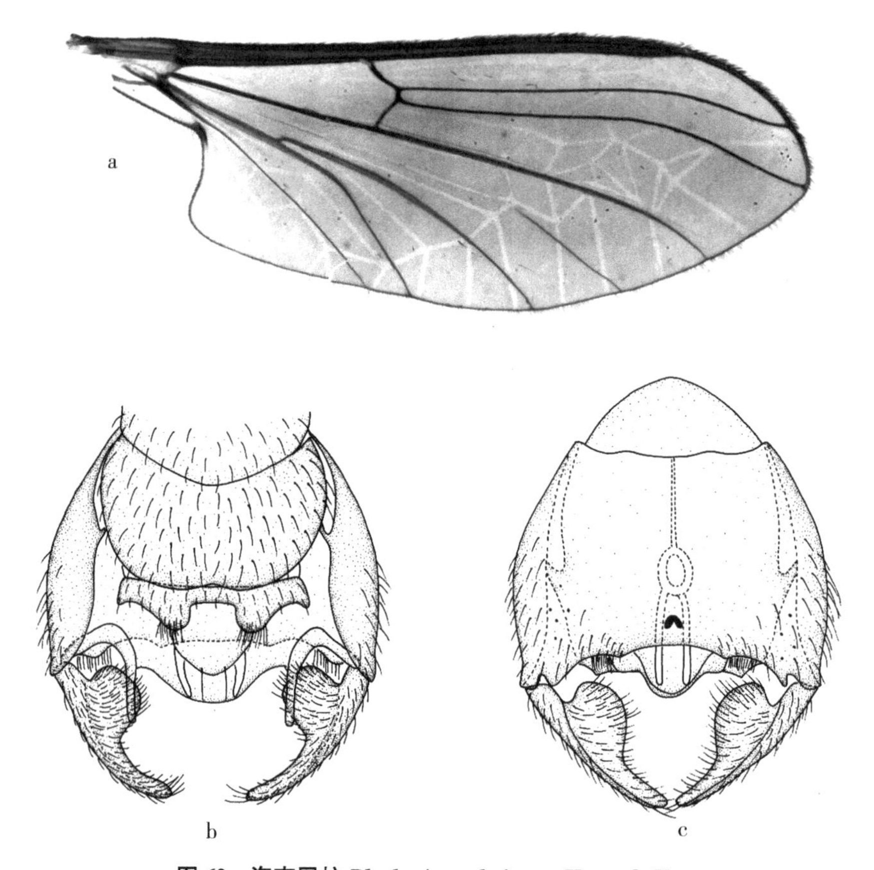

图 62　海南网蚊 *Blepharicera hainana* Kang & Yang

a. 翅（wing）; b. 雄性外生殖器，背视（male genitalia，dorsal view）;
c. 雄性外生殖器，腹视（male genitalia，ventral view）

胸部前胸背板深棕色不具毛，前胸侧板深棕色不具毛。中胸背板大部分呈深棕色，光亮；中胸侧片大部分呈棕色，下后侧片呈黄棕色。中胸不具毛。前足基节棕色，具黑色毛；中足和后足基节黄棕色，具棕色毛。各足转节黄棕色，前缘具黑色斑块；具黑色毛。各足腿节基部黄棕色，后逐渐加深至棕色，具黑色毛。各足胫节和跗节呈棕色，具黑色毛。爪棕色，内侧具几根黑色毛。翅半透明，浅棕色，sc 室棕色；翅具明显白色网状纹；翅脉深棕色。Sc 脉退化，未达 Rs 的基部；Rs 较直，其长与 r-m 几乎相等；R_4 靠近端部 1/3 处向下弯曲，末端稍向上翘起，R_1 末端到 R_4 末端的长大于 R_4 末端到

R_5 末端的长；r-m 直，与 Rs 的夹角约等于 90°；M_1 末端稍向下弯曲，M_2 明显，M_1 末端到 M_2 末端的长度与 M_2 末端到 CuA_1 末端相等；A_1 脉端部伸达翅缘。平衡棒柄部大部分深棕色，具棕色短毛，棒部黑色，密布棕色短毛。

腹部背板第一节呈深棕色；背板第二至第六节大部分呈深棕色，后缘呈黄棕色；背板第七和第八节呈深棕色。腹板一致呈深棕色。腹部具稀疏棕色短毛。雄性外生殖器深棕色。第九背板横宽，呈半圆形，前缘向下凹陷，后缘钝圆，中间微凹，布均匀棕色短毛。尾须呈乳状，后缘钝圆，尾须间相隔较宽，由基部横向细长的桥相连，两边稍向下弯，上布黑色短毛；尾须端部具一簇较长毛。肛下板后缘尖，后缘中部具两根长毛。生殖刺突基部稍宽，端部呈指状，稍弯，中部宽大突出，形成一个宽阔钝圆的叶瓣；生殖刺突上密布棕色短毛。生殖基节叶透明，细长且向下弯。下生殖板上窄下宽，呈梯形，后缘微凹，呈波浪状，两边及后缘具棕色短毛。

雌虫 未知。

观察标本 正模♂，海南乐东尖峰岭植物园（800 m），2007. X. 24，杨定。副模 1♂，海南乐东尖峰岭植物园（800 m），2007. X. 24，杨定。

分布 中国海南（乐东）。

讨论 此种与中国的已知种类很不同，其尾须相隔较宽，由基部横向细长的桥相连；生殖刺突中部宽大突出，形成一个宽阔钝圆的叶瓣，可与其他种区分开来。

（13）河北网蚊 *Blepharicera hebeiensis* Kang & Yang，2014（图 63；图版 24a）

Blepharicera hebeiensis Kang & Yang，2014. Zootaxa 3866（3）：428. Type locality：China：Hebei，Pingquan，Guangtoushan.

鉴别特征 复眼背区与腹区相接，大小为腹区的 1/10。Rs 基部稍弯曲，其长为 r-m 的 1.5 倍；r-m 直，与 Rs 的夹角约等于 90°。第九背板横宽，呈梯形；两侧稍向内凹陷，后缘中部向内呈“V”形凹陷。尾须呈长椭圆形，后缘圆，后缘被较浓密黑色长毛。

描述 雄虫 体长 4.0~4.5 mm，翅长 5.5~6.0 mm，翅宽 1.7~1.9 mm。

头部颜色一致呈深棕色，单眼三角区棕色，头部毛棕黑色，复眼后缘各具一簇长毛。复眼为离眼式，无眼间脊，复眼上下分离，眼轮状愈伤组织不存在；复眼背区与腹区相接，大小为腹区的 1/10；背区小眼呈深棕色，直径较大，小眼间具微毛；腹区小眼呈黑色，直径较小，小眼间具黑色毛。单眼呈砖红色。触角柄节和梗节椭圆形，深棕色，中部具几根长毛，其余部分具棕黑色短毛；鞭节第一节基部微缩，深棕色，具棕黑色短毛；鞭节其他节呈圆柱形，深棕色，具棕黑色短毛。末端鞭节与前一节比例为 1∶1。唇基发达，深棕色，表面具银色光芒；上唇明显，黄棕色，具棕色毛；唇瓣明显，棕色，具均匀棕色短毛。下颚须具 5 节，第一节极小；第二至第四节较长，呈圆柱形，黄色，具棕黑色毛；第五节细长，长约为第二至第四节之和，黄棕色，具棕黑色短毛。

胸部大部分呈棕色，仅后胸侧片黄棕色。胸部大部分光裸无毛，仅小盾片后缘两侧各具一簇毛。足基节和转节呈黄色；腿节、胫节和跗节呈黄棕色；足上具均匀黑色毛。

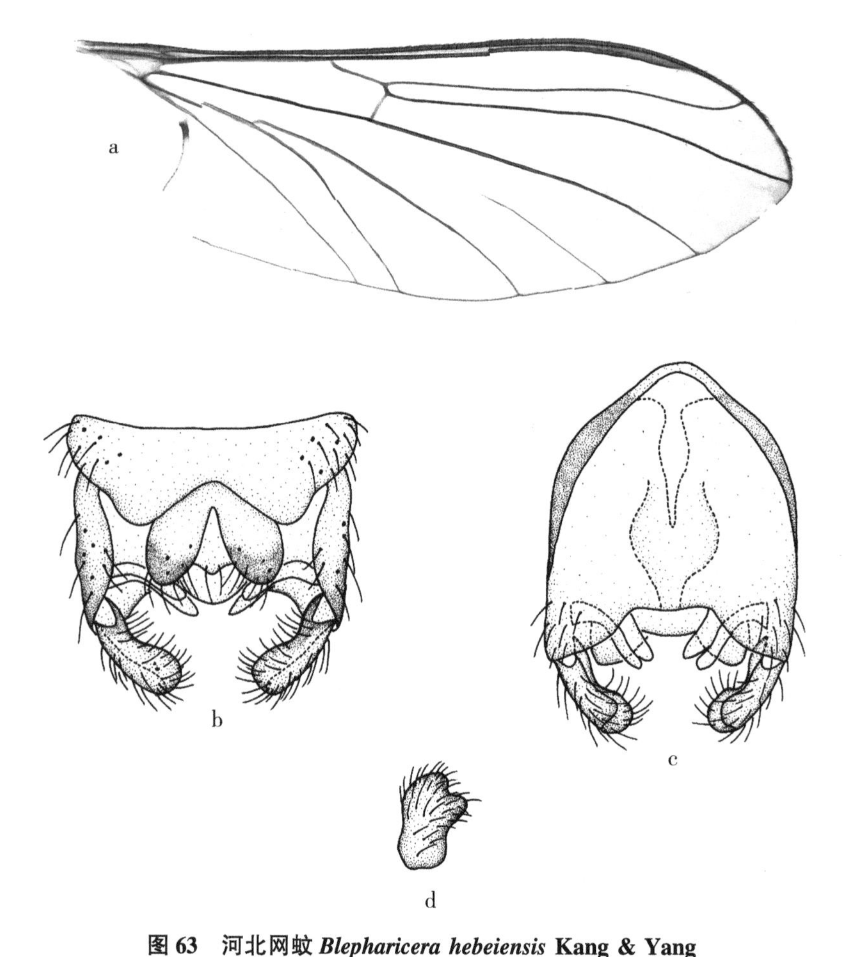

图 63 河北网蚊 *Blepharicera hebeiensis* Kang & Yang

a. 翅（wing）；b. 雄性外生殖器，背视（male genitalia，dorsal view）；
c. 雄性外生殖器，腹视（male genitalia，ventral view）；
d. 生殖刺突，背视（gonostylus，dorsal view）

爪黄棕色，基部内侧具一簇毛。翅透明，略带棕色，sc 室端部 1/3 棕色；翅脉棕色。Sc 脉退化，未达 Rs 的基部；Rs 基部稍弯曲，其长为 r-m 的 1.5 倍；R_4 靠近端部 1/3 处向上弯曲呈波浪状，末端向上翘起，R_1 末端到 R_4 末端的长小于 R_4 末端到 R_5 末端的长；r-m 直，与 Rs 的夹角约等于 90°；M_1 末端稍向下弯曲，M_2 明显，M_1 末端到 M_2 末端的长度与 M_2 末端到 CuA_1 末端几乎相等；A_1 脉端部伸达翅缘。平衡棒柄部黄色，棒部棕色，具深色短毛。

腹部各节大部分呈棕色，各节基部颜色较浅，呈黄棕色。腹部具深棕色毛。雄性外生殖器棕色。第九背板横宽，呈梯形；两侧稍向内凹陷，后缘中部向内呈“V”形凹陷；两侧具稀疏短毛。尾须呈长椭圆形，后缘圆，后缘被较浓密黑色长毛。肛下板端部尖，具两根长毛。生殖刺突端部肿胀，微具凹痕，外侧具一个宽的三角形的叶片折向腹侧，具短毛。生殖基节叶两裂瓣；外生殖基节叶透明，棒状，顶端稍尖，中部微弯曲；内生殖基节叶透明，棒状，顶端较圆。下生殖板近长方形，长为宽的 1.5 倍，顶端较窄，后边缘中部向内凹陷，中部较平，两侧具棕色短毛；背阳基侧突后缘端部平。

雌虫 未知。

观察标本 正模♂，河北平泉光头山（1 200 m），1986. Ⅶ.3，杨定。副模 11♂，河北小五台，2005. Ⅶ.1，董慧；5♂，山西交城庞泉沟镇长立村，2011. Ⅶ.10，刘启飞。

分布 中国河北（平泉、小五台）、山西（交城）。

讨论 此种与分布于我国的山崎网蚊近似，但末端鞭节与前一节长相等，第九背板横向，后缘中部向内呈“V”形凹陷，尾须呈长椭圆形，后缘圆，后缘被较浓密黑色长毛。而后者末端鞭节与前一节长比为 1.5∶1，第九背板横向，后缘中部平截，尾须呈半圆形，可与河北网蚊区分开来。

(14) 孔色网蚊 *Blephariceera kongsica* Zhang & Kang，2022（图 64、图 65；图版 24b）

Blepharicera kongsica Zhang & Kang，2022. ZooKeys 1085：62. Type locality：China：Sichuan，Daofu，Kongse.

鉴别特征 复眼背区与腹区相接，大小为腹区的 1/15。雌虫胫节距式 0-0-2。Rs 基部弯曲，其长为 r-m 的 1.2 倍。尾须呈三角形。生殖刺突两裂瓣；背叶片短且宽，端部微膨大；腹叶片较背叶片长且细。生殖基节叶两裂瓣；外生殖基节叶透明，呈“S”形，端部尖；内生殖基节叶梭形，透明。背脊不明显。雌虫生殖叉“V”形。

描述 雄虫 体长 4.0~4.5 mm，翅长未知，翅宽未知。

头部被粉，颜色一致呈深棕色，头部毛深棕色。复眼为离眼式，无眼间脊，复眼上下分离，眼轮状愈伤组织不存在；复眼背区与腹区相接，大小为腹区的 1/15；背区小眼呈橘红色，直径较大，具 7~8 排小眼，小眼间具棕色短毛；腹区小眼呈黑色，直径较小，小眼间具浅色毛。单眼呈棕黄色。触角柄节和梗节椭圆形，棕色，具深棕色短毛；鞭节第一节基部 1/2 收缩，呈棕黄色，端部膨大呈深棕色，具深棕色短毛；鞭节其他节呈圆柱形，呈深棕色，具深棕色短毛；末端鞭节与前一节比例为 1∶1.2。唇基近长方形，上半部分棕色，下半部分棕黄色，长比宽为 2∶1。上唇棕黄色；唇瓣棕黄色，具深棕色毛；上颚不存在。喙长约为头宽的 1/2。下颚须具 5 节，第一节极小；第二至第四节呈圆柱形，黄色，具深棕色毛；第五节细长，黄色，具深棕色短毛；下颚须末端四节长比例为 1∶1.7∶1.4∶3.2。

胸部被粉。前胸背板深棕色不具毛，前胸侧板深棕色不具毛。中胸大部分呈深棕色，仅盾片后缘中部及小盾片中部浅棕色，小盾片后缘两侧角具一簇棕黑色毛。前侧片深棕色，上后侧片黄色，下后侧片浅棕色，不具毛。前足标本缺失，足腿节、胫节、跗节第一至第五节的比例为前中足 10∶9.3∶5.3∶2.1∶1.3∶1∶1.3，后足 18∶15.8∶6.4∶2∶1.3∶1∶1.3。前足基节深棕色，具深棕色毛。中足和后足基节灰白色，具棕黑色毛。各足转节灰白色，末端前缘具黑色斑块，具棕黑色毛。前足和中足腿节基部棕黄色，逐渐颜色加深至深棕色，具深棕色短毛；后足腿节基部黄色，后颜色逐渐加深棕色，具深棕色短毛。前足和中足胫节一致呈深棕色，具深棕色短毛；后足胫节棕色，具深棕色短毛。各足跗节和爪未知。胫节距式 0-0-0。翅透明，翅脉棕色。Sc 脉退化，未达 Rs 的基部；Rs 基部弯曲，其长为 r-m 的 1.2 倍。R_4 靠近端部 1/3 处向上弯曲呈波浪状，末端向上翘起，R_1 末端到 R_4 末端的长度短于 R_4 末端到 R_5 末端；r-m 直，与 Rs 的夹角小于 90°；M_1 末端稍向下弯曲，M_2 明显，M_1 末端到 M_2 末端的长度长于 M_2 末端到 CuA_1 末端。平衡棒基部灰白色，柄部和棒部棕黄色，棒部具深棕色短毛。

腹部背板第一节中部灰白色，两侧棕色；背板第二节棕色，背板第三至第五节基部 1/2 为浅棕色，端部 1/2 为棕色；背板第六至第八节为深棕色。腹板第一节灰白色，腹板第二到第七节中部棕色，两边具棕黑色条带。腹部具深棕色短毛。雄性外生殖器棕色。第九背板呈梯形，后缘中部向内凹陷，两侧具几根毛。尾须呈三角形，内缘稍膨大，后缘具几根棕色毛。肛下板圆锥形，端部具两根长毛。生殖刺突两裂瓣；背叶片短且宽，端部微膨大，具均匀短毛；腹叶片较背叶片长且细，端部和内侧具几根长毛。生殖基节叶两裂瓣；外生殖基节叶透明，呈“S”形，端部尖；内生殖基节叶梭形，透明。下生殖板近长方形，长为宽的约 1.5 倍，基部圆且窄，后缘向内凹陷，两侧具几根棕色毛。背阳基侧突后缘圆；背脊不明显。

雌虫　体长 5.50~6.00mm，翅长 6.50~7.00 mm，翅宽 2.25~2.50 mm。

头部被粉。复眼为亚接眼式，有眼间脊，复眼上下分离，眼轮状愈伤组织存在；复眼背区与腹区相离，大小与腹区近相等；背区小眼呈橘红色，直径较大，具 14 排小眼，小眼间具浅色毛；腹区小眼呈黑色，直径较小，小眼间具浅色毛。触角柄节椭圆形，棕黑色，具棕黑色短毛；梗节圆锥形，棕黑色，具棕黑色短毛；鞭节第一节圆柱形，中部微缩，基部 1/2 呈棕色，端部 1/2 呈棕黑色，具棕黑色短毛；鞭节其他节呈圆柱形，向端部逐渐变细，棕黑色，具棕黑色短毛；末端鞭节与前一节比例为 1.8 : 1。唇基棕黑色；上唇棕色；唇瓣棕黄色，具棕黑色毛；上颚棕色。喙长为头宽的 4/5。下颚须具 5 节，第一节极小，呈棕黄色，具棕黑色毛；第二至第五节呈圆柱形，棕黄色，具棕黑色短毛；下颚须末端四节长比例为 1 : 1.2 : 1.2 : 1.5。前足基节深棕色，具棕黑色毛；中足和后足基节灰白色，中足基节具棕黑色毛。各足转节灰白色，末端前缘具黑色斑块，具棕黑色毛。前足和中足腿节基部棕黄色，逐渐颜色加深至深棕色，具棕黑色短毛；后足腿节基部黄色，后颜色逐渐加深棕色，具深棕色短毛。前足和中足胫节一致呈深棕色，具棕黑色短毛；后足胫节棕色，具棕黑色短毛。前足和中足跗节致呈深棕色，具棕黑色短毛，后足跗节棕色，具棕黑色短毛。爪棕色。胫节距式 0-0-2。翅透明，略带烟灰色，sc 室端部 1/3 棕色；翅脉棕色。Sc 脉退化，未达 Rs 的基部；Rs 基部弯曲，其长为 r-m 的 1.2 倍；R_4 靠近端部 1/3 处向上稍弯曲呈波浪状，末端向上翘起，R_1 末端到 R_4 末端的长度短于 R_4 末端到 R_5 末端；r-m 直，与 Rs 的夹角小于 90°；M_1 末端较直，M_2 明显，M_1 末端到 M_2 末端的长度长于 M_2 末端到 CuA_1 末端。平衡棒基部灰白色，柄部和棒部棕色，棒部具深棕色短毛。雌性外生殖器：第八腹板两裂瓣，中部凹陷处呈宽“U”形，两侧各具几根长毛；生殖叉“V”形；第九腹板细长呈圆锥形；下生殖板基部宽，端部两裂瓣，每个叶瓣端部圆，瓣膜间区“U”形，后缘具短毛；受精囊 3 个。

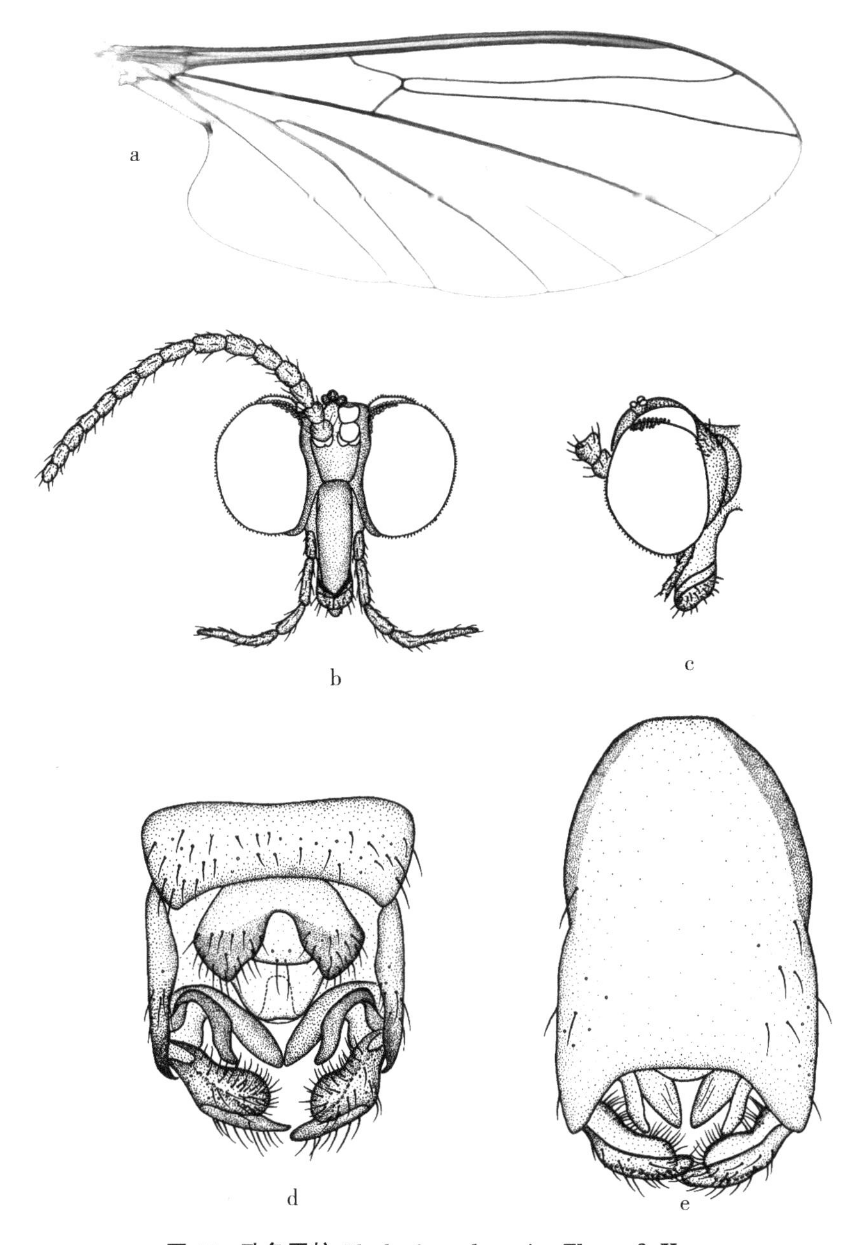

图 64 孔色网蚊 *Blepharicera kongsica* Zhang & Kang

a. 翅（wing）；b. 雄虫头部，前视（male head，frontal view）；
c. 雄虫头部，侧视（male head，lateral view）；
d. 雄性外生殖器，背视（male genitalia，dorsal view）；
e. 雄性外生殖器，腹视（male genitalia，ventral view）

观察标本 正模♂，四川道孚孔色乡（2 976 m），2013. Ⅷ. 5，刘晓艳。副模 1♂ 7♀，四川道孚孔色乡（2 976 m），2013. Ⅷ. 5，刘晓艳。

分布 中国四川（道孚）。

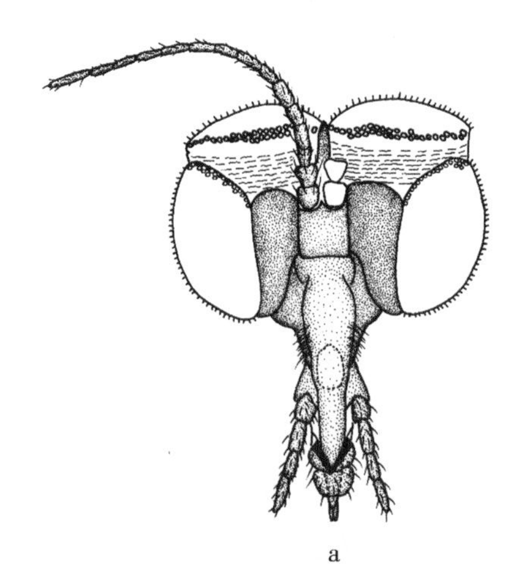

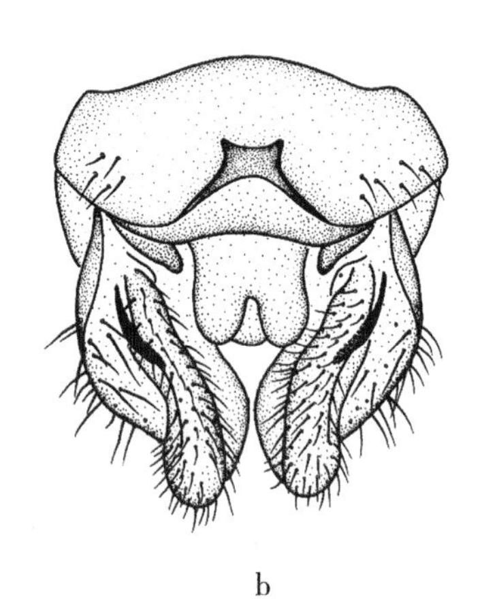

a b

图 65 孔色网蚊 *Blepharicera kongsica* Zhang & Kang

a. 雌虫头部，前视（female head，frontal view）；

b. 雌虫腹部末端，腹视（female terminal，ventral view）

讨论 此种与分布于日本的 *B. japonica*（Kitakami，1931）相似，但复眼分离，复眼在雄虫中是离眼式的，在雌虫是亚接眼式的，复眼背区较腹区大；生殖刺突背叶片短且宽，腹叶片较背叶片长且细。在 *B. japonica* 中，复眼在雌雄虫中均为离眼式的，复眼背区较腹区小；生殖刺突背叶片长于腹叶片，可与孔色网蚊明显区分开来。

（15）大尾网蚊 *Blepharicera macropyga* Zwick，1990（图 66；图版 25a）

Blepharicera macropyga Zwick，1990. Bonn. Zool. Beitr. 41：252. Type locality：China：Hainan.

鉴别特征 复眼背区与腹区相接，大小为腹区的 1/2。Rs 中部稍弯曲，其长与 r-m 几乎相等；r-m 中部稍弯曲，与 Rs 的夹角小于 90°。生殖刺突两裂瓣；背部叶片细长呈指状；腹部叶片短且宽大，端部分两支，每支端部上具浓密黑色短刚毛。下生殖板侧视时，形成一个非常宽大的透明长椭圆形骨片，骨片的边缘强烈骨化，里面存有细长的阳茎。

描述 雄虫 体长 4.0~4.5 mm，翅长 4.0~4.5 mm，翅宽 1.4~1.6 mm。

头部颜色一致呈棕色，单眼三角区深棕色，头部毛棕黑色，复眼后缘各具两根长毛。复眼为离眼式，无眼间脊，复眼上下分离，眼轮状愈伤组织不存在；复眼背区与腹区相接，大小为腹区的 1/2；背区小眼呈砖红色，直径较大，小眼间具微毛；腹区小眼呈黑色，直径较小，小眼间具黑色毛。单眼呈深棕色。触角柄节和梗节椭圆形，深棕色，具棕黑色短毛，梗节中部被几根棕色长毛。鞭节第一节较长，其长为宽的 2 倍，深棕色，具深棕色短毛；鞭节其他节较短，长和宽几乎相等，呈圆柱形，深棕色，具深棕色短毛；鞭节最后一节长为宽的 2 倍，中部稍缢缩，深棕色，具深棕色短毛。唇基发达，深棕色；上唇明显，深棕色，不具毛；唇瓣明显，深棕色，具均匀棕色短毛。下颚

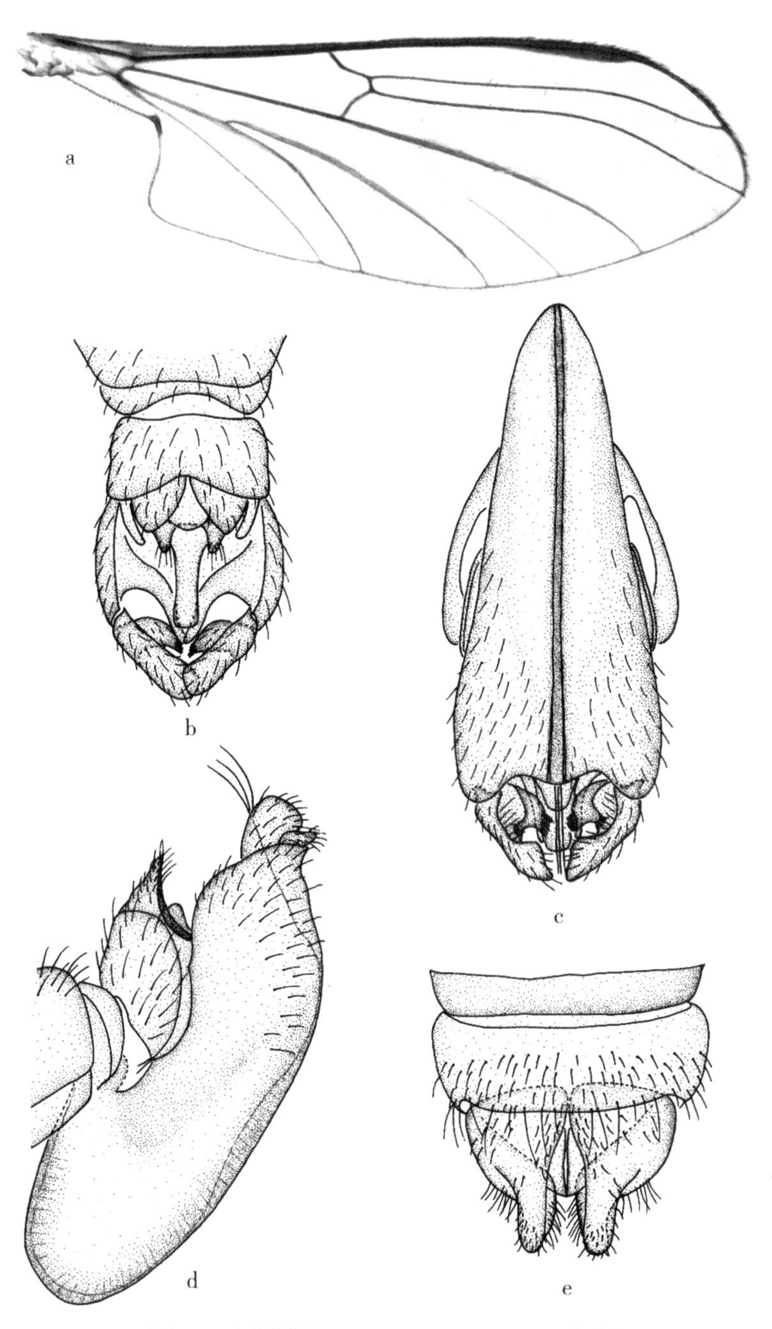

图 66　大尾网蚊 *Blepharicera macropyga* Zwick

a. 翅（wing）; b. 雄性外生殖器，背视（male genitalia, dorsal view）;
c. 雄性外生殖器，腹视（male genitalia, ventral view）;
d. 雄性外生殖器，侧视（male genitalia, lateral view）;
e. 雌虫腹部末端，背视（female terminal, dorsal view）

须具5节，第一节极小；第二至第四节较长，呈圆柱形，第二节和第三节基部黄棕色，其他部分深棕色，具棕黑色毛；第五节细长，深棕色，具棕黑色短毛。

胸部背板一致呈棕色；胸部侧片呈棕色，具银色闪光表面；胸部大部分光裸无毛，仅小盾片两边各具一簇棕色毛。足基节和转节黄棕色；腿节基部黄棕色，后逐渐加深至棕色；胫节和跗节棕色；足上具均匀黑色毛。爪棕色，顶端稍弯曲，内侧具一簇黑色毛。翅透明，略带棕色，sc室端部1/3棕色；翅脉棕色。Sc脉退化，未达Rs的基部；Rs中部稍弯曲，其长与r-m几乎相等；R_4靠近端部1/3处向下弯曲，末端稍向上翘起，R_1末端到R_4末端的长度长于R_4末端到R_5末端；r-m中部稍弯曲，与Rs的夹角小于90°；M_1末端稍向下弯曲，M_2明显，M_1末端到M_2末端的长度稍长于M_2末端到CuA_1末端；A_1脉端部伸达翅缘。平衡棒柄部大部分呈深棕色，除基部黄棕色，具浅色短毛；棒部深棕色，密布深色短毛。

腹部背板第一节深棕色；背板第二至第六节基部1/2棕色，端部1/2深棕色；背板第七和第八节深棕色。腹部腹板第一节棕色；腹板第二至第六节基部1/2棕黄色，端部1/2棕色；背板第七和第八节深棕色。腹部具深棕色毛。雄性外生殖器大部分呈棕色，增大的下生殖板中部区域为灰白色，半透明。第九背板横宽，呈近似长方形，后缘中部向内凹，被均匀短毛。尾须呈圆锥状，被黑色短毛。肛下板圆锥形。生殖刺突两裂瓣；背部叶片细长呈指状；腹部叶片短且宽大，端部分两支，每支端部上具浓密黑色短刚毛。生殖基节叶两裂瓣；外生殖基节叶基部宽，端部渐细，呈指状，中部向下弯曲；内生殖基节叶细，较短，呈指状。下生殖板侧视时，形成一个非常宽大的透明长椭圆形骨片，骨片的边缘强烈骨化，里面存有细长的阳茎，端部具短毛。背阳基侧突后缘平。

雌虫　与雄虫近似。复眼为接眼式，有眼间脊，复眼上下分离，眼轮状愈伤组织存在；复眼背区与腹区相离，大小与腹区近相等；背区扁平呈盘状，小眼呈橘红色，直径较大，小眼间具黑色毛；腹区小眼呈黑色，直径较小，小眼间具黑色毛。

观察标本　1♂2♀，海南白沙元门红茂村瀑布，2007. V. 21，张俊华；2♀，海南五指山望京台，2007. V. 16，张俊华；2♀，海南五指山绿林栈道，2007. V. 16，张俊华；2♀，海南白沙元门红茂村瀑布，2007. V. 21，张魁艳；1♂1♀，海南昌江霸王岭东二站（1 000 m），2007. V. 22，刘星月；1♂1♀，海南乐东尖峰岭鸣凤谷（800 m），2007. V. 25，刘星月；2♂3♀，海南五指山水满观山台（600 m），2007. V. 29，刘星月；1♂，海南白沙鹦哥岭鹦哥嘴，2009. Ⅳ. 17，周丹；1♂，海南白沙鹦哥岭红茂村，2011. XII. 28，李卫海；2♀，海南白沙莫好村（860 m），2008. Ⅳ. 29，刘启飞。

分布　中国海南（白沙、昌江、乐东、五指山）。

讨论　此种为Zwick在1990年发现的分布于我国海南省的新种。此种下生殖板在侧视时，形成一个非常宽大的透明长椭圆形骨片，形状很特殊，十分容易辨认。

（16）黑体网蚊 *Blepharicera nigra* Zhang, Yang & Kang, 2022（图67、图68；图版25b）

Blepharicera nigra Zhang，Yang & Kang，2022. Insects 13：13. Type locality：China：

Yunnan, Gejiu, Lvshuihe Forest Park.

鉴别特征 雄虫复眼背区与腹区相接，大小为腹区的1/20。中胸大部分呈棕黑色。Rs基部稍弯曲，其长为r-m的1.2倍。生殖刺突端部膨大且凹陷较深。背阳基侧突后缘端部呈“U”形；背脊明显，端部圆钝。雌虫第八腹板呈近梯形，后缘两裂瓣，中部凹陷处呈“U”形。生殖叉“X”形。

描述 雄虫 体长4.25~4.50 mm，翅长4.00~4.30 mm，翅宽1.50~1.60 mm。

头部颜色一致呈黑色，头部毛黑色。复眼为离眼式，无眼间脊，复眼上下分离，眼轮状愈伤组织不存在；复眼背区与腹区相接，大小为腹区的1/20；背区小眼呈红棕色，直径较大，具6~7排小眼，小眼间具微毛；腹区小眼呈黑色，直径较小，小眼间具黑色毛。单眼呈棕黄色。触角柄节和梗节椭圆形，黑色，具黑色短毛。鞭节第一节基部微缩呈棕黄色，端部膨大呈棕黑色，具黑色短毛；鞭节其他节呈圆柱形，棕黑色，具黑色短毛；末端鞭节与前一节比例为1.5∶1。唇基近长方形，棕黑色，长比宽为2∶1。上唇棕黄色；唇瓣棕黄色，具棕黑色毛；上颚不存在。喙长约为头宽的1/2。下颚须具5节，第一节极小；第二和第三节呈圆柱形，棕黑色，具黑色毛；第四节呈圆柱形，端部膨大，棕黑色，具黑色短毛；第五节细长，棕黄色，具棕黑色短毛；下颚须末端四节长比例为1∶0.8∶1∶2.3。

胸部前胸背板棕黑色不具毛，前胸侧板棕黑色不具毛；中胸大部分呈棕黑色，小盾片后缘两侧角具一簇棕黑色毛约10根；前侧片和上后侧片棕黑色，下后侧片浅棕色，不具毛。足腿节、胫节、跗节一至五节的比例为前足11∶9.2∶6.7∶2.9∶2∶0.8∶1，中足12.5∶9.5∶6.5∶2.3∶2∶0.8∶1，后足16.7∶14.6∶6.1∶2∶1.4∶0.9∶1。前足基节深棕色，具棕黑色毛；中足和后足基节灰白色，中足基节具棕黑色毛；各足转节灰白色，末端前缘具黑色斑块，具棕黑色毛；前足和中足腿节基部棕黄色，逐渐颜色加深至深棕色，具棕黑色短毛；后足腿节基部黄棕，中部加深至深棕色，后颜色变浅至棕色，具棕黑色短毛；前足和中足胫节一致呈深棕色，具棕黑色短毛；后足胫节棕色，具棕黑色短毛；各足跗节一致呈深棕色，具棕黑色短毛，后足跗节第一节基部具一根明显黑色长毛；爪棕色。胫节距式0-0-0。翅透明，略带烟灰色，sc室棕色；翅脉棕色。Sc脉退化，未达Rs的基部；Rs基部稍弯曲，其长为r-m的1.2倍；R_4靠近端部1/3处向上弯曲呈波浪状，末端向上翘起，R_1末端到R_4末端的长度短于R_4末端到R_5末端；r-m直，与Rs的夹角小于90°；M_1末端稍向下弯曲，M_2明显，M_1末端到M_2末端的长度与M_2末端到CuA_1末端相等。平衡棒基部灰白色，柄部和棒部棕黑色，棒部具棕黑色短毛。

腹部背板第一节中部灰白色，两侧棕黑色；背板第二节棕黑色，背板第三到第五节基部1/3为灰白色，端部2/3为棕黑色；背板第六至第八节为棕黑色；腹板第一至第五节基部1/3为灰白色，端部2/3为棕黑色，腹板第六至第七节棕黑色；腹部具棕黑色短毛。雄性外生殖器棕黑色。第九背板呈梯形，后缘中部向内凹陷，两侧具几根棕黑色毛。尾须呈三角形，内缘稍膨大，后缘具几根棕色毛。肛下板端部圆。生殖刺突端部膨大且凹陷较深，外侧具一个宽的三角形的叶片折向腹侧，具均匀短毛。生殖基节叶两裂瓣；外生殖基节叶透明，呈杆状，弯曲，端部圆；内生殖基节呈透明，杆状，稍弯曲，端部尖。下生殖板近三角形，长为宽的约2倍，基部圆且窄，后缘向内凹陷，两侧具几根棕色毛。背阳基侧突后缘端部呈“U”形；背脊明显，端部圆钝。

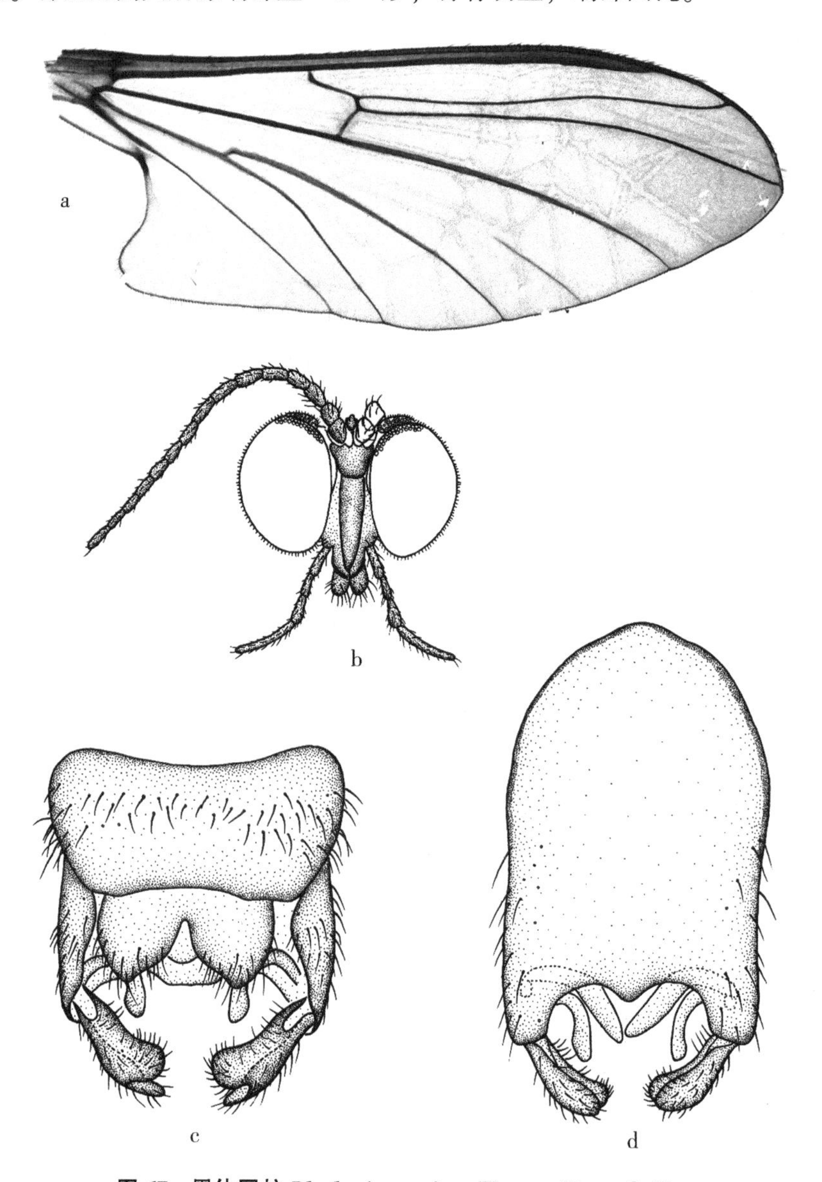

图67　黑体网蚊 *Blepharicera nigra* Zhang，Yang & Kang

a. 翅（wing）；b. 雄虫头部，前视（male head，frontal view）；
c. 雄性外生殖器，背视（male genitalia，dorsal view）；
d. 雄性外生殖器，腹视（male genitalia，ventral view）

雌虫　体长4.50~6.00 mm，翅长5.00~7.50 mm，翅宽1.80~2.20 mm。

复眼为接眼式，有眼间脊，复眼上下分离，眼轮状愈伤组织存在；复眼背区与腹区相离，大小与腹区近相等；背区小眼呈橘红色，直径较大，具14排小眼，小眼间具黑色毛；腹区小眼呈黑色，直径较小，小眼间具黑色毛。触角柄节和梗节椭圆形，黑色，具浓密黑色短毛。鞭节第一节圆柱形，中部微缩，基部 1/5 呈棕色，其余呈棕黑色，具黑色短毛；鞭节其他节呈圆柱形，向端部逐渐变细，棕黑色，具黑色短毛；末端鞭节与前一节比例为 2∶1。口器上唇棕黑色；唇瓣灰白色，具棕黑色毛；上颚棕黄色。喙长约为头宽的 3/4。下颚须具 5 节，第一节极小，呈棕色，具棕黑色毛；第二、第三和第四节呈圆柱形，棕黑色，具黑色短毛；第五节呈圆锥形，棕黑色，具棕黑色短毛；下颚须末端四节长比例为 1∶1.2∶1.2∶1.6。胫节距式 0-0-2。雌性外生殖器：第八腹板呈近梯形，后缘两裂瓣，中部凹陷处呈“U”形，两侧各具几根长毛；生殖叉“X”形；第九腹板细长呈长半椭圆形；下生殖板基部宽，端部两裂瓣，每个叶瓣端部圆，瓣膜间区“U”形，后缘具短毛；受精囊 3 个。

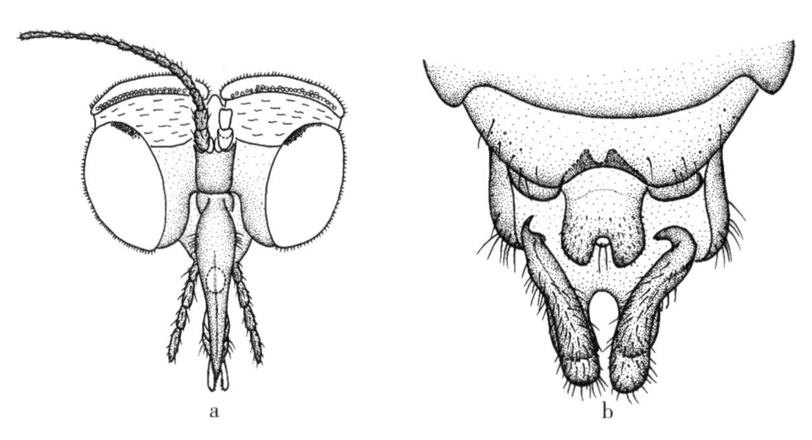

图 68　黑体网蚊 *Blepharicera nigra* Zhang, Yang & Kang

a. 雌虫头部，前视（female head, frontal view）；

b. 雌虫腹部末端，腹视（female terminal, ventral view）

观察标本　正模♂，云南个旧绿水河森林公园（505 m），2019. Ⅲ. 30，王亮。副模 8♂10♀，云南个旧绿水河森林公园（505 m），2019. Ⅲ. 30，王亮；5♂6♀，云南个旧绿水河森林公园（505 m），2019. Ⅲ. 30，李新。

分布　中国云南（个旧）。

讨论　此种与分布于日本的 *B. japonica* 相似，但雌虫下颚存在，中足基节具一个附属物，中足转节不具修饰物，背阳基侧突端部中央呈“U”形。在 *B. japonica* 中，雌虫下颚缺失，中足基节不具附属物，中足转节具修饰物，背阳基侧突端部中央呈箭头形。

（17）陕西网蚊 *Blepharicera shaanxica* sp. nov.（图 69；图版 26a）

鉴别特征　翅透明，略带棕色，sc 室端部 1/3 棕色；Rs 基部稍弯曲，其长为 r-m 的 1.5 倍；生殖刺突两裂瓣，背叶片短且较窄，端部圆，布均匀深棕色毛；腹叶片宽大，顶端圆，布均匀深棕色毛。下生殖板近长方形，基部圆且窄，后缘向内凹陷，中部微突。

描述　雄虫　体长 3.5~4.0 mm，翅长 4.8~5.0 mm，翅宽 1.7~1.8 mm。

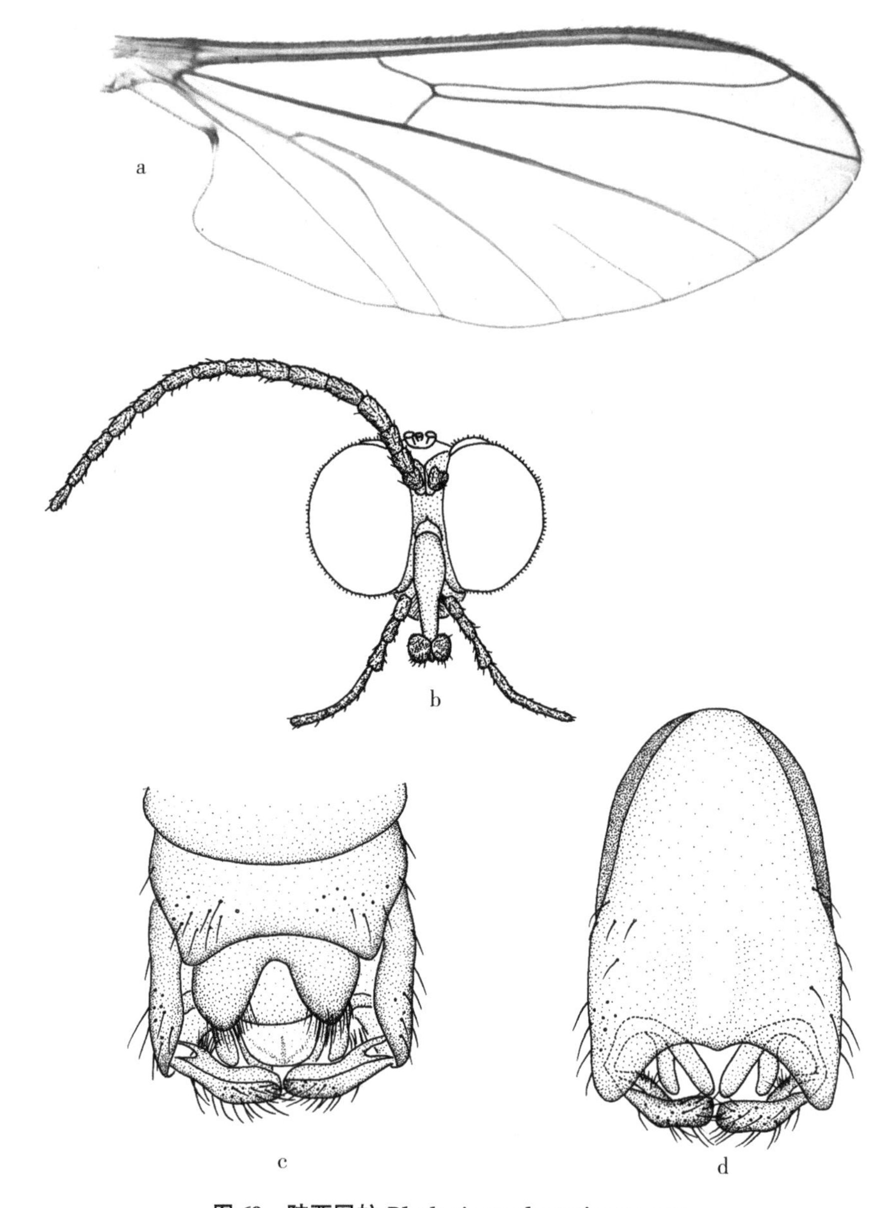

图 69　陕西网蚊 *Blepharicera shaanxica* sp. nov.

a. 翅（wing）；b. 雄虫头部，前视（male head，frontal view）；
c. 雄性外生殖器，背视（male genitalia，dorsal view）；
d. 雄性外生殖器，腹视（male genitalia，ventral view）

头部颜色一致呈深棕色，头部毛深棕色。复眼为离眼式，无眼间脊，复眼上下分离，眼轮状愈伤组织不存在；复眼背区与腹区相接，大小为腹区的 1/20；背区小眼呈棕黑色，直径较大，具 7～8 排小眼，小眼间具浅色毛；腹区小眼呈黑色，直径较小，小眼间具黑色毛。单眼呈棕黑色。触角柄节和梗节椭圆形，棕色，具棕色短毛。鞭节第一节圆锥形，基部 1/2 呈棕黄色，端部呈棕色，具棕色短毛；鞭节其他节呈圆柱形，棕色，具棕色短毛；末端鞭节与前一节比例为 0.8：1。唇基近长方形，棕色，长比宽为 2：1，毛深棕色。上唇棕色；唇瓣棕色，具深棕色毛；上颚不存在。喙长为头宽的 1/2。下颚须具 5 节，第一节极小；第二和第三节呈圆柱形，棕黄色，具棕黑色毛；第四节呈圆柱形，端部膨大，棕黄色，具棕黑色短毛；第五节细长，棕黄色，具深棕色短毛；下颚须末端四节长比例为 1：1.5：2：5.3。

胸部前胸背板棕色不具毛，前胸侧板棕色不具毛。中胸背板大部分呈棕色，仅盾片后缘中部浅棕色；小盾片浅棕色，后缘两侧角具一簇深棕色毛约 10 根。前侧片棕色，后侧片浅棕色，不具毛。各足基节浅黄色，具浅色毛；各足转节浅黄色，末端前缘具黑色斑块，具棕色毛；各足腿节基部浅黄色，逐渐颜色加深至棕色，具棕色毛；各足胫节棕色，具棕色毛；各足跗节棕色，具棕色毛；爪棕色。胫节距式 0-0-0。翅透明，略带棕色，sc 室端部 1/3 棕色；翅脉棕色。Sc 脉退化，未达 Rs 的基部；Rs 基部稍弯曲，其长为 r-m 的 1.5 倍；R_4 靠近端部 1/3 处向上弯曲呈波浪状，末端向上翘起，R_1 末端到 R_4 末端的长度短于 R_4 末端到 R_5 末端；r-m 直，与 Rs 的夹角小于 90°；M_1 末端稍向下弯曲，M_2 明显，M_1 末端到 M_2 末端的长度与 M_2 末端到 CuA_1 末端相等。平衡棒柄部灰白色，棒部棕色；棒部具棕色短毛。

腹部背板第一节中部灰白色，两侧棕色；背板第二节棕色，背板第三至第五节基部 1/4 为棕黄色，端部为棕色；背板第六至第八节为棕色；腹板第一节灰白色，腹板第二至第七节两侧深棕色，中部均为灰白色，形成一个纵向条带；腹部具棕色短毛。雄性外生殖器棕色。第九背板呈近梯形，后缘中部向内凹陷，后缘及两侧具几根深棕色毛。尾须呈圆锥形，外缘膨大，内缘弯曲，后缘尖，后缘具几根深棕色毛。肛下板圆，后缘中部具两根棕色长毛。生殖刺突两裂瓣，背叶片短且较窄，端部圆，布均匀深棕色毛；腹叶片宽大，顶端圆，布均匀深棕色毛。生殖基节叶两裂瓣；外生殖基节叶透明，棒状弯曲，端部微膨大；内生殖基节叶呈棒状，端部微尖。下生殖板近长方形，长为宽的约 1.6 倍；基部圆且窄，后缘向内凹陷，中部微突，两侧具几根棕色毛。背阳基侧突后缘具宽的“U”形凹陷；背脊突出。

雌虫 未知。

观察标本 正模♂，陕西周至厚畛子（1 297 m），2015. Ⅶ. 28，李轩昆。副模 2♂，陕西周至厚畛子（1 297 m，灯诱），2015. Ⅷ. 2，侯鹏。

分布 中国陕西（周至）。

种名词源 该种以其模式产地陕西省命名。

讨论 此种与分布于中国的孔色网蚊相似，但下生殖板后缘向内凹陷，中部微突；生殖刺突两裂瓣，背叶片短且较窄而腹叶片宽大。而后者下生殖板后缘向内凹陷，中部平；背叶片短且较宽而腹叶片较窄。

（18）台湾网蚊 *Blephariceera taiwanica*（Kitakami，1937）（图 70）

Blepharocera taiwanica Kitakami，1937. Mem. Coll. Sci. 12：124. Type locality：China：Taiwan，Daikokei River.

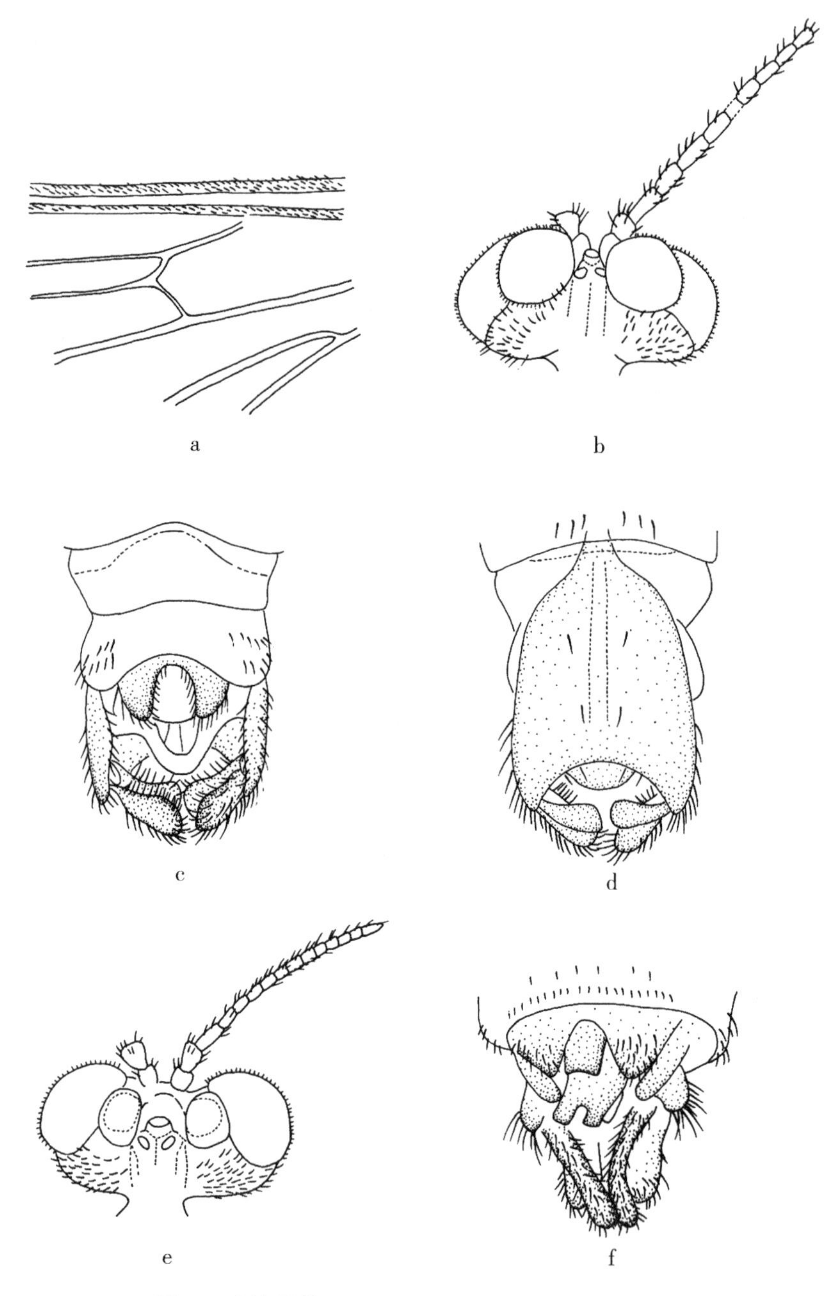

图 70　台湾网蚊 *Blepharicera taiwanica* (Kitakami)

a. 翅 (wing); b. 雄虫头部，背视 (male head, dorsal view);
c. 雄性外生殖器，背视 (male genitalia, dorsal view);
d. 雄性外生殖器，腹视 (male genitalia, ventral view);
e. 雌虫头部，背视 (female head, dorsal view);
f. 雌虫腹部末端，腹视 (female terminal, ventral view)
(据 Kitakami, 1941 重绘)

鉴别特征 雄虫体长 3. 2~4. 5 mm，翅长 3. 7~4. 4 mm，翅宽 1. 6 mm。头横宽。复眼左右分离；背区小，棕色，小眼眼面大于腹区小眼眼面；腹区大，黑色。单眼灰白色。触角 15 节，细长，1. 7 mm；柄节球状，梗节无花果状；鞭节细长，深黄色，具浓密毛；鞭节第一节长为宽的 2 倍；鞭节其他节圆柱形，末端渐细，长和宽几乎相等；鞭节最后一节椭圆形，较前一节粗且短，顶端具几根短毛。唇基深棕色，不具毛。上唇短，与唇基长之和稍长于头宽。上颚不存在。下颚细长。下颚须 5 节，第二至第四节等长，每节长为其宽的 2 倍；最后一节灰白色，细长，为前一节长的 2. 5 倍。中胸背板黑棕色，除小盾片外其他区域光裸无毛。翅宽，膜状半透明，c 室不透明，翅尖具烟状斑。翅缘、R_1 和 R 脉各分支具浓密微毛。Sc 脉退化，几乎未达到 Rs 基部。Rs 为 R_{4+5} 基部的 3 倍，为 r-m 的 1. 5 倍。足细长，深棕色；后足色浅，长约为其他足长的 2 倍。前足和中足跗节第一节和第二至第四节长度相等；后足跗节第一节比其余几节长。爪小。胫节距式 0-0-1。腹部深棕色，腹板颜色稍浅。背板具浓密黑色短毛，腹板毛少。雄性外生殖器：第九背板横宽，具稀疏毛。尾须黑色，轻微分裂成两叶片，具浓密毛。生殖刺突两叶片；背叶片黑色，具浓密毛；腹叶片顶端宽大，膜状，不具毛。下生殖板长大于宽，前端微凹。

分布 中国台湾。

讨论 此种为 Kitakami 于 1937 年根据四龄幼虫的形态特征描述的新种，Kitakami 于 1941 年对该种的成虫阶段的形态特征进行了补充描述。

（19）上野网蚊 *Blepharicera uenoi*（Kitakami，1937）（图 71）

Blepharocera uenoi Kitakami，1937. Mem. Coll. Sci. 12：125. Type locality：China：Taiwan，Daikokei River.

鉴别特征 体长 5~7. 5 mm，宽 2~2. 6 mm。体平。体第一节小，第三和第四节最宽。体外表皮黑棕色，每节边缘色浅，具稀疏毛。触角具 2 节，长为体节第一节的 1/4；触角第二节细长，长约为第一节的 2 倍。胸上斑块呈“V”形，大且黑。腹部第二至第四节背板中部具一个大的尖角状突起，此角状突起在第一和第五节上退化；角状突起基部骨化形成一个大的横向的光滑的片。爪大且增长，端部尖，轻微骨化，黄灰色。腹部第四至第六节后侧缘具一个后缘须；后缘须具毛，端部骨化，棕色，第六节上的后缘须最大。腹部末端两节明显。腹部第七节后缘加宽，形成一个长的骨化强烈的圆锥形附属物，端部具毛。尾须圆锥形，长且骨化强烈，端部具毛。鳃簇具 7 个小的白色丝状物。

分布 中国台湾。

讨论 此种为 Kitakami 于 1937 年根据四龄幼虫和蛹的形态特征描述的新种，成虫阶段形态特征未知。

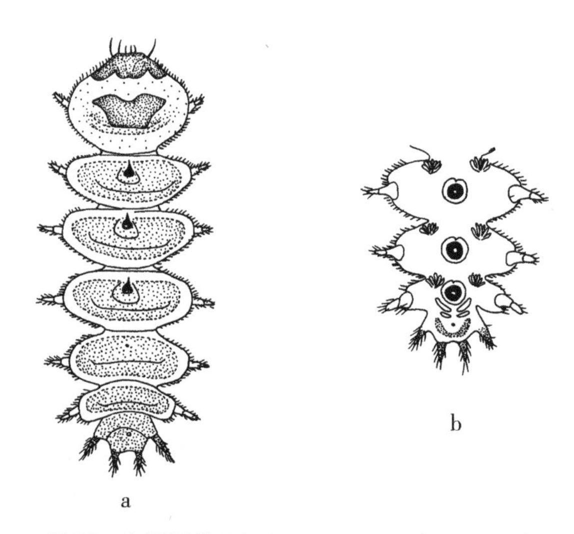

图 71　上野网蚊 *Blepharicera uenoi*（Kitakami）

a. 老熟幼虫，背视（fullgrown larva，dorsal view）；

b. 老熟幼虫末四节，腹视（fullgrown larva，last four body-segments，ventral view）

（据 Kitakami，1937 重绘）

（20）新疆网蚊 *Blepharicera xinjiangica* Zhang，Yang & Kang，2022（图 72、图 73；图版 26b）

Blepharicera xinjiangica Zhang，Yang & Kang，2022. Insects 13：17. Type locality：China：Xinjiang，Dushanzi，Duku Highway.

鉴别特征　雄虫复眼背区与腹区相接，大小为腹区的 1/3。中胸盾片大部分呈深棕色，后缘两侧具黄色边缘，后缘中部具近正方形的棕黄色斑，后缘 1/2 中部具一条棕黄色条纹。小盾片大部分浅棕色，前缘 1/3 为黄色。前侧片浅棕色，后侧片黄色。Rs 基部稍弯曲，其长稍长于 r-m。生殖刺突端部肿胀，微具凹痕。背阳基侧突端部箭头形，后缘圆；背脊明显，端部尖。雌虫生殖叉“X”形。

描述　雄虫　体长 4.50~6.00 mm，翅长 5.00~6.50 mm，翅宽 2.00~2.20 mm。

头部被粉，头颜色一致呈棕黑色，头部毛黑色。复眼为离眼式，无眼间脊，复眼上下分离，眼轮状愈伤组织不存在；复眼背区与腹区相接，大小为腹区的 1/3；背区小眼呈橘红色，直径较大，具 18~20 排小眼，小眼间具微毛；腹区小眼呈黑色，直径较小，小眼间具黑色毛。单眼呈棕黑色。触角柄节和梗节椭圆形，浅棕色，具棕黑色短毛。鞭节第一节基部微缩呈灰白色，端部膨大呈深棕色，具棕黑色短毛；鞭节其他节呈圆柱形，深棕色，具棕黑色短毛；末端鞭节与前一节比例为 1.3：1。唇基近长方形，深棕色，长与宽近相等。上唇棕黄色；唇瓣棕黄色，具棕黑色毛；上颚不存在。喙长约为头宽的 1/2。下颚须具 5 节，第一节极小；第二和第三节呈圆柱形，黄色，具棕黑色毛；第四节呈圆柱形，端部膨大，棕黄色，具棕黑色短毛；第五节细长，棕黄色，具棕黑色短毛；下颚须末端四节长度比例为 1：1：1.1：2.6。

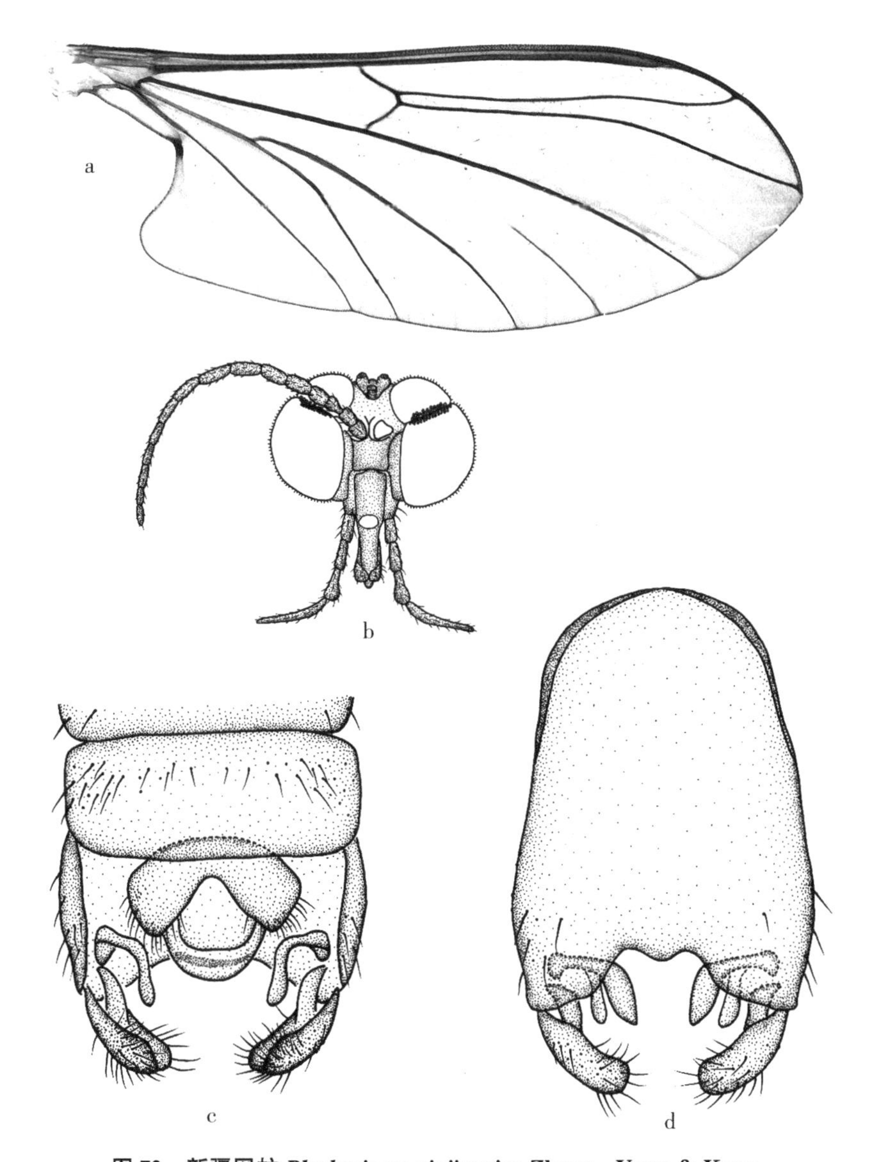

图 72 新疆网蚊 *Blepharicera xinjiangica* Zhang, Yang & Kang

a. 翅（wing）；b. 雄虫头部，前视（male head, frontal view）；
c. 雄性外生殖器，背视（male genitalia, dorsal view）；
d. 雄性外生殖器，腹视（male genitalia, ventral view）

胸部前胸背板和侧板棕色不具毛；中胸盾片大部分呈深棕色，后缘两侧具黄色边缘，后缘中部具近正方形的棕黄色斑，后缘 1/2 中部具一条棕黄色条纹；小盾片大部分浅棕色，前缘 1/3 为黄色，小盾片后缘两侧角具一簇棕黑色毛；后背片浅棕色；前侧片浅棕色，后侧片黄色，不具毛。足腿节、胫节、跗节第一至第五节的比例为前足 16∶11∶8∶4∶2.5∶1∶1，中足 14∶10.8∶6.5∶3∶1.8∶1∶1，后足 15.7∶12.7∶5∶1.3∶1∶0.7∶1。前足基节基部 1/2 浅棕色，端部 1/2 黄色，具浅棕色毛；中足和后足基节灰白色，具棕黑色毛；各足转节灰白色，末端前缘具黑色斑块，具棕黑色毛；各腿节棕黄色，末端具浅棕色环，具棕黑色短毛；各足胫节一致呈棕黄色，具棕黑色短毛；各足跗节一致呈棕黄色，具棕黑色短毛；爪棕黄色。胫节距式 0-0-0。翅透明，略带棕色，sc 室浅棕色；翅脉棕色。Sc 脉退化，未达 Rs 的基部；Rs 基部稍弯曲，其长度稍长于 r-m；R_4 靠近端部 1/3 处向上弯曲呈波浪状，末端向上翘起，R_1 末端到 R_4 末端的长小于 R_4 末端到 R_5 末端的长；r-m 直，与 Rs 的夹角小于 90°；M_1 末端稍向下弯曲，M_2 明显，M_1 末端到 M_2 末端的长度长于 M_2 末端到 CuA_1 末端。平衡棒基部灰白色，柄部和棒部浅棕色，棒部具棕黑色短毛。

腹部背板第一节中部灰白色，两侧棕色；背板第二至第六节基部 1/3 为浅棕色，端部 2/3 为棕色；背板第七和第八节为棕色。腹板第一至第七节为灰白色。腹部具棕黑色短毛。雄性外生殖器大部分棕色，下生殖板基部 1/3 为灰白色。第九背板呈近长方形，具棕色短毛。尾须三角形，内侧缘稍膨大，具棕色毛。肛下板端部直。生殖刺突端部肿胀，微具凹痕，外侧具一个宽的三角形的叶片折向腹侧，具短毛；生殖基节叶两裂瓣；外生殖基节叶透明，棒状，中部弯曲；内生殖基节叶透明，呈梭形，微弯曲。下生殖板近长方形，长为宽的 2 倍，顶端较窄，后边缘中部向内凹陷，具棕色短毛；背阳基侧突端部箭头形，后缘圆；背脊明显，端部尖。

雌虫　体长 6.00~7.00 mm，翅长 7.00~7.50 mm，翅宽 2.25~2.50 mm。

复眼为接眼式，有眼间脊，复眼上下分离，眼轮状愈伤组织存在；复眼背区与腹区相离，大小与腹区近相等；背区小眼呈橘红色，直径较大，具 20 排小眼，小眼间具黑色毛；腹区小眼呈黑色，直径较小，小眼间具黑色毛。触角柄节和梗节椭圆形，浅棕色，具棕黑色短毛。鞭节第一节基部微缩呈灰白色，端部膨大呈深棕色，具棕黑色短毛；鞭节其他节呈圆柱形，棕黑色，具棕黑色短毛；末端鞭节与前一节比例为 1.54∶1。口器上唇棕色；唇瓣棕黄色，具棕黑色毛；上颚棕黄色。喙长约为头宽的 4/5。下颚须具 5 节，第一节极小，呈黄色，具棕黑色毛；第二、第三和第四节呈圆柱形，黄色，具棕黑色短毛；第五节细长，圆柱形，黄色，具棕黑色短毛；下颚须末端四节长比例为 1∶0.8∶1∶2.2。胫节距式 0-0-2。雌性外生殖器：第八腹板呈近梯形，后缘两裂瓣，中部凹陷处"U"形，两侧各具几根长毛；生殖叉"X"形；第九腹板细长呈弯月形；下生殖板基部宽，两侧具突起，端部两裂瓣，每个叶瓣端部圆，瓣膜间区"V"形，后缘具短毛；受精囊 3 个。

观察标本　正模♂，新疆独山子独库公路（44°5′36″N，84°44′59″E；1 397 m），2017.Ⅶ.25，任金龙。副模 5♂，新疆独山子独库公路（44°5′36″N，84°44′59″E；1 397 m），2017.Ⅶ.25，任金龙；1♂2♀，新疆昭苏琼博拉森林公园（43°26′3″N，81°1′13″E；1 976 m），2017.Ⅶ.30，张冰；2♀，新疆额敏蝴蝶谷（46°56′38″N，84°40′38″E；1 457 m），2017.Ⅷ.2，张冰。

分布　中国新疆（独山子、昭苏、额敏）。

讨论　此种与分布于俄罗斯、阿富汗、巴基斯坦、印度、中亚和中国的草网蚊相似，但中胸盾片为深棕色，后缘黄色，后部 1/2 处有广泛的浅棕色中间区域和棕黄色窄中条纹；小盾片浅棕色，前缘 1/3 黄色；腹部腹板灰白色；背阳基侧突端部箭头形，背

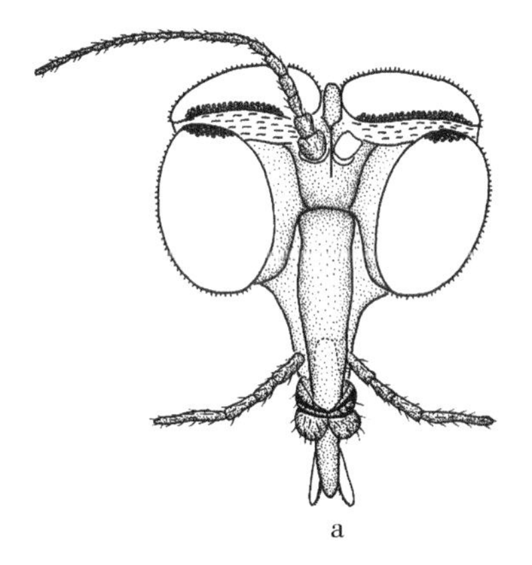

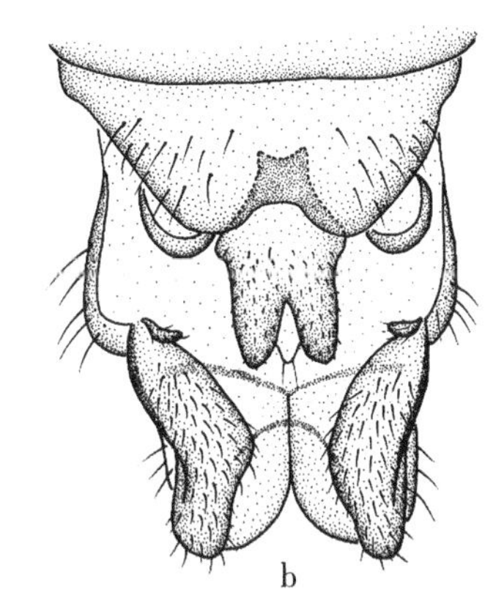

图 73 新疆网蚊 *Blepharicera xinjiangica* Zhang，Yang & Kang

a. 雌虫头部，前视（female head，frontal view）；

b. 雌虫腹部末端，腹视（female terminal，ventral view）

脊不很尖也不向下弯曲。在草网蚊中，中胸盾片为深棕色，腹部腹板深棕色，背阳基侧突端部圆锥形，背脊具一个非常尖且向下弯曲的尖端。

（21）西藏网蚊 *Blepharicera xizangica* Kang，Zhang & Yang，2022（图 74、图 75；图版 27a）

Blepharicera xizangica Kang，Zhang & Yang，2022. Entomotaxonomia 44（1）：39. Type locality：China：Xizang，Chayu.

鉴别特征 复眼背区与腹区相接，大小为腹区的 1/20。Rs 长与 r-m 相等。尾须呈圆锥形，外缘膨大，内缘弯曲，后缘圆。生殖刺突端部肿胀，微具凹痕。背阳基侧突后缘具细长的凹陷；背脊平。雌虫生殖叉“X”形。

描述 雄虫 体长 3.00~4.00 mm，翅长 4.50~5.00 mm，翅宽 1.50~2.00 mm。

头部颜色一致呈深棕色，头部毛深棕色。复眼为离眼式，无眼间脊，复眼上下分离，眼轮状愈伤组织不存在；复眼背区与腹区相接，大小为腹区的 1/20；背区小眼呈棕黄色，直径较大，具 7~8 排小眼，小眼间具浅色毛；腹区小眼呈黑色，直径较小，小眼间具黑色毛。单眼呈棕色。触角柄节和梗节椭圆形，棕色，具棕色短毛。鞭节第一节圆柱形，基部 1/2 呈棕黄色，端部呈棕色，具棕色短毛；鞭节其他节呈圆柱形，棕色，具棕色短毛；末端鞭节与前一节比例为 0.8：1。唇基近长方形，棕色，长比宽为 2：1。上唇棕色；唇瓣棕色，具深棕色毛；上颚不存在。喙长约为头宽的 1/2。下颚须具 5 节，第一节极小；第二和第三节呈圆柱形，棕黄色，具深棕色毛；第四节呈圆柱形，端部膨大，棕黄色，具深棕色短毛；第五节细长，棕黄色，具深棕色短毛；下颚须末端四节长度比例为 1：1.8：2.3：4.9。

胸部前胸背板棕色不具毛，前胸侧板棕色不具毛。中胸背板大部分呈棕色，仅盾片后缘中部棕黄色，小盾片后缘两侧角具一簇深棕色毛约 15 根；前侧片棕色，后侧片浅棕色，不具毛。足腿节、胫节、跗节第一至第五节的比例为前足 20：16.3：10：4.2：

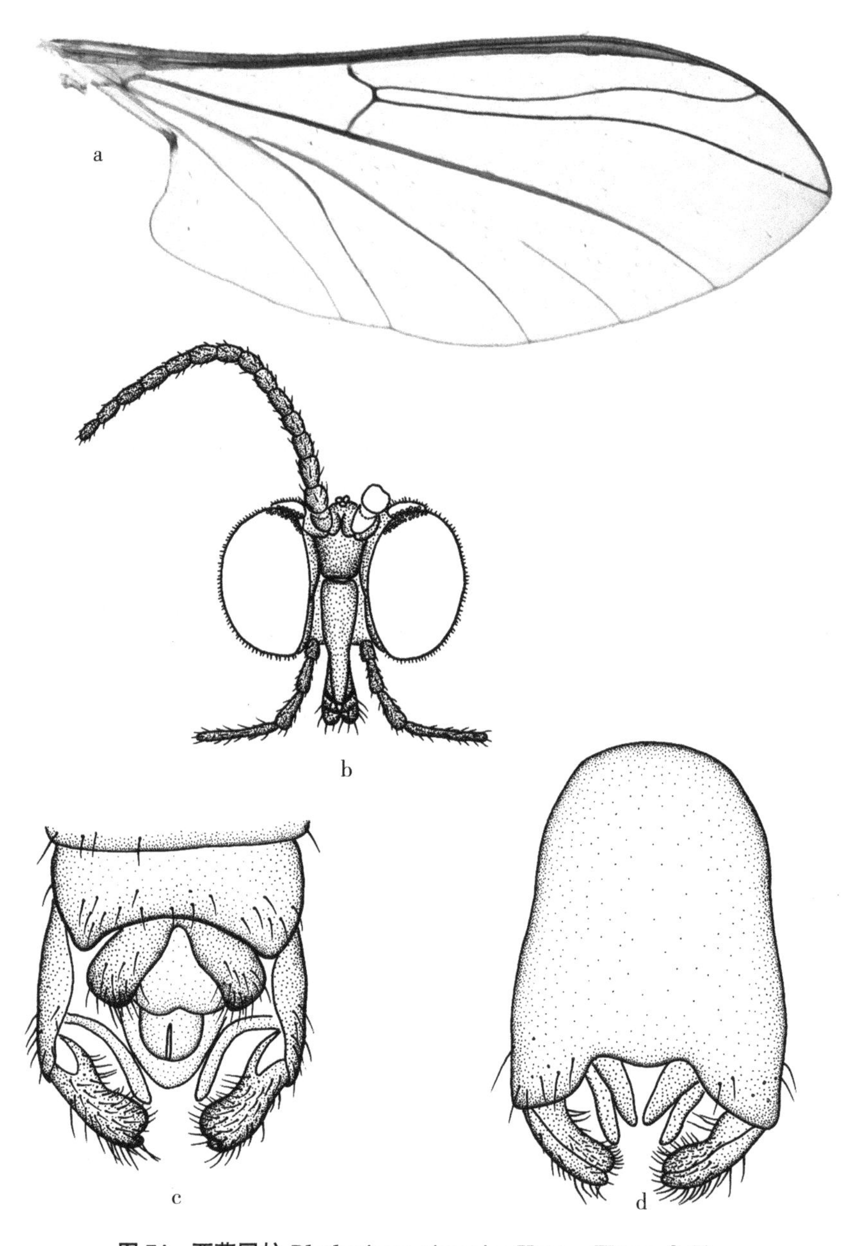

图 74　西藏网蚊 *Blepharicera xizangica* Kang，Zhang & Yang

a. 翅（wing）；b. 雄虫头部，前视（male head，frontal view）；
c. 雄性外生殖器，背视（male genitalia，dorsal view）；
d. 雄性外生殖器，腹视（male genitalia，ventral view）

2.3：1：1，中足 23：19：11.6：4.6：2.4：1：1，后足 25.8：23.7：9.2：2.7：1.7：1：1。前足基节浅棕色，具棕色毛；中足和后足基节灰白色，中足基节具棕色毛；各足转节灰白色，末端前缘具黑色斑块，具棕色毛；前足和中足腿节基部灰白色，逐渐颜色加深至棕色，具棕色短毛；后足腿节基部灰白，逐渐加深至棕黄色，具棕色短毛；

前足和中足胫节一致呈棕色，具棕色短毛；后足胫节棕黄色，具棕色短毛；前足和中足跗节一致呈棕色，具棕色短毛；后足跗节棕黄色，具棕色短毛；爪棕色。胫节距式 0-0-0。翅透明，略带棕色，sc 室端部 1/3 棕色；翅脉棕色。Sc 脉退化，未达 Rs 的基部；Rs 基部稍弯曲，其长与 r-m 相等；R_4 靠近端部 1/3 处向上弯曲呈波浪状，末端向上翘起，R_1 末端到 R_4 末端的长度短于 R_4 末端到 R_5 末端；r-m 直，与 Rs 的夹角小于 90°；M_1 末端稍向下弯曲，M_2 明显，M_1 末端到 M_2 末端的长度与 M_2 末端到 CuA_1 末端相等。平衡棒柄部灰白，棒部棕色，棒部具棕色短毛。

腹部背板第一节中部灰白色，两侧棕色；背板第二节棕色；背板第三至第五节基部 1/4 为棕黄色，端部为棕色；背板第六至第八节为棕色。腹板第一节灰白色，腹板第二至第七节两侧深棕色，中部均灰白色，形成一个纵向条带；腹部具棕色短毛。雄性外生殖器棕色。第九背板呈近长方形，后缘中部向内凹陷，两侧具几根毛。尾须呈圆锥形，外缘膨大，内缘弯曲，后缘圆，后缘具几根棕色毛。肛下板圆，后缘中部向内凹陷。生殖刺突端部肿胀，微具凹痕，具短毛。生殖基节叶两裂瓣；外生殖基节叶透明，细长，呈棒状；内生殖基节叶呈梭形，透明。下生殖板近长方形，长为宽的约 1.3 倍，基部圆且窄，后缘向内凹陷，两侧具几根棕色毛。背阳基侧突后缘具细长的凹陷；背脊平。

雌虫　体长 4.75~5.25 mm，翅长 6.00~6.75 mm，翅宽 2.00~2.50 mm。

复眼为亚接眼式，有眼间脊，复眼上下分离，眼轮状愈伤组织存在；复眼背区与腹区相离，大小与腹区近相等；背区小眼呈橘红色，直径较大，具 20 排小眼，小眼间具浅棕色毛；腹区小眼呈黑色，直径较小，小眼间具浅棕色毛。触角柄节椭圆形，深棕色，具浅棕色短毛；梗节圆锥形，深棕色，具棕色毛；鞭节第一节圆柱形，中部微缩，基部 2/3 呈棕黄色，端部 1/3 呈棕黑色，具棕黑色短毛；鞭节其他节呈圆柱形，向端部逐渐变细，棕黑色，具棕黑色短毛；末端鞭节与前一节比例为 1.3∶1。口器上唇棕色；唇瓣灰白色，具棕色毛；上颚棕色。喙长约为头宽的 1/2。下颚须具 5 节，第一节极小，呈棕黄色，具棕黑色毛；第二至第四节呈圆柱形，棕黄色，具棕黑色短毛；第五节细长，呈圆柱形，棕黄色，具棕黑色短毛；下颚须末端四节长度比例为 1∶1∶1.3∶1.9。中胸背板大部分呈深棕色，仅盾片后缘中部和小盾片棕黄色。胫节距式 0-0-0。腹部第一背板中部灰白色，两侧深棕色；第二至第三背板深棕色，第四至第五背板基部 1/4 为棕色，端部为深棕色；第六至第八背板为深棕色。雌性外生殖器：第八腹板两裂瓣，中部凹陷处呈“W”形，两侧各具 8~10 根长毛；生殖叉“X”形；第九腹板细长呈卵圆形；下生殖板基部宽，端部两裂瓣，每个叶瓣端部圆，瓣膜间区“U”形，后缘具短毛；受精囊 3 个。

观察标本　正模♂，西藏察隅县城（2 330 m），2014.Ⅷ.5，李彦。副模 4♂8♀，西藏察隅县城（2 330 m），2014.Ⅷ.5，李彦。

分布　中国西藏（察隅）。

讨论　此种与分布于中国、俄罗斯、阿富汗、巴基斯坦、斯里兰卡和印度的草网蚊相似，但腹部腹板为灰白色，第二至第七节两侧具深棕色纵条纹，背阳基侧突顶端平。在草网蚊的腹部腹板为深棕色，背阳基侧突端部具一个非常尖且向下弯曲的尖端，可与西藏网蚊区分开来。

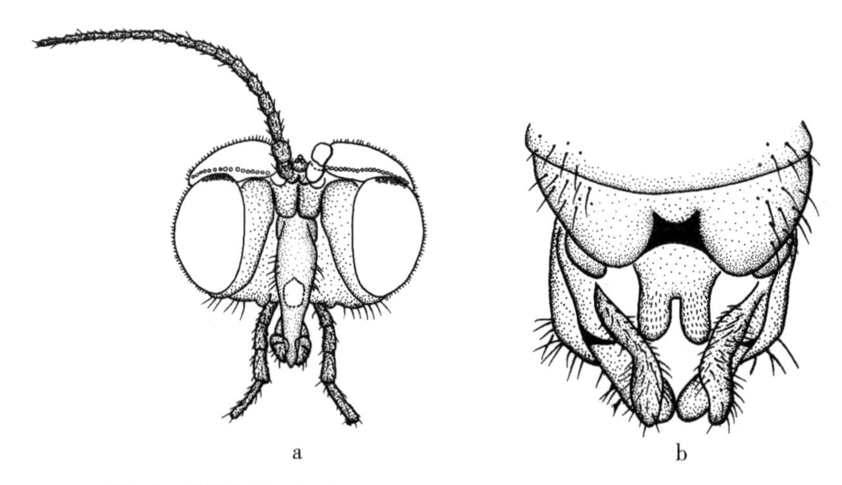

图 75　西藏网蚊 *Blepharicera xizangica* Kang, Zhang & Yang

a. 雌虫头部，前视（female head, frontal view）；

b. 雌虫腹部末端，腹视（female terminal, ventral view）

（22）山崎网蚊 *Blepharicera yamasakii*（Kitakami, 1950）（图 76）

Blepharocera yamasakii Kitakami, 1950. J. Kumamoto Women's Univ. 12: 70. Type locality: China: Heilongjiang, along the railway from Harbin to Botanko.

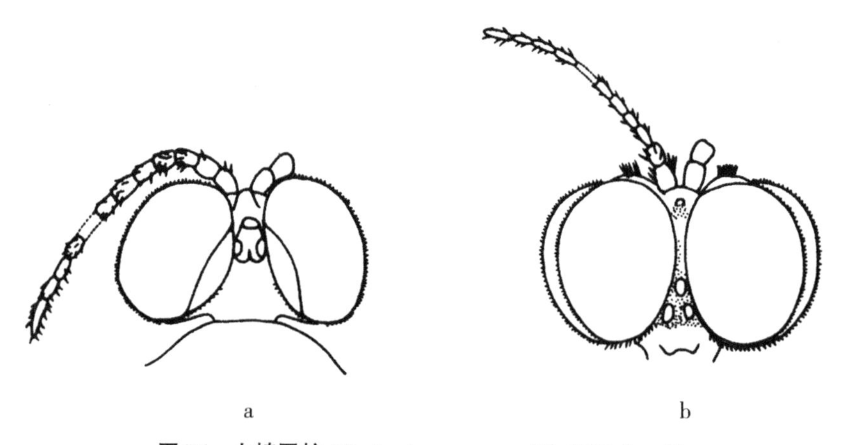

图 76　山崎网蚊 *Blepharicera yamasakii*（Kitakami）

a. 雄虫头部，背视（male head, dorsal view）；

b. 雌虫头部，背视（female head, dorsal view）（据 Kitakami, 1950 重绘）

鉴别特征　雄虫体长 4.2 mm。头横宽。复眼大，左右分离，背区很小，不及单眼瘤宽，具 25 个左右小眼面。触角 15 节，鞭节细长，每节长为宽的 1.5 倍，最后一节稍长，为前一节的 1.5 倍。唇基不具毛，唇基和上唇的长约等于头宽。上颚不存在。下颚小。下颚须长，第四节端部膨大；末节细长，长为前一节的 2.5 倍。胸部除小盾片外，光裸无毛。中足基节内缘各具一个圆锥形突起，约为转节的一半长，具黑色浓密硬毛。

跗节末节长于前一节，前足和中足跗节微弯曲且膨大。爪尖。胫节距式 0-0-0。翅宽大，膜状透明，翅缘和 R_1 具浓密微毛；Rs 长度是 r-m 的 1.5 倍。第九背板具稀疏毛，后缘平截。尾须两裂瓣，每个裂瓣呈半圆形，具浓密毛。下生殖板后缘向内凹陷，背部具毛。生殖刺突具毛，端部膨大。

分布 中国黑龙江。

讨论 此种为 Kitakami 于 1950 年根据四龄幼虫、蛹和雌雄成虫的形态特征描述的新种。该种与分布于日本的 *B. japonica*（Kitakami，1931）相似。

5. 霍氏网蚊属 *Horaia* Tonnoir，1930

Horaia Tonnoir，1930. Rec. Indian Mus. 32（2）：193. Type species：*Horaia montana* Tonnoir，1930（monotypy）.

Manaliella Kaul，1976. Orient. Ins. 10：25. Type species：*Manaliella manaliella* Kaul，1976（monotypy）.

属征 触角短，7~10 节；柄节和梗节膨胀，约为鞭节宽的 2 倍；鞭节数量和形状多变，常合并。唇瓣增长，下颚须一节。翅脉简单；R 分为 2 支或 3 支，即 $R_{1(+2+3)}$ 和 R_{4+5}，或者 R_4 和 R_5；M_2 脉不存在；m-cu 脉不存在；A_1 脉发育部分种类未达翅边缘。

讨论 该属仅分布于东洋区，全世界仅知 8 种，包括印度 3 种，泰国 2 种，尼泊尔 1 种，我国分布 2 种。

分 种 检 索 表

1. 触角 9 节，触角和头部均被浓密黑色长毛；R_5 脉存在，A_1 脉不伸达翅缘；第九背板呈不规则四边形，基部中央具一个较大椭圆黑色斑…………………… **西藏霍氏网蚊 *H. xizangana***
- 触角 10 节，触角和头部不被浓密黑色长毛；R_5 脉不存在，A_1 脉伸达翅缘；第九背板呈不规则梯形，基部中央不具椭圆黑色斑…………………………………… **丽霍氏网蚊 *H. calla***

（23）丽霍氏网蚊 *Horaia calla* Kang & Yang，2015（图 77；图版 27b）

Horaia calla Kang & Yang，2015. Fla. Ent. 98（1）：119. Type locality：China：Yunnan，Gongshan.

鉴别特征 触角 10 节；腹部大部分呈黄色，腹部第四至第七节具黑色后缘；第九背板呈不规则梯形，后缘稍向内凹陷，端部具黑色短毛；尾须不对称，呈“U”形；生殖刺突宽，端部膨大且圆。

描述 雄虫 体长 8.5 mm，翅长 7.5 mm。

头部横宽，一致呈棕色。复眼发达，几乎占据整个头部，背区较大，接眼式，大而平，砖红色；腹区小，呈黑色。单眼明亮突出。触角一致呈棕色，具 10 节。柄节短，具棕色短毛。梗节短，膨大，具短毛。鞭节第一节细长，长约为宽的 4 倍，具短毛；鞭节第二节细长，长约为宽的 3 倍，鞭节第三至第八节很短，长和其宽几乎相等，具棕色

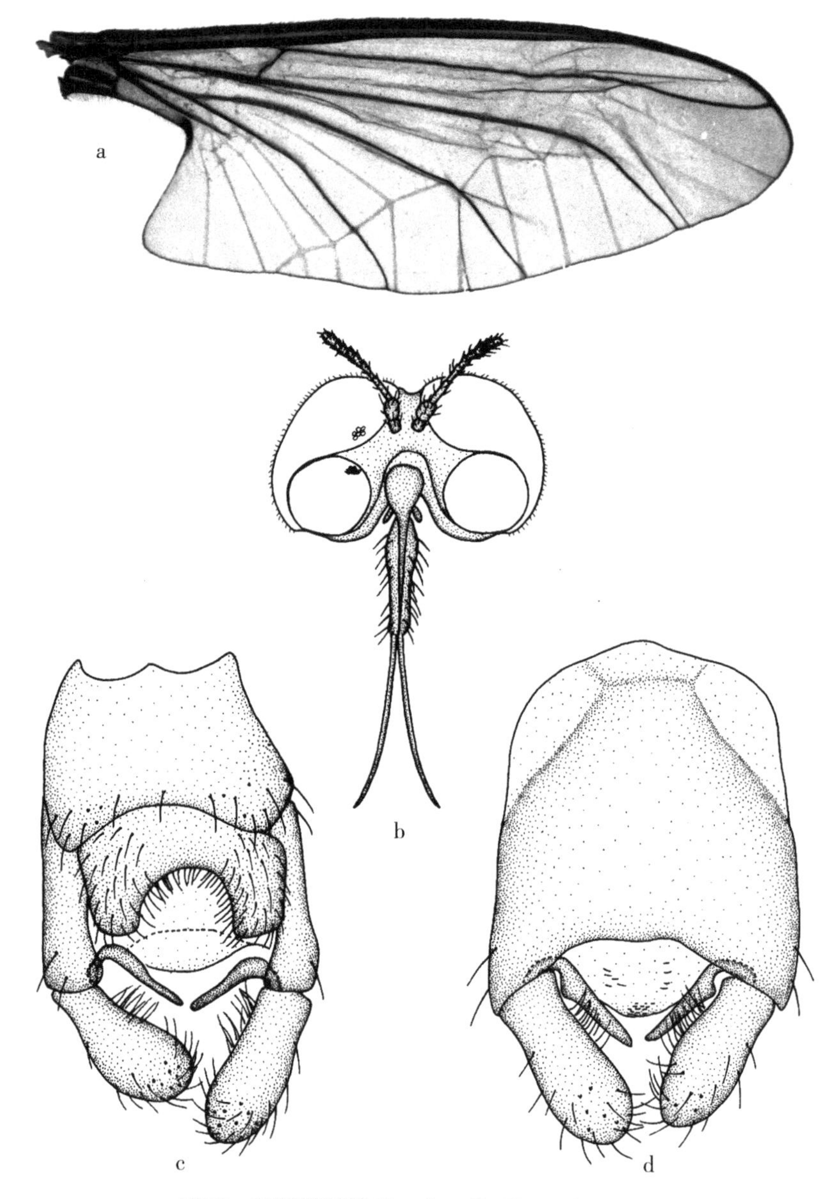

图 77　丽霍氏网蚊 *Horaia calla* Kang & Yang

a. 翅（wing）；b. 雄虫头部，前视（male head，frontal view）；
c. 雄性外生殖器，背视（male genitalia，dorsal view）；
d. 雄性外生殖器，腹视（male genitalia，ventral view）

短毛。唇基圆，呈球形；喙细长，喙长为头长的 2 倍；上唇增长，上唇长为喙长的 1/2；下颚须短，一节，深棕色。

胸部背板大部分呈棕色，中胸盾片后缘中部黄色；小盾片后缘具一个横向黑色条带；胸部侧片大部分呈棕色，下后侧片黄色；胸部光裸无毛。各足基节与转节呈两色，基部 1/2 为黄色，端部 1/2 为深棕色；各足腿节呈黄棕色，具棕色短毛；各足胫节黄棕色，末端具深棕色环；跗节深棕色，具黑色短毛。翅宽，透明，脉棕色；R_{4+5} 中部至端部呈微波浪状；A_1 未达翅缘；臀角突出。平衡棒棕色。

腹部大部分呈黄色，腹部第四至第七节具黑色后缘，腹部光裸无毛。雄性外生殖器：不具对称性。第九背板呈不规则梯形，后缘稍向内凹陷，端部具黑色短毛。尾须不对称，呈“U”形，具均匀短毛。生殖刺突宽，端部膨大且圆，端部和内侧具短毛；生殖基节叶细长且直，中部稍向外膨大，端部尖。下生殖板呈不规则长方形，后缘中部向内凹。

雌虫 未知。

观察标本 正模♂，云南贡山独龙江，2013. Ⅶ. 1，张韦。

分布 中国云南（贡山）。

讨论 此种与广泛分布于喜马拉雅地区包括尼泊尔和印度北部的 *H. montana* Tonnoir，1930 相似，但触角具 10 节，第九背板呈不规则梯形且后缘稍向内凹陷，尾须不对称，呈“U”形。而后者触角 9 节，第九背板很简单，尾须大且平行。

（24）西藏霍氏网蚊 *Horaia xizangana* Kang & Yang，2015（图 78；图版 28a）

Horaia xizangana Kang & Yang，2015. Fla. Ent. 98（1）：118. Type locality：China：Xizang，Linzhi.

鉴别特征 头部密布黑色浓密长毛；腹区小眼间具浓密黑色长毛。触角 9 节；梗节很长，约为触角鞭节长之和，上具浓密黑色长毛。鞭节第一节增长，末端具几根黑色长毛。胸部上前侧片，后侧片及翅基部各具一簇浓密黑色长毛。基节、转节与腿节具浓密黑色长毛，其他节具稀疏黑色长毛。翅基部翅缘具浓密黑色长毛。第九背板呈不规则四边形，基部中央具一个较大椭圆黑色斑。

描述 雄虫 体长 6. 5 mm，翅长 5. 0 mm，翅宽 2. 5 mm。

头部横宽，一致呈黑色，头部密布黑色浓密长毛。复眼发达，几乎占据整个头部，背区较大，呈砖红色；腹区小，呈黑色，腹区小眼间具浓密黑色长毛。触角深棕色，具 9 节，梗节很长，约为触角鞭节长之和，上具浓密黑色长毛。鞭节第一节增长，约为其他鞭节长之和，末端具几根黑色长毛；鞭节 2~6 节且很短，长和其宽几乎相等，光裸不具毛；鞭节最后一节稍增长，长为其宽的 2 倍。喙细长，端部尖，深棕色。下颚须短，一节，深棕色。

胸部背板一致呈黑色，光裸无毛；胸部侧片大部分呈黑色，翅基部具灰色斑块，上前侧片、后侧片及翅基部各具一簇浓密黑色长毛。足基节与转节呈深棕色，具黄棕色斑纹。腿节黄色，最末端具深色斑块。胫节黄棕色，最末端具深色斑块。前足跗节极细，呈深棕色，中足和后足跗节黄棕色。基节、转节与腿节具浓密黑色长毛，其他节具稀疏黑色长毛。胫节距式为 0-2-2。翅透明，脉棕色；R_5 存在且达翅缘，A_1 直。翅基部翅缘具浓密黑色长毛。翅宽大，臀角突出。平衡棒棕色。

腹部大部分呈深棕色，各节后缘具黑色椭圆形斑，腹部光裸无毛。雄性外生殖器：不具对称性。第九背板呈不规则四边形，基部中央具一个较大椭圆黑色斑；后缘具较均

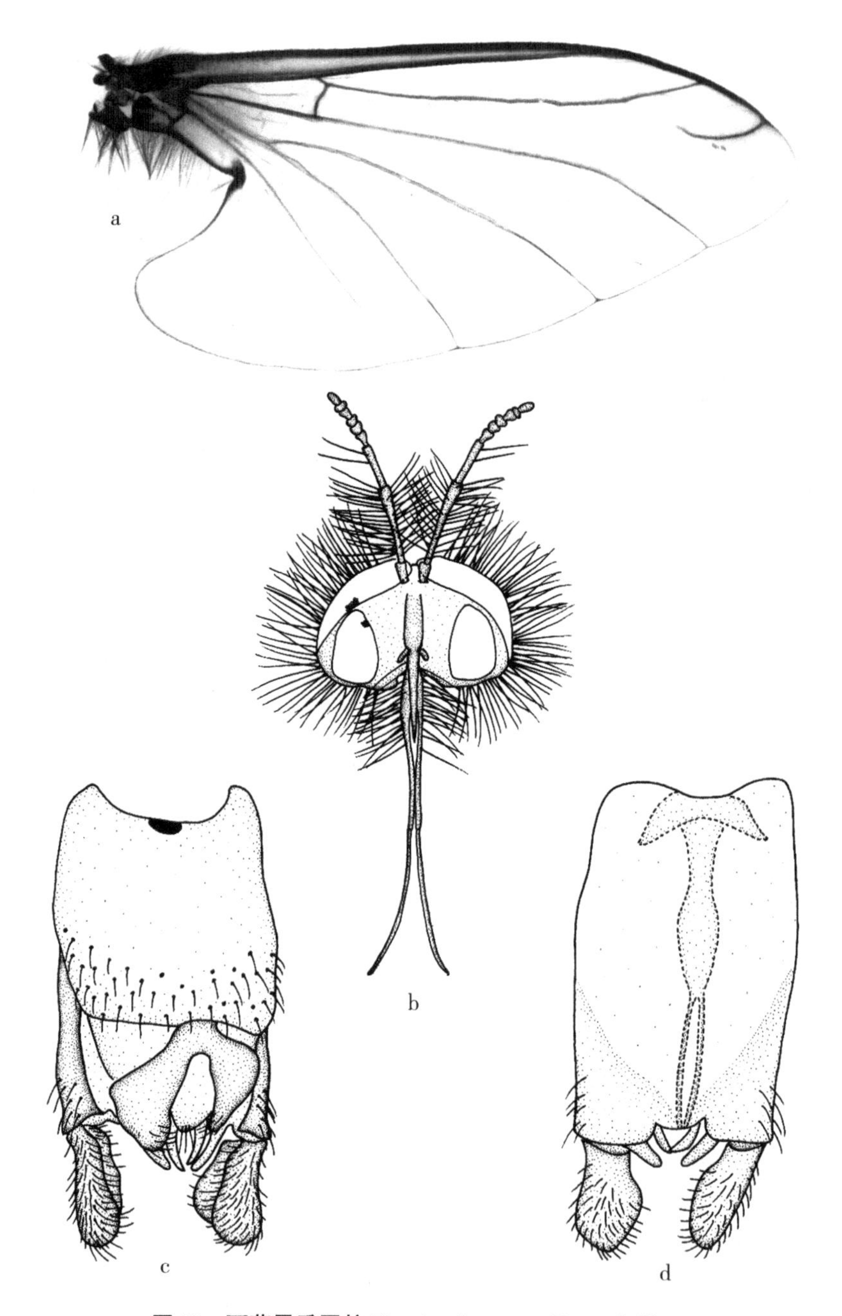

图 78　西藏霍氏网蚊 *Horaia xizangana* Kang & Yang

a. 翅（wing）；b. 雄虫头部，前视（male head，frontal view）；
c. 雄性外生殖器，背视（male genitalia，dorsal view）；
d. 雄性外生殖器，腹视（male genitalia，ventral view）

匀黑色短毛。尾须不对称，呈两裂瓣。每个叶瓣呈近似三角形，端部尖且具较浓密毛。生殖刺突两裂瓣的，背侧叶瓣稍窄于腹侧叶瓣，被浓密黑色毛。外生殖基节叶棒状，透明，端部圆。内生殖基节叶细长透明，端部尖。下生殖板呈不规则长方形，后缘中部向内凹，两侧端部具短毛。

雌虫 未知。

观察标本 正模♂，西藏林芝汉密，2011. Ⅷ. 6，王丽华。

分布 中国西藏（林芝）。

讨论 此种与分布于东洋区的种类均不同。此种触角、复眼和胸部具很浓密的黑色长毛，第九背板呈不规则四边形，基部中央具一个较大椭圆黑色斑，这些特征很特别，可与东洋区其他种类很容易区分。

6. 新网蚊属 *Neohapalothrix* Kitakami，1938

Neohapalothrix Kitakami，1938. Mem. Coll. Sci. Kyoto Imp. Univ. （B） 14 （2）：341. Type species：*Neohapalothrix kanii* Kitakami，1938 （monotypy）.

Asiobia Brodsky，1954. Trudy Zool. Inst. 15：245. Type species：*Asiobia acanthonympha* Brodsky，1954 （monotypy）.

属征 触角具 15 节。翅脉 R 具三分支，R_4 和 Rs 大部分融合，仅形成一个短的端部顶叉；无闭合的 r_1 室，r_4 室具长柄；M_2 脉不存在；m-cu 脉不存在。

讨论 此属仅分布于古北区，世界已知 3 种，我国仅知 1 种。

（25）东北新网蚊 *Neohapalothrix manschukuensis* （Mannheims，1938） （图 79；图版 28b）

Curupira manschukuensis Mannheims，1938. Arb. Morph. Taxon. Ent. Berl. 5：329. Type locality：China：Heilongjiang，Weischache，Manschukuo.

鉴别特征 中足跗节第一节特化出一系列复杂结构和毛。第九背板横宽，呈长方形；尾须宽大，呈两裂瓣，每个叶瓣呈竖长方形，后缘中间微凹；生殖刺突呈棒状，两裂瓣。

描述 雄虫 体长 7.5 mm，翅长 8.0 mm，翅宽 2.0 mm。

头部深棕色，具深棕色毛。复眼很大，几乎占据整个头部；背区较大，呈砖红色；腹区较背区小，呈深棕色。触角细长，15 节。柄节深棕色。梗节增长，约为柄节长的 3 倍，基部细，端部膨大，呈深棕色。鞭节各节均较短，呈深棕色。各节具深色短毛。喙深棕色，极细长。下颚须第一节极短，第二节增长，约为第三、第四节之和，第五节极细长；下颚须第一至第四节深棕色，最后一节黄棕色，被棕色短毛。

胸部背板一致呈深棕色，光裸无毛；胸部侧板一致呈深棕色，胸部后侧具一排黑色长毛。前足与中足基节基部 1/2 为深棕色，端部微黄棕色，后足基节为深棕色。各足转节为黄色。前足腿节中部向下弯曲，端部增粗，呈黄色，端部为深棕色；中足与后足腿节大部分呈黄棕色，末端为深棕色。各足胫节呈深棕色。各足跗节呈深棕色，中足跗节第一节特化出一系列复杂结构和毛。足上具深棕色短毛，前足胫节具一根刺，后足胫节具两根刺。翅透明，脉大部分呈黄色，径脉及中脉基部为棕色。

腹部背板各节为深棕色，前缘两侧具三角形黄棕色斑块；腹板大部分深棕色，各节前缘呈黄白色。雄性外生殖器：第九背板横宽，呈长方形，被深色短毛。尾须宽大，呈两裂瓣，每个叶瓣呈竖长方形，后缘中间微凹，具深色短毛。生殖刺突呈棒状，两裂瓣，具深色短毛。阳基侧突棒状，端部膨大，透明。下生殖板宽大呈方形，后缘中间向内凹。

雌虫　体长 8.5 mm，翅长 9.0 mm，翅宽 2.3 mm。与雄虫相似，中足第一跗节正常，不具特化的一系列复杂结构和毛。

观察标本　1♂，黑龙江五营丰林保护区，2011. Ⅶ. 16，康泽辉；2♀，黑龙江五营丰林保护区，2011. Ⅷ. 16，王俊潮；6♀，黑龙江五营丰林保护区（灯诱），2011. Ⅶ. 16，康泽辉；15♀，黑龙江五营丰林保护区（灯诱），2011. Ⅶ. 17，康泽辉。

分布　中国黑龙江（五营）。

讨论　此种与该属其他种类均不同。此种雄虫中足跗节第一节特化出一系列复杂结构和毛，这个特征很特别，可与东洋区其他种很容易区分。

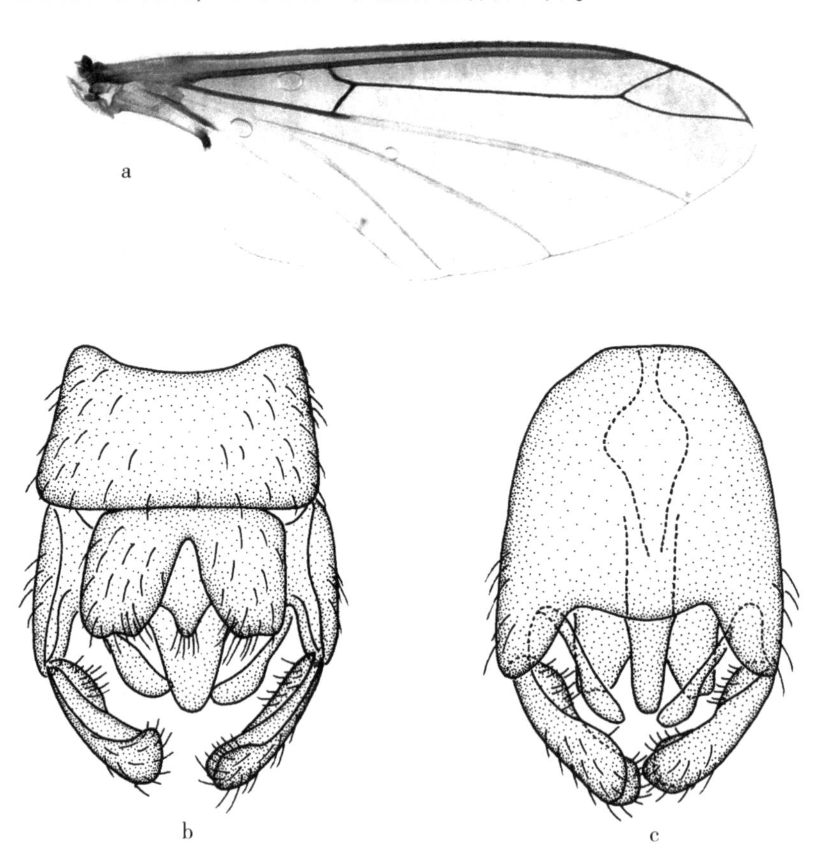

图 79　东北新网蚊 *Neohapalothrix manschukuensis*（Mannheims）

a. 翅（wing）；b. 雄性外生殖器，背视（male genitalia，dorsal view）；
c. 雄性外生殖器，腹视（male genitalia，ventral view）

7. 望网蚊属 *Philorus* Kellogg, 1903

Philorus Kellogg, 1903. Proc. Calif. Acad. Sci. (3) 3: 199. Type-species: *Blepharocera yosemite* Osten Sacken, 1903 (by original designation).

Euliponeura Tonnoir, 1930. Rec. Indian Mus. 32 (2): 176. Type-species: *Euliponeura horai* Tonnoir, 1930 (by original designation).

Pelmia Enderlein, 1937. Mitt. Dtsch. Ent. Ges. 1936 (7): 42. Type species: *Blepharocera yosemite* Osten Sacken, 1877 (by original designation).

属征 虫体较大，体长 8.0~10.0 mm。翅脉 R 具三分支，R_4 和 R_5 部分融合，端部形成一个短的顶叉；无闭合的 r_1 室；r_4 室具长柄；M_2 脉存在，但不完整，远离 CuA_1；m-cu 脉存在。

讨论 该属分布于古北区，新北区和东洋区，全世界已知 27 种，我国已知 3 种。

分 种 检 索 表

1. 触角具 13 节；后足胫节具一个胫节刺；生殖刺突背叶片前端分支不直，前边缘不具一排黑色刚毛 ·· **2**
- 触角具 15 节；后足胫节具两个胫节刺；生殖刺突背叶片前端分支直，前边缘具一排黑色刚毛 ·· **台湾望网蚊 *P. taiwanensis***
2. 鞭节每节长为其宽的 1.5~2.0 倍；尾须每个叶瓣后缘中部向内凹；生殖刺突背叶片呈指状；生殖刺突腹叶片两裂瓣，背侧部分呈指状，腹侧部分“L”形 ·· **峨眉山望网蚊 *P. emeishanensis***
- 鞭节每节长为其宽的 2.8~3.2 倍；尾须每个叶瓣后缘圆；生殖刺突背叶片基部具中部突，被较钝刚毛，端叶细长；生殖刺突腹叶片部分为两裂瓣，基部窄，端部宽且圆 ·· **艾氏望网蚊 *P. levanidovae***

(26) 峨眉山望网蚊 *Philorus emeishanensis* Kang & Yang, 2012 (图 80; 图版 29a)

Philorus emeishanensis Kang & Yang, 2012. Zootaxa 3311: 62. Type locality: China, Sichuan, Emeishan.

鉴别特征 后足胫节端部各具一根距。尾须具两叶片，每个叶片呈圆锥形，圆锥形顶端微凹陷，具黑色毛。生殖刺突具两叶片，背叶片呈指状，布稀疏黑色长毛；腹叶片基部较窄，端部宽大，整个叶片呈“L”状，端部钝圆，密布黑色短毛。生殖基节叶稍透明，指状稍弯曲，基部宽。

描述 雄虫 体长 3.1 mm，翅长 5.1 mm，翅宽 2.0 mm。

头部一致呈棕色，头顶呈深棕色。单眼三角区棕色，单眼黑色，明显突出。复眼突圆，左右相离，复眼几乎占据整个头部；背区与腹区分界极不明显；复眼黑色，具软毛。复眼后缘被 3~5 根黑色长毛；颊区具一排黑色长毛。触角长，远长于头宽，13 节，鞭节第一节增长，约为第二节的 3 倍长，顶端稍膨大，鞭节 2~10 节长几乎相等，鞭节最后一节稍长，为其他鞭节长的 1.5 倍；触角柄节、梗节以及鞭节基部 1/2 浅棕色，其

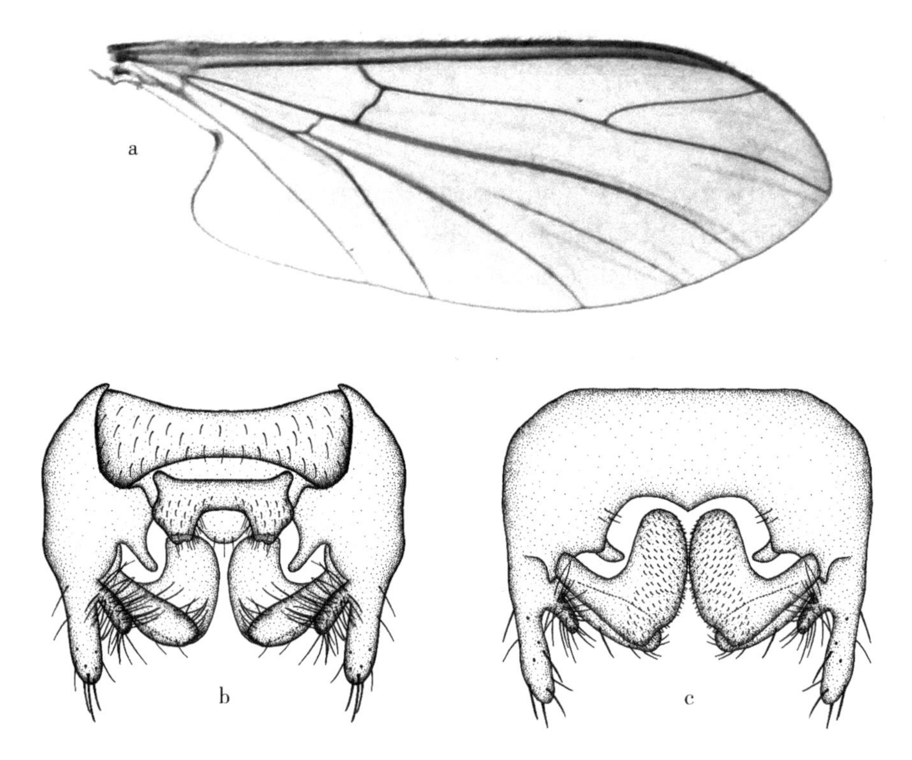

图 80　峨眉山望网蚊 *Philorus emeishanensis* Kang & Yang

a. 翅（wing）；b. 雄性外生殖器，背视（male genitalia，dorsal view）；
c. 雄性外生殖器，腹视（male genitalia，ventral view）

他鞭节深棕色；柄节与梗节中部各具一圈黑色长毛，鞭节被均匀黑色短毛。喙浅棕色，被黑色短毛。下颚须 5 节，第一节很短；第二节和第三节长；第四节短，中间稍缩，呈哑铃形，长为第三节的 1/2；第五节细长，为第四节的 3 倍长。下颚须第一至第四节黄色，被黑色短毛；第五节棕色，被黑色短毛。

胸部背板一致呈棕色，胸部侧片呈棕色。胸部毛很少，仅小盾片前缘两侧各具一簇黑色短毛。足大部分呈棕色，除基节，转节与腿节基部黄色。转节基部前面均具黑色斑块。腿节端部膨大呈棒状。后足胫节端部各具一根距。足上均匀密布黑色短毛。爪棕色，顶端稍弯曲，具黑色毛。翅透明，翅尖具淡棕色云状斑，翅脉棕色。Sc 脉退化，达到 Rs 的基部；Rs 基部短，长度短于 r-m，端部很长，为 r-m 的 5 倍长；R_4 短于 Rs 直的部分；R_5 长与 Rs 直的部分几乎相等；m-cu 脉直，长度为 r-m 脉的 1/2；Cu 脉分叉靠近 m-cu 脉；A_1 脉端部达翅缘；平衡棒柄部浅棕色，棒部深棕色，具黑色毛。

腹部背板深棕色，第一至第六节背板后缘呈银白色，腹板浅棕色。腹部具稀疏棕色短毛。第九背板横宽，后缘中间微凹，呈哑铃形，布均匀黑色短毛。尾须具两叶片，每个叶片呈圆锥形，圆锥形顶端微凹陷，具黑色毛。肛下板顶端钝圆，顶端边缘具三根黑色长毛。生殖基节与下生殖板合并，具两叶片，外侧叶片指状，从背侧伸出，被稀疏黑色长毛，顶端具 3 根粗壮黑色长毛；内部叶片指状，长为外部叶片的一半，密布黑色粗壮长毛。生殖刺突具两叶片，背叶片呈指状，布稀疏黑色长毛；腹叶片基部较窄，端部

宽大，整个叶片呈“L”状，端部钝圆，密布黑色短毛。生殖基节叶稍透明，指状稍弯曲，基部宽。下生殖板后缘中间两边深凹，中间尖，呈三角形，第九腹板光裸无毛，仅后缘深凹处靠两边各具 3 根黑色长毛。

雌虫 未知。

观察标本 正模♂，四川乐山峨眉山（29°36′N，103°29′E），1998. Ⅷ. 17，杨定。副模 1♂，四川乐山峨眉山（29°36′N，103°29′E），1998. Ⅷ. 17，杨定。

分布 中国四川（乐山）。

讨论 此种与分布于日本的 *P. longirostris* Kitakami，1931 相似，但尾须每个叶片呈圆锥形，圆锥形顶端微凹陷，且生殖基节外侧叶片指状，从背侧伸出，被稀疏黑色长毛，顶端具 3 根粗壮黑色长毛。而后者尾须每个叶片呈圆锥形，圆锥形顶端不具凹陷，且生殖基节外侧叶片短，不呈指状，可与峨眉山望网蚊明显区分开来。

（27）艾氏望网蚊 *Philorus levanidovae* Zwick & Arefina，2005（图 81；图版 29b）

Philorus levanidovae Zwick & Arefina，2005. Bonn. Zool. Beitr. 53：348. Type locality：Russian Far East，Khasanskiy Rayon.

鉴别特征 生殖刺突具两叶片，背叶片基部具钝的突出，突出上具一簇黑色长毛，背叶片顶端向上弯曲呈钩状，顶端边缘具一圈浓密黑色长毛；腹叶片颜色较深，宽大，端部钝圆呈锤状，具黑色长毛，锤状上端又分出一裂片，呈不规则片状，具短毛。生殖基节叶稍透明，基部宽大，顶端尖细，弯折呈钩状。

描述 雄虫 体长 5.3 mm，翅长 6.7 mm，翅宽 2.3 mm。

头部深棕色，颊黄色，单眼三角区黑色，明显突出。头顶及复眼后缘被黑色长毛。复眼分离，突圆，背区及小，浅棕色，与腹区分界不明显；腹区大，呈黑色。单眼黄色突出。触角长，远长于头宽，13 节，鞭节第一节增长，约为第二节的 3 倍长，其他鞭节长几乎相等；触角柄节，梗节以及鞭节基部 1/2 黄色，其他鞭节深棕色；柄节与梗节中部各具一圈黑色长毛，鞭节被均匀黑色短毛。下颚须黄色，5 节，末节长，至少为第四节的 3 倍长；下颚须被明显黑色短毛，长约为喙的 3 倍长。喙棕色，被黑色短毛。

胸部背板大部分棕色，小盾片后缘黄色。胸部侧片黄色。胸部毛很少，仅小盾片后缘两端具一簇浓密黑色短毛。足浅棕色，基节与转节黄色，转节中部前端具黑色斑点。足上具黑色均匀浓密的毛，前足基节后端具 3 根明显黑色长毛，所有基节与转节前端具浓密黑色长毛。翅黄色，透明，翅脉棕色。Sc 脉退化，未达到 Rs 的基部；Rs 基部短，长短于 r-m，直的部分很长，为 r-m 的 5 倍长；R_4 短于 Rs 直的部分；R_5 长与 Rs 直的部分几乎相等；r-m 比 Rs 基部长；m-cu 脉弯曲，长为 r-m 脉的 1/2。平衡棒柄部黄色，棒部深棕色，具黑色毛。

腹部背板深棕色，第一至第五节背板后缘黄色，腹板黄色。腹部具黑色短毛。第九背板横宽，呈近似长方形，后缘中间微凹，布黑色短毛，尤其在后缘边缘密布长毛。尾须具两叶片，每个叶片呈圆锥形，具黑色毛。下生殖板呈三角状，顶端钝圆，顶端边缘具 2 根黑色长毛。生殖基节与第九腹板合并，指状，从背侧伸出，被黑色长毛，尤其顶

端具一排均匀整齐的黑色长毛。生殖刺突具两叶片，背叶片基部具钝的突出，突出上具一簇黑色长毛，背叶片顶端向上弯曲呈钩状，顶端边缘具一圈浓密黑色长毛；腹叶片颜色较深，宽大，端部钝圆呈锤状，具黑色长毛，锤状上端又分出一裂片，呈不规则片状，具短毛。生殖基节叶稍透明，基部宽大，顶端尖细，弯折呈钩状。下生殖板后缘中间深凹，使背板呈“U”形，两侧弯向背侧，不具毛。

雌虫　未知。

观察标本　1♂，河北兴隆雾灵山十八潭（40°43′N，117°52′E），2007.Ⅷ.23，张魁艳；1♂，河北兴隆雾灵山十八潭（40°43′N，117°52′E），2007.Ⅶ.4，董慧。

分布　中国河北（兴隆）；俄罗斯。

讨论　此种原记录分布于俄罗斯远东地区，后在我国河北兴隆县雾灵山发现此种分布。该种虫体较大，颜色较艳丽；生殖刺突背叶片基部具钝的突出，突出上具一簇黑色长毛，背叶片顶端向上弯曲呈钩状，顶端边缘具一圈浓密黑色长毛；腹叶片端部钝圆呈锤状，具黑色长毛，锤状上端又分出一裂片，呈不规则片状，具短毛。

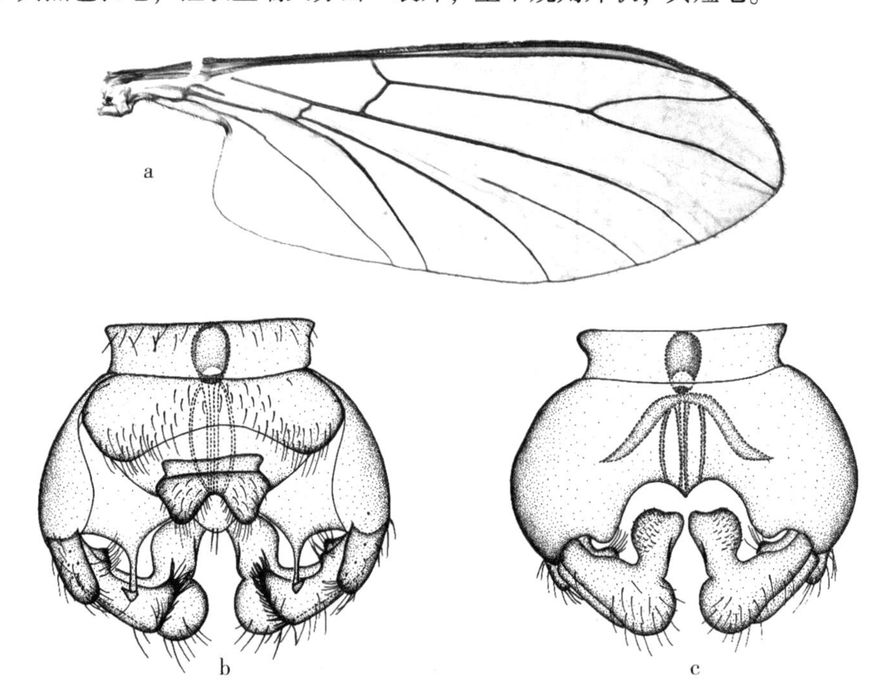

图 81　艾氏望网蚊 *Philorus levanidovae* Zwick & Arefina

a. 翅（wing）；b. 雄性外生殖器，背视（male genitalia，dorsal view）；
c. 雄性外生殖器，腹视（male genitalia，ventral view）

（28）台湾望网蚊 *Philorus taiwanensis* Kitakami，1937（图 82）

Philorus taiwanensis Kitakami，1937. Mem. Coll. Sci. 12：122. Type locality：China：Taiwan，Taityu.

鉴别特征　雄虫体长 5.5 mm。头横宽。复眼几乎为接眼式。复眼上下分离，背区与腹区几乎相等；背区小眼大，呈黑棕色，具微毛；腹区小眼小，呈黑色。触角细长，具15节，具微毛；柄节粗且短；梗节梨形且骨化；鞭节第一节长超过宽的2倍长，其余各鞭节长为宽的约2倍长，末端渐细且短，鞭节末节呈椭圆形。唇基具微毛，唇基和上唇长之和长于头宽。上颚在雄虫中不存在。下颚细长简单。下颚须具5节，具毛；第三节和第四节长几乎相等，末端均膨大；末节细长，约为前一节的3倍长。中胸明显，光裸无毛，小盾片后缘两侧具浓密毛。翅膜状半透明，翅缘、R_1 和翅脉端部具浓密微毛；R_{2+3} 长为 Rs 脉直的部分的1.5倍。跗节末节微弯曲，前足和中足跗节末节为前一节的1.5倍，后足跗节末节为前一节的2倍。爪细长，端部弯曲且尖。胫节距式0-0-2。第九背板很小，横宽，具浓密毛。下生殖板大，横宽，后缘向内凹陷，后缘具黑色毛。尾须两裂瓣，骨化强烈，呈黑棕色。生殖刺突具两叶片，背叶片小，骨化强烈，深棕色，基部向前后分叉，后分叉细长；腹叶片宽，具毛。

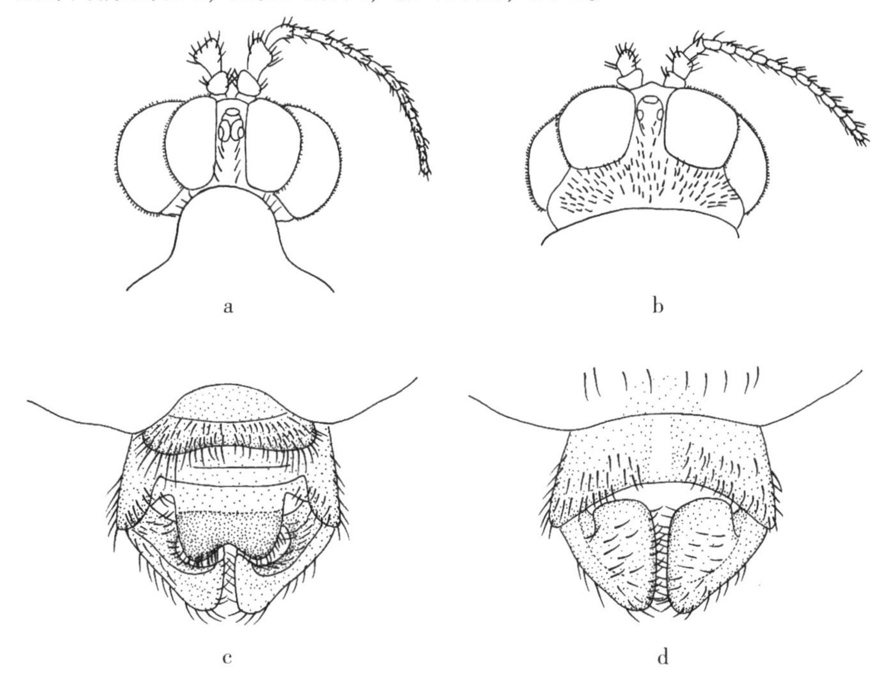

图82 台湾望网蚊 *Philorus taiwanensis* Kitakami

a. 雄虫头部，背视（male head，dorsal view）；
b. 雌虫头部，背视（female head，dorsal view）；
c. 雄性外生殖器，背视（male genitalia，dorsal view）；
d. 雄性外生殖器，腹视（male genitalia，ventral view）
（a，c-d，据 Kitakami，1937 重绘；b，据 Kitakami，1941 重绘）

分布 中国台湾。

讨论 此种为 Kitakami 于1937年根据4龄幼虫和雄性成虫的形态特征描述的新种。Kitakami 于1941年对该种雌虫进行了补充描述。此种与分布于日本的 *P. sikokuensis* Kitakami，1931 相似，但可以通过成虫复眼和幼虫背上角状突起和后缘以及呼吸鳃等特征区分。

参考文献

盛萍萍，桂祥，陆志勇，等，2017. 安徽省细腰大蚊科新纪录种林氏细腰大蚊的特征分析. 安徽农学通报，23（11）：47-48.

杨集昆，1985. 松江库网蚊的新名及其地模标本（双翅目：网蚊科）. 动物世界，2（3-4）：234.

ALEXANDER C P，1916. New or little-known crane-flies from the United States and Canada：Tipulidae，Ptychopteridae，Diptera. Part 3. *Proceedings of the Academy of Natural Sciences of Philadelphia*，68（3）：486-538.

ALEXANDER C P，1919. The crane-flies of New York. Part I. Distribution and taxonomy of the adult flies. *Cornell University Agricultural Experimental Station Memoirs*，25：767-993.

ALEXANDER C P，1920. The crane-flies of New York. Part II. Biology and phenology. *Cornell University Agricultural Experimental Station Memoirs*，38，704-1133.

ALEXANDER C P，1921. Two undescribed species of Japanese Ptychopteridae（Diptera）. *Insecutor Inscitiae Menstruus*，9：80-83.

ALEXANDER C P，1922a. An Undescribed Species of Net-winged Midge from Argentina（Blepharoceridae，Diptera）. *Entomological News Philadelphia*，33：10-11.

ALEXANDER C P，1922b. The blepharocerid genus *Bibiocephala* Osten Sacken in Japan. *Insecutor Inscitiae Menstruus*，10：111-112.

ALEXANDER C P，1924. Undescribed species of Nematocera from Japan（Diptera）. *Insecutor Inscitiae Menstruus*，12：49-55.

ALEXANDER C P，1935a. New or little-known Tipulidae from eastern Asia（Diptera）. XXIII. *Philippine Journal of Science*，56：339-372.

ALEXANDER C P，1935b. New or little-known Tipulidae from eastern Asia（Diptera）. XXVI. *Philippine Journal of Science*，57：195-225.

ALEXANDER C P，1937a. New species of Ptychopteridae（Diptera）. *Bulletin of the Brooklyn Entomological Society*，32：140-143.

ALEXANDER C P，1937b. New or little-known Tipulidae from eastern Asia（Diptera）. XXXV. *Philippine Journal of Science*，63：365-404.

ALEXANDER C P，1945. Undescribed species of crane-flies from northern Korea（Diptera，Tipuloidea）. *Transactions of the Royal Entomological Society of London*，95：227-246.

ALEXANDER C P, 1946. Entomological results from the Swedish expedition 1934 to Burma and British India. Diptera: Ptychopteridae. Collected by René Malaise. *Arkiv for Zoologi*, 38A (2): 1-10.

ALEXANDER C P, 1947. New species of Ptychopteridae (Diptera). Part Ⅲ. *Bulletin of the Brooklyn Entomological Society*, 42: 19-24.

ALEXANDER C P, 1952a. A new genus and species of net-winged midge from Madagascar (Diptera Blepharoceridae). *Memoires de l'Institute Scientifique de Madagascar, Series E*, 1: 227-230.

ALEXANDER C P, 1952b. Undescribed species of Nematocera Diptera. Part I. *Bulletin of the Brooklyn Entomological Society*, 47: 88-94.

ALEXANDER C P, 1953. Undescribed species of Nematocerous Diptera. Parts Ⅲ. *Bulletin of the Brooklyn Entomological Society*, 48: 97-103.

ALEXANDER C P, 1956. Undescribed species of Nematocerous Diptera. Part Ⅳ. *Bulletin of the Brooklyn Entomological Society*, 51: 75-81.

ALEXANDER C P, 1958. Geographical distribution of the net-winged midges (Blephariceridae, Diptera). *Proceedings of the Tenth International Congress of Entomology*, 1: 813-828.

ALEXANDER C P, 1959a. Undescribed species of Nematocerous Diptera. Part Ⅵ. *Bulletin of the Brooklyn Entomological Society*, 54: 37-43.

ALEXANDER C P, 1959b. Undescribed species of Nematocerous Diptera. Part Ⅶ. *Bulletin of the Brooklyn Entomological Society*, 54: 53-59.

ALEXANDER C P, 1963. Guide to the insects of Connecticut. Part Ⅵ. The Diptera or true flies of Connecticut, Fascicle 8. Blephariceridae and Deuterophlebiidae. *Bulletin Connecticut State Geological and Natural History Survey*, 93: 39-72.

ALEXANDER C P, 1965. Family Ptychopteridae. In: Stone A, Sabrosky C, Wirth W W, Foote R H, Coulson J R (eds.). *A Catalog of the Diptera of America North of Mexico*. United States Department of Agriculture, Washington D. C.: 97-98.

ALEXANDER C P, 1966. New subgenera and species of crane-flies from California (Ptychopteridae and Tipulidae: Diptera). *Transactions of the American Entomological Society*, 92: 103-132.

ALEXANDER C P, 1981. Ptychopteridae. In: McAlpine J F, Peterson B V, Shewell G E, Teskey H J, Vockeroth J R, Wood D M (eds.). *Manual of Nearctic Diptera*. Volume I. Agriculture Canada Monograph 27. Agriculture Canada, Ottawa: 325-328.

ALEXANDER C P, ALEXANDER M M, 1973. Family Ptychopteridae. In: Delfinado M D, Hardy D E (eds). *A Catalog of the Diptera of the Oriental Region*. Volume I. The university press of Hawaii, Honolulu, pp. 255-256.

ALVERSON A J, COURTNEY G W, 2002. Temporal Patterns of Diatom Ingestion by

Larval Net-Winged Midges (Diptera: Blephariceridae: *Blepharicera*). *Freshwater Biology*, 47: 2087-2097.

ALVERSON A J, COURTNEY G W, LUTTENTON M R, 2001. Niche Overlap of SympatricBlepharicera Larvae (Diptera: Blephariceridae) from the Southern Appalachian Mountains. *Journal of the North American Benthological Society*, 20: 564-581.

ANDERSON N H AND CARGILL A S, 1987. Nutritional ecology of aquatic detritivorous insects. In: Slansky F (Jr.), Rodriquez J G. *Nutritional Ecology of Insects, Mites, Spiders, and Related Invertebrates*. John Wiley and Sons, New York: 903-925.

BECKENBACH A T, 2012. Mitochondrial genome sequences of Nematocera (Lower Diptera): evidence of rearrangement following a complete genome duplication in a winter crane fly. *Genome Biology and Evolution*, 4: 89-101.

BERTONE M A, COURTNEY G W, WIEGMANN B M, 2008. Phylogenetics and temporal diversification of the earliest true flies (Insecta: Diptera) based on multiple nuclear genes. *Systematic Entomology*, 33: 668-687.

BIGOT J M F, 1862. Diptères nouveaux de la Corse découverts dans la partie montagneuse de cetteîle par M. E. Bellier de la Chavignerie. *Annales de la Société Entomologique de France*, *Series* 4, 2 (4): 109-114.

BOARDMAN P, 2020. Twenty-one new species of craneflies (Diptera: Tipulidae and Limoniidae), and a new fold-wing cranefly (Diptera: Ptychopteridae) from Mount Kupe, Cameroon, with notes on eighteen other species new to the country from the same location. *Entomologists Monthly Magazine*, 156: 163-206.

BOWLES D E, 1998. Life history of *Bittacomorpha clavipes* (Fabricius) (Diptera: Ptychopteridae) in an Ozark spring, U. S. A. *Aquatic Insects*, 20: 29-34.

BRODSKY A K, 1930. Zur Kenntnis der Wirbellosenfauna der Bergströme Mittelasiens. 3. Blepharoceridae. 1. Imagines. *Zoologischer Anzeiger*, 90: 129-146.

BRODSKY A K, 1954. Blepharoceridae (Diptera) of Altai region and S. Maritime Province. *Trudy Zoologicheskogo Instituta Akademiya Nauk SSSR*, 15: 229-257.

BRODSKY A K, 1972. *Asioreas* (gen. nov.) *altaica* (Brodsky) - Blepharoceridae (Diptera) from Mongolia. *Nasekomye Mongol*, 1: 741-750.

BRUNETTI E, 1911a. New Oriental Nemocera. *Records of the Indian Museum*, 4: 259-316.

BRUNETTI E, 1911b. Revision of the Oriental Tipulidae with descriptions of new species. *Records of the Indian Museum*, 6: 231-314.

BRUNETTI E, 1912. Diptera Nematocera (excluding Chironomidae and Culicidae). Fauna of British India, including Ceylon and Burma, 1: 1-581.

COURTNEY G W, 1998. A method for rearing pupae of net-winged midges (Diptera: Blephariceriidae) and other torrenticolous flies. *Proceedings of the Entomological Society of Washington*, 100: 742-747.

COURTNEY G W, 2000a. Revision of the net-winged midges of the genus *Blepharicera* Macquart (Diptera: Blephariceridae) of eastern North America. *Memoirs of the Entomological Society of Washington*, 23: 1-99.

COURTNEY G W, 2000b. Family Blephariceridae. In: Papp L, Darvas B (eds.). *Contributions to a Manual of Palaearctic Diptera. Appendix.* Science Herald, Budapest, pp. 7-30.

COURTNEY G W, 2009. Blephariceridae (Net-Winged Midges). In: Brown B V, Borkent A, Cumming J M, Wood D M, Woodley N E, Zumbado M (eds.). *Manual of Central American Diptera.* Volume 1. National Research Council Press, Ottawa, pp. 237-243.

COURTNEY G W, 2015. A new genus and species of net-winged midge from Madagascar (Diptera: Blephariceridae: Blepharicerinae). *Zootaxa*, 4052 (1): 107-116.

COURTNEY G W, 2017. Blephariceridae (Net-winged Midges or Torrent Midges). In: Kirk-Spriggs A H, Sinclair B J (eds.). *Manual of Afrotropical Diptera.* Volume 2: Nematocerous Diptera and lower Brachycera. Suricata 5. South African National Biodiversity Institute, Pretoria, pp. 487-496.

COURTNEY G W, DUFFIELD R M, 2000. Net-winged midges (Diptera: Blephariceridae): a food resource for Brook Trout in montane streams. *Pan-Pacific Entomologist*, 76: 87-94.

COURTNEY G W, MERRITT R W, CUMMINS K W, et al., 2008. Ecological and distributional data for larval aquatic Diptera. In: Merritt R W, Cummins K W, Berg M B (eds.). *An Introduction to the Aquatic Insects of North America*, 4th edn, Kendall/Hunt Publishing, Dubuque, IA: 747-771.

CURRAN C H, 1923. Studies in Canadian Diptera. II. The genera of the family Blepharoceridae. *Canadian Entomologist*, 55: 266-269.

DUMBLETON L J, 1963. New Zealand Blepharoceridae (Diptera: Nematocera). *New Zealand Journal of Science and Technology*, 6: 234-258.

EDWARDS F W, 1915. On *Elporia* a new genus of Blepharocerid flies from South Africa. *Annals of Nattural History*, 16: 203-215.

ENDERLEIN G, 1936. Notizen zur Klassifikation der Blepharoceriden (Dipt.). *Mitteilungen der Deutschen Entomologischen Gesellschaft*, 7: 42-43.

FABRICIUS J C, 1781. *Species insectorvm exhibentes eorvm differentias specificas, synonyma, avctorvm, loca natalia, metamorphosin adiectis observationibvs, descriptionibvs.* Tome II. C. E. Bohnii, Hambvrgi et Kilonii [= Hamburg & Cologne]: 517.

FASBENDER A, 2014. *Phylogeny and diversity of the phantom crane flies (Diptera: Ptychoperidae)*. Ph. D. Thesis, Department of Entomogy, Iowa State University, Ames, Iowa, United States of America: 855.

FASBENDER A, 2017. Ptychopteridae (phantom crane flies or fold-winged crane flies). In: Kirk-Spriggs A H, Sinclair B J (eds.). *Manual of Afrotropical Diptera*. Volume 2: Nematocerous Diptera and lower Brachycera. Suricata 5. South African National Biodiversity Institute, Pretoria: 653-657.

FASBENDER A, COURTNEY G W, 2017. A revision of Bittacomorphinae with a review of the monophyly of extant subfamilies of Ptychopteridae (Diptera). *Zootaxa*, 4309: 1-69.

FREEMAN P, 1950. Family Ptychopteridae. In: Coe R L, Freeman P, Mattingly P F (eds.). *Handbook to the Identification of British Insects*. Volume Ⅸ. Part 2. Tipulidae—Chironomidae. Royal Entomological Society, London: 73-76.

GIBSON J F, COURTNEY G W, 2007. Revision of the net-winged midge genus *Horaia* Tonnoir and its phylogenetic relationship to other genera within the tribe Apistomyiini (Diptera: Blephariceridae). *Systematic Entomology*, 32: 276-304.

GIUDICELLI J, 1963a. Les Blépharocérides endémiques de la Corse. Description d'une espèce nouvelle (Diptera: Blepharoceridae). *Bulletin de la Societe Zoologique de France*, 88: 378-387.

GRIFFITHS G C D, 1990. Book review: Manual of Nearctic Diptera Volume 3. *Quaestiones Entomologicae*, 26: 117-130.

HACKMAN W, VÄISÄNEN R, 1985. The evolution and phylogenetic significance of the costal chaetotaxy in the Diptera. *Annales Zoologici Fennici*, 22: 169-203.

HANCOCK E G, MARCOS-GARCIA M A, ROTHERAY G E. 2006. Ptychopteridae — a family of flies (Diptera) new to the Neotropical Region and description of a new species. *Zootaxa*, 1351: 61-68.

HARRIS S C, CARLSON R B, 1978. Distribution of *Bittacomorpha clavipes* Fabricius and *Ptychoptera quadrifasciata* Say in a sandhill springbrook of southeastern North Dakota. *Proceedings of the North Dakota Academy of Sciences*, 29: 59-66.

HENNIG W, 1973. Diptera (Zweiflügler). *Handbuch der Zoologie (Berlin)*, 4: 1-200.

HOGUE C L, 1973a. The net-winged midges or Blephariceridae of California. *Bulletin of the California Insect Survey*, 15: 1-83.

HOGUE C L, 1973b. Family Blephariceridae. In: Delfinado M D, Hardy D E (eds). *A Catalog of the Diptera of the Oriental Region*. Volume I. The University Press of Hawaii, Honolulu, pp. 258-260.

HOGUE C L, 1978. The net-winged midges of eastern North America, with notes on new taxonomic characters in the family Blephariceridae (Diptera). *Contributions in Science*, 291: 1-41.

HOGUE C L, 1981. Blephariceridae. In: McAlpine J F, Peterson B V, Shewell G E, Teskey H J, Vockeroth J R, Wood D M (coord.) *Manual of Nearctic Diptera*. Volume 1. Agriculture Canada Monograph 27: 191-197.

HOGUE C L, 1987. Blephariceridae. In: Griffiths G C D (ed). *Flies of the Nearctic Region*. Volume 2, Part 4. E. Schweizerbart'sche Verlagsbuchhandlung, Stuttgart: 1-172.

HOGUE C L, 1992. *A new genus and species of net-winged midge (Diptera: Blephariceridae) from Mexico, with a redescription of Paltostoma bellardii Bezzi*. Contributions in Science, California, Los Angeles: 12.

HOGUE C L, BEDOYA O I, 1989. *The net-winged midge fauna (Diptera: Blephariceridae) of Antioquia Department, Colombia*. Contributions in Science, California, Los Angeles: 57.

HOGUE C L, GEORGIAN T, 1986. Recent discoveries in the *Blepharicera* tenuipes group, including description of two new species from Appalachia (Diptera: Blephariceridae). *Contributions in Science*, 377: 1-20.

HUTSON A M, 1980. Family Ptychopteridae. In: Crosskey R W, Cogan B H, Freeman P, Pont A C, Smith K G V, Oldroyd H (eds.). *Catalogue of the Diptera of the Afrotropical Region*. British Museum (Natural History), London: 106-107.

JACOBSON A J, CURLER G R, COURTNEY G W, et al., 2011. New species of *Blepharicera* Macquart (Diptera: Blephariceridae) from eastern North America, with discussion of the phylogenetic relationships and biogeography of all Nearctic species. *Systematic Entomology*, 36: 768-800.

JACOBSON A J, PHASUK J, CHANPAISAENG J, et al., 2006. The net-winged midges (Diptera: Blephariceridae) of Khao Yai National Park, Thailand, with description of a new species of *Blepharicera* Macquart. *Aquatic Insects*, 28 (1): 67-78.

JOHNSON C W, 1905. Synopsis of the tipulid genus *Bittacomorpha*. *Psyche*, 12: 75-76.

KANG Z H, YANG D, 2012. Species of *Philorus* Kellogg from China with description of a new species (Diptera: Blephariceridae). *Zootaxa*, 3311: 61-67.

KANG Z H, YANG D, 2014. Species of *Blepharicera* Macquart from China with descriptions of two new species (Diptera: Blephariceridae). *Zootaxa*, 3866 (3): 421-434.

KANG Z H, YANG D, 2015. New record of *Horaia* (Diptera: Blephariceridae) in China with descriptions of two new species. *Florida Entomologist*, 98 (1): 118-121.

KANG Z H, GAO G, ZHANG X, et al., 2022. Three new fold-winged crane flies of the genus *Ptychoptera* Meigen, 1803 (Diptera, Ptychopteridae) from southern China. *ZooKeys*, 1122: 159-172.

KANG Z H, WANG J C, YANG D, 2012. Species of *Bittacomorphella* Alexander from China with descriptions of two new species (Diptera: Ptychopteridae). *Zootaxa*, 3557 (2012): 31-39.

KANG Z H, XUE Z X, ZHANG X, 2019. New species and record of *Ptychoptera*

Meigen, 1803 (Diptera: Ptychopteridae) from China. *Zootaxa*, 4648 (3): 455-472.

KANG Z H, YAO G, YANG D, 2013. Five new species of *Ptychoptera* Meigen with a key to species from China (Diptera: Ptychopteridae). *Zootaxa*, 3682 (4): 541-555.

KANG Z H, ZHANG X, YANG D, 2022. *Blepharicera* Macquart (Diptera: Blephariceridae), new record from Xizang, China with description of one new species. *Entomotaxonomia*, 44 (1): 37-44.

KAUL B K, 1971. Torrenticole insects of the Himalaya 5. Description of some new Diptera: Psychodidae and Blepharoceridae. *Oriental Insects*, 4: 401-434.

KAUL B K, 1976. Torrenticole insects of the Himalaya Ⅶ. A new genus of the Blephariceridae (Diptera). *Oriental Insects*, 10: 25-31.

KELLOGG V L, 1903. The net-winged midges (Blepharoceridae) of North America. *Proceedings of the California Academy of Sciences*, *Series* 3, 3: 187-233.

KITAKAMI S, 1931. The Blephariceridae of Japan. *Memoirs of the College of Sciences*, *Kyoto Imperial University*, 6: 53-108.

KITAKAMI S, 1937. Supplementary notes on the Blephariceridae of Japan. *Memoirs of the College of Sciences*, *Kyoto Imperial University*, 12: 115-136.

KITAKAMI S, 1938. A new genus and species of Blepharoceridae from Japan. *Memoirs of the College of Science*, *Kyoto Imperial University*, *Series B*, 14 (2): 341-352.

KITAKAMI S, 1941a. On the Blepharoceridae of Formosa, with a note on *Apistomyia uenoi* (Kitakami). *Memoirs of the College Sciences*, *Kyoto Imperial University*, 16: 59-74.

KITAKAMI S, 1941b. The Blephariceridae from Manchuria. *Dobutsugaku Zasshi*, 53: 89-90.

KITAKAMI S, 1950. The revision of the Blephariceridae of Japan and adjacent territories. *The Journal of Kumamoto Women's University*, 2: 15-90.

KRZEMIŃSKI W, ZWICK P, 1993. New and little known Ptychopteridae (Diptera) from the Palearctic Region. *Aquatic Insects*, 15: 65-87.

KRZEMIŃSKI W, KANIA I, NEL A, 2012. *Probittacomorpha brisaci* n. sp. (Ptychopteridae: Bittacomorphinae) from the Late Miocene of Montagne d' Andance, Saint Bauzile, Ardèche (France). *Zootaxa*, 3521: 80-88.

LACKSCHEWITZ P, 1935. Blepharoceridae (Dipt). In: Visser P C, Visser-Hooft J. 1935. *Wissenschaftliche Ergebnisse der Niederländischen Expeditionen in den Karakorum und die angrenzenden Gebiete in den Jahren* 1922, 1925 *und* 1929/30. *Band I.* In kommission bei F. A. Brockhaus, Leipzig: 499.

LAMB C G, 1913. On two Blepharocerids from New Zealand. *Transactions and proceedings of the New Zealand Institute*, 45: 70-75.

LENAT D R, 1993. A biotic index for the southeastern United States: derivation and list of tolerance values, with criteria for assigning water quality ratings. *Journal of the North American Benthological Society*, 12: 279-290.

LINNAEUS C, 1758. *Systema naturae per regna tria naturae, secundum classes, ordines, genera, species, cum characteribus, differentiis, synonymis, locis. 10th Ed.* Tomus I. Editio decima, reformata. L. Salviae, Holmiae [=Stockholm]: 824.

LOEW H, 1844. Beschreibung einiger neuer Gattungen der europäischen Dipterenfauna. *Studia Dipterologische Zeitung*, 5: 114-130.

LOEW H, 1858. Ueber einege neue fliegengattungen. *Berliner Entomologische Zeitschrift*, 2: 101-122.

LOEW H, 1869. La Famiglia dei Blefaroceridi (Blepharoceridae). *Bollettino della Societa Entomologica Italiana*, 1: 85-98.

LOEW H, 1878. Revision der Blepharoceridae. *Zeitschrift fur Entomologie*, *Breslau*, 6: 54-98.

LUKASHEVICH E D, 2008. Ptychopteridae (Insecta: Diptera): History of its study and limits of the family. *Paleontological Journal*, 42: 68-77.

LUKASHEVICH E D, 2012. Phylogeny of Ptychopteroidea (Insecta: Diptera). *Palaeontological Journal*, 46: 32-40.

MACQUART J M, 1843. Description d'un nouveau genre d'insectes Diptères. *Annales de la Société Entomologique de France*, 1 (2): 59-63.

MANNHEIMS B J, 1935. Beiträge zur biologie und morphologie der Blepharoceriden (Dipt.). *Zoologische Forschungen*, 2: 1-115. [69 pls.]

MANNHEIMS B J, 1938. Über das vorkommen der gattung Curupira in manschukuo nebst beschreibung der entwicklungsstadien zweier neuer Blepharoceriden aus anatolien und Süd-Chile. *Arbeiten über morphologische und taxonomische Entomologie aus Berlin-Dahlem*, 5 (4): 328-333.

MARXSEN J, WITZEL K. -P, 1990. Measurement of exoenzymatic activity in streambed sediments using methylumbelliferyl-substrates. *Archiv für Hydrobiologie*, *Beihefte Ergebnisse der Limnologie*, 34: 21-28.

MATTINGLY R L, 1987. Resource utilization by the freshwater deposit feeder*Ptychoptera townesi* (Diptera: Ptychopteridae). *Freshwater Biology*, 18: 241-253.

MCALPINE J F, 1981. Morphology and terminology: Adults. In: McAlpine J F, Peterson B V, Shewell G E, Teskey H J, Vockeroth J R, Wood D M (eds.). *Manual of Nearctic Diptera.* Volume I. Agriculture Canada Monograph 27. Agriculture Canada, Ottawa: 9-63.

MEIGEN J W, 1800. Nouvelle classification des mouches à deux ailes (Diptera L.) d'après un plan tout nouveau. *Paris*: 1-40.

MEIGEN J W, 1803. Versuch einer neuen Gattungseinteilung der europäischen zweiflügeligen. Insekten. *Magazin für Insektenkunde* (*Illiger*), 2: 259-281.

MEIGEN J W, 1818. *Systematische Beschreibung der bekannten europäischen zweiflügeligen Insekten* 1. Aachen, Forstmann: 332.

NAKAMURA T, 2018. Immature stages of Japanese *Bittacomorphella* species (Diptera, Ptychopteridae). *Makunagi Acta Dipterologica*, 29: 8-16.

NAKAMURA T AND SAIGUSA T, 2009. Taxonomic study of the family Ptychopteridae of Japan (Diptera). *Zoosymposia*, 3: 273-303.

OOSTERBROEK P, COURTNEY G W, 1995. Phylogeny of the nematocerous families of Diptera (Insecta). *Zoological Journal of the Linnean Society*, 115: 267-311.

OSTEN SACKEN C R, 1874. Report on the Diptera collected by Lieut. W. L. Carpenter in Colorado during the summer of 1873. *Annual Report of the United States Geological and Geographical Survey of the Territories for* 1873, 7: 561-566.

OSTEN SACKEN C R, 1877. Western Diptera: Descriptions of new genera and species of Diptera from the region west of the Mississippi and especially from California. *Bulletin of the United States Geological and Gerographical Survey of the Terriories*, 3: 189-354.

PARAMONOV N M, 2013. Ptychopteridae, a family of flies (Diptera) new to the philippine islands with the description of a new species. *Zootaxa*, 3682 (4): 584-588.

PEUS F, 1958. Liriopeidae. In: Lindner E (ed.). *Die Fliegen der Palaearktischen Region*. E. Schweizterbart'sche, Stuttgart: 10-44.

POMMEN G D W, CRAIG D A, 1995. Flow patterns around gills of pupal net-winged midges (Diptera: Blephariceridae): possible implications for respiration. *Canadian Journal of Zoology*, 73: 373-382.

ROGERS J S, 1942. The crane flies (Tipulidae) of the George Reserve, Michigan. *Miscellaneous Publications*, *Museum of Zoology University of Michigan*, 53: 1-152.

ROZKOŠNÝ R, 1992. Family Ptychopteridae (Liriopeidae). In: Soós A, Papp L (eds.). *Catalogue of Palaearctic Diptera*. Volume 1. Trichoceridae -Nymphomyiidae. Elsevier Science Publishers & Akademiai Kiado, Amsterdam & Budapest: 370-373.

ROZKOŠNÝ R, 1997. Family Ptychopteridae. In: Papp L, Darvas B (eds.). *Contributions to a Manual of Palaearctic Diptera* (*with Special Reference to Flies of Economic Importance*). Volume 2. Nematocera and Lower Brachycera. Science Herald, Budapest: 291-297.

SCHINER J R, 1866. Berichtüber die von der Weltumseglungsreise der k. Fregatte Novara mitgebrachten Diptera. *Verhandlungen der Zoologisch-Botanischen Gesellschaft in Wien*, 16: 927-934.

SHAO J Q, KANG Z H, 2021. New species of the genus *Ptychoptera* Meigen, 1803 (Diptera, Ptychopteridae) from Zhejiang, China with an updated key to Chinese species. *ZooKeys*, 1070: 87-99.

SHCHERBAKOV D, LUKASHEVICH E, 2005. Adult *Ptychoptera* feed on honeydew

(Diptera: Nematovera: Ptychopteridae). *Studia dipterologica*, 12: 37-40.

SHEPPARD R B, MINSHALL G W, 1984. Selection of fine particulate foods by some stream insects under laboratory conditions. *American Midland Naturalist*, 111: 23-32.

STUBBS A E, 1993. *Provisional atlas of the ptychopterid craneflies (Diptera: Ptychopteridae) of Britain and Ireland*. Biological Records Centre, Huntingdon, UK: 34.

STUCKENBERG B R, 1970. Ergebnisse der Osterreichischen Neukaledonien - Expedition: the Blepharoceridae (Diptera) of New Caledonia. *Annals of the Natal Museum*, 20: 217-256.

THOMAS A G B, 1997. Dipteres peu connuis des sediments d'eau courante: I. —Les Ptychopteridae (nymphose et accouplement) du Sud-Quest de la France (Nematocera). *Annales de Limnologie*, 13 (2): 141-156.

TJEDER B, 1960. The "Phantom Crane-Fly" in Newfoundland. *Opuscula Entomologica*, 24: 10.

TJEDER B, 1968 Notes on the Scandinavian Ptychopteridae, with description of a new species (Diptera). *Opuscula Entomologica*, 33: 73-79.

TOKUNAGA M, 1938. Two undescribed species of Japanese ptychopterid craneflies. *Mushi*, 11: 186-190.

TOKUNAGA M, 1939. A new Japanese ptychopterid cranefly. *Mushi*, 12: 78-80.

TONNOIR A L, 1919. Notes sur les Ptychopteridae. *Annales de la Société Entomologique de France*, 59: 115-122.

TONNOIR A L, 1930. Notes on Indian blepharocerid larvae and pupae with remarks on the morphology of blepharocerid larvae and pupae in general. *Record of the Indian Museum*, 32 (2): 161-214.

TÖRÖK E, KOLCSÁR L P, DÉNES A L, et al., 2015. Morphologies tells more than molecules in the case of the European widespread *Ptychoptera albimana* (Fabricius, 1787) (Diptera, Ptychopteridae). *North-western Journal of Zoology*, 11 (2): 304-315.

UJVÁROSI L, KOLCSÁR L P, TÖRÖK E, 2011. An annotated list of Ptychopteridae (Insecta, Diptera) from Romania, with notes on the individual variability of *Ptychoptera albimana* (Fabricius, 1787). *Entomologica Romanica*, 16: 39-45.

VON RÖDER V, 1890. Zwei neue nordamerikanische Dipteren. *Weiner Entomologische Zeitung*, 9: 230-232.

WESTWOOD J O, 1835. Insectorum novorum exoticorum (ex ordine Dipterorum) descriptiones. *London and Edinburgh Philosophical Magazine*, *Series* 3, 6: 280-281.

WESTWOOD J O, 1842. Description de l'Asthenia fasciata. *Guérin's Magazine of Zoology*, 12: 94.

WIBERG-LARSEN P, BIRKHOLM HANSEN S, RINNE A, et al., 2021. Key to Ptychopteridae (Diptera) larvae of northern Europe, with notes on distribution and biology. *Zootaxa*, 5039: 179-200.

WIEGMANN B M, TRAUTWEIN M D, WINKLER I S, et al., 2011. Episodic radiations in the fly tree of life. *Proceedings of the National Academy of Sciences of the United States of America*, 108: 5690-5695.

WILLISTON S W, 1907. Dipterological Notes. *Journal of the New York Entomological Society*, 15: 1-2.

WOLF B, ZWICK P, 2001. Life cycle, production, and survival rates of *Ptychoptera paludosa* (Diptera: Ptychopteridae). *International Review of Hydrobiology*, 86: 661-674.

WOLF B, ZWICK P, MARXSEN J, 1997. Feeding ecology of the freshwater detritivore *Ptychoptera paludosa* (Diptera, Nematocera). *Freshwater Biology*, 38: 375-386.

WOOD D M, BORKENT A, 1989. Phylogeny and classification of the Nematocera. In: McAlpine J F, Wood D M (coord.) *Manual of Nearctic Diptera*. Volume 3. Agriculture Canada Monograph, 32: 1333-1370.

YANG J K, 1996. New record of family Ptychopteridae in Xinglongshan (Diptera: Ptychopteridae). In: Wang X (ed). *Resources Background Investigation of Gansu Xinglongshan National Nature Reserve*. Gansu Minorities Press, Gansu: 288-289. [杨集昆. 1996. 兴隆山褶蚊新种记述. 见: 王香婷主编, 1996. 甘肃兴隆山国际级自然保护区资源本底调查研究. 兰州: 甘肃民族出版社: 288-289.]

YANG J K, CHEN H Y, 1995. Diptera: Ptychopteridae. In: Zhu T (ed.). *Insects and Macrofungi of Gutianshan*. Zhejiang Scientech Press, Hangzhou: 180-182. [杨集昆, 陈红叶. 1995. 双翅目: 褶蚊科. 见: 朱廷安主编, 1995. 浙江古田山昆虫和大型真菌. 杭州: 浙江科技出版社: 180-182.]

YANG J K, CHEN H Y, 1998. Diptera: Ptychopteridae. In: Wu H (ed.). *Insects of Longwangshan Nature Reserve*. China Forestry Publishing House, Beijing: 240-241. [杨集昆, 陈红叶. 1998. 双翅目: 褶蚊科. 见: 吴鸿主编, 1998. 龙王山昆虫. 北京: 中国林业出版社: 240-241.]

YEATES D K, WIEGMANN B M, COURTNEY G W, et al., 2007. Phylogeny and systematics of Diptera: two decades of progress and prospects. *Zootaxa*, 1668: 565-590.

YOUNG C W, FANG H S, 2011. A new phantom crane fly (Insecta: Diptera: Ptychopteridae: Bittacomorphinae) from Taiwan. *Annals of Carnegie Museum*, 80: 1-4.

ZHANG X, KANG Z H, 2021. Two new species of the genus *Ptychoptera* Meigen, 1803 (Diptera, Ptychopteridae) from Yunnan, China with remarks on the distribution of Chinese species. *ZooKeys*, 1070: 73-86.

ZHANG X, KANG Z H, 2022. The genus *Blepharicera* Macquart, 1843 newly recorded from Sichuan, China with descriptions of three new species (Diptera, Blephariceridae). *ZooKeys*, 1085: 51-68.

ZHANG X, YANG D, KANG Z H, 2022. Net-Winged Midge Genus *Blepharicera* Macquart (Diptera: Blephariceridae) in China: The First DNA Barcode Database with Descriptions of Four New Species and Notes on Distribution. *Insects*, 13: 794.

ZHANG X, YANG D, KANG Z H, 2023. New data on the mitochondrial genome of Nematocera (lower Diptera): Features, structures and phylogenetic implications. *Zoological Journal of the Linnean Society*, 197: 229-245.

ZWICK P, 1968. Zur Kenntnis der Gattung *Dioptopsis* (Dipt., Blepharoceridae) in Europe. *Mitteilungen der Schweizerischen Entomologischen Gesellschaft*, 41: 253-265.

ZWICK P, 1973. Blephariceridae (Dipt.) aus der asiatischen Turkei. *Nouvelle Revue d'Entomologie*, 2: 21-42.

ZWICK P, 1974. Blephariceridae (Dipt.) aus Kreta. *Mitteilungen der Schweizerischen Entomologischen Gesellschaft*, 47: 33-37.

ZWICK P, 1977. Australian Blephariceridae (Diptera). *Australian Journal of Zoology*, 46: 1-121.

ZWICK P, 1978a. Beitrag zur Kenntnis europaischer Blephariceridae (Diptera). *Bonner Zoologische Beitraege*, 29: 242-266.

ZWICK P, 1978b. Die Blephariceridae (Diptera) Italiens. *Mitteilungen der Deutschen Gesellschaft fuer Allgemeine und Angewandte Entomologie*, 1: 82-83.

ZWICK P, 1980. The net-winged midges of Italy and Corsica (Diptera: Blephariceridae). *Aquatic Insects*, 2: 33-61.

ZWICK P, 1981a. Australian *Edwardsina* (Diptera: Blephariceridae), new and rediscovered species. Aquatic Insects, 3: 75-78.

ZWICK P, 1981b. *Liponeura matris*, a new net-winged midge from the south of France (Diptera: Blephariceridae). *Annales de Limnologie*, 17 (3): 251-254.

ZWICK P, 1981c. Blephariceridae. *Monographiae Biologicae*, 41: 1183-1193.

ZWICK P, 1984. Phylogeny and biogeography of net winged midges of genus *Blepharicera* (Diptera: Blephariceridae). *International Congress of Entomology Proceedings*, 17: 30.

ZWICK P, 1988. Contribution to the Turkish Blephariceridae and Ptycopteridae (Diptera). *Mitteilungen der Schweizerischen Entomologischen Gesellschaft*, 61: 123-129.

ZWICK P, 1989. Superfamily Blephariceroidea 4. Family Blephariceridae. In: Evenhuis N L (ed.). Catalog of the Diptera of the Australasian and Oceanian Region. Bishop Museum Press, Honolulu: 119-121.

ZWICK P, 1990. Systematic notes on Holarctic Blephariceridae (Diptera). *Bonner Zoologische Beitraege*, 41: 231-257.

ZWICK P, 1991a. Notes on some types of Indian Blephariceridae (Diptera) named by B. K. Kaul. *Aquatic Insects*, 13: 129-132.

ZWICK P, 1991b. Notes on the Spanish net-winged midges (Diptera, Blephariceridae), with description of two new species. *Miscellania Zoologica*, 15: 147-163.

ZWICK P, 1992. Families Blephariceridae. In: Soós Á, Papp L (eds.). *Catalogue of Palaearctic Diptera*. Volume 1. Elsevier Science Publishers & Akademiai Kiado, Amsterdam & Budapest: 39-54.

ZWICK P, 1997a. A redescription of *Philorus novem* Kaul, 1971, and a new synonymy in net-winged midges (Diptera, Blephariceridae). *Mitteilungen der Schweizerischen Entomologischen Gesellschaft*, 7: 295-298.

ZWICK P, 1997b. Synonymies in the genus *Neohapalothrix* (Diptera: Blephariceridae). *Aquatic Insects*, 19: 9-13.

ZWICK P, 1998. Australian net-winged midges of the tribe Apistomyiini (Diptera: Blephariceridae). *Australian Journal of Entomology*, 37: 289-311.

ZWICK P, 2004. Insecta: Diptera, Ptychopteridae. In: Yule C M, Yong H S, Academy of Sciences Malaysia, Kuala Lumpur (eds.). *Freshwater invertebrates of the Malaysian region*. Aura Productions, Selangor, Malaysia: 621-625.

ZWICK P, 2006. Additions to the Australian net-winged midges (Diptera: Blephariceridae). *Aquatic Insects*, 28 (2): 139-157.

ZWICK P, AREFINA T, 2005. The net-winged midges (Diptera: Blephariceridae) of the Russian Far East. *Bonner Zoologische Beiträge*, 53 (2004): 333-357.

ZWICK P, MARY N, 2010. Some net-winged midges (Diptera: Blephariceridae) from New Caledonia. *Aquatic Insects*, 32: 1-23.

ZWICK P, STARÝ J, 2003. *Ptychoptera delmastroi* sp. n. (Diptera: Ptychopteridae) from Italy. *Aquatic Insects*, 25: 241-246.

英文摘要
English Summary

The present work deals with Ptychopteridae and Blephariceridae fauna from China. It consists of two parts, overview and taxonomy. In overview, the historical review of classification, materials and methods, morphology, biology and application value, phylogeny and geographical distribution of these nematoceran flies are introduced. In the taxonomic section, 54 species belonging to 9 genera from China are described or redescribed, of which 26 species belong to 2 genera of Ptychopteridae and 28 species belong to 7 genera of Blephariceridae. Two new species and one new record species from China are described and illustrated. Keys to subfamilies, genera and species from China are provided.

Ptychopteridae

Twenty-six species belonging to two genera from China are reported here, of which one species is recorded from China for the first time.

Key to genera of family Ptychopteridae

1.	Body slender. Flagellum with 18 or 19 flagellomeres. Legs often with black and white bands. Wing generally shorter than body length; vein M unbranched ························	***Bittacomorphella***
–	Body robust. Flagellum with 13 flagellomeres. Legs without black and white bands. Wing generally longer than body length; vein M branched ··	***Ptychoptera***

1. Genus *Bittacomorphella* Alexander, 1916

Diagnosis. Body dark brown to black. Antenna with 20 or 21 segments, longer in males than in females, with apical segment extremely small. Legs often with black and white bands, basitarsus of all legs not inflated. Wing generally shorter than body length; wing with M unbranched. Male terminalia slightly expand; epandrium with a pair of dorsal lobe and a pair of lateral lobe; gonostylus simple and rod-shaped.

Remarks. *Bittacomorphella* is distributed in Palaearctic, Nearctic and Oriental Regions. There are 11 *Bittacomorphella* species known from the world, and three species are known to occur in China.

Key to species

1.	Wing 4 times as long as wide. Tibia basally white, white basal part about 1/6 as long as tibiae. First tarsomere of foreleg with white basal part, white basal part about 1/5 as long as 1st tarsomere; 4th and 5th tarsomeres dark brown ········ ***B. zhaotongensis***
-	Wing 4.5 times as long as wide. Tibiae basally brown; First tarsomere of foreleg without white basal part or with indistinct white basal part; 4th and 5th tarsomeres infuscate ········ **2**
2.	Mesopleuron pale. First tarsomere of foreleg without white end. Epandrium bilobate, each lobe roughly semicircular; parameres tapered and strongly sclerotized apically and strongly curved inward; conical part of hypandrium round at dorsal view ········ ***B. gongshana***
-	Mesopleuron brownish black. First tarsomere of foreleg with white end. Epandrium bilobate, each lobe roughly rectangular; parameres club-shaped, round and transparent apically; conical part of hypandrium papillary at dorsal view ········ ***B. lini***

2. Genus *Ptychoptera* Meigen, 1803

Diagnosis. Flagellum with 13 segments. Gena usually with a black elliptical spot medially. Legs pale yellow to dark brown, femora usually with dark brown ring apically. Wing usually with infuscation; wing with M branched. Male terminal expand; gonopod with a simple gonocoxite and a varied gonostylus.

Remarks. *Ptychoptera* is widely distributed in the world. There are about 80 *Ptychoptera* species known from the world, and 23 species are known to occur in China. One species is newly recorded from China.

Key to species

1.	Wing with r-m arise from R_{4+5}, Rs not longer than r-m ········ **2**
-	Wing with r-m arise from Rs before or at fork, Rs at least 1.5 times length of r-m ········ **10**
2.	Mesopleuron mostly brown; epandrial clasper brown ········ ***P. circinans***
-	Mesopleuron uniformly yellow; epandrial clasper uniformly yellow ········ **3**
3.	Gonostylus long and slender, about 1.5 times length of gonocoxite ········ ***P. bannaensis***
-	Gonostylus short, as long as gonocoxite ········ **4**
4.	Postnotum dark brown with a big yellow spot ········ **5**
-	Postnotum uniformly black ········ **6**
5.	Wing with spots at forks of R_{1+2}, R_{4+5} and M_{1+2} forming a band; abdomen with first tergum yellow with caudal 1/5 light brown; subapical spine of epandrium absent; anterior lobe of basal lobe of gonostylus not bilobate, medial lobe of basal lobe of gonostylus not bilobate; apical process of paramere semilunar, apex expanding outward ········ ***P. cordata***
-	Wing with spots at forks of R_{1+2}, R_{4+5} and M_{1+2} separated; abdomen with first tergum dark brown with basal 1/5 yellow; subapical spine of epandrium transverse conical; anterior lobe of basal lobe of gonostylus bilobate, medial lobe of basal lobe of gonostylus bilobate; apical process of paramere hook-shaped, apex incurvated ········ ***P. yunnanica***
6.	Wing with a distinct spot at fork of R_{4+5}, spots at forks of R_{1+2} and M_{1+2} weak and nearly invisible ········ ***P. lii***
-	Wing with three distinct spots at forks of R_{1+2}, R_{4+5} and M_{1+2} separated or forming a band ········ **7**
7.	Second tergum anterior margin yellow with a median brown spot; medial lobe of basal lobe of gonostylus slender, finger-shaped ········ ***P. lushuiensis***

-	Second tergum anterior margin yellow brown; medial lobe of basal lobe of gonostylus board, tongue-shaped	8
8.	Abdomen with 5th and 6th terga dark brown, 6th and 7th sterna mostly brown; apical stylus of gonostylus hook-shaped	9
-	Abdomen with 5th and 6th terga mostly yellow, 6th and 7th sterna yellow; apical stylus of gonostylus finger-shaped	***P. formosensis***
9.	Abdomen with 6th and 7th terga yellow; epandrial clasper with tip curved up when viewed from the lateral side; anterior lobe of basal lobe of gonostylus with tip bilobate; paramere with a pair of hook-shaped projections	***P. tianmushana***
-	Abdomen with 6th and 7th terga brown; epandrial clasper with tip not curved up when viewed from the lateral side; anterior lobe of basal lobe of gonostylus with tip not bilobate; paramere with a pair of slender L-shaped projections	***P. emeica***
10.	Mesopleuron yellow	11
-	Mesopleuron brown or black	14
11.	Wing without band or cloud	12
-	Wing with bands and clouds	13
12.	Scutellum yellow brown; abdomen with 2nd tergum mostly yellow, caudal margin brown; epandrial clasper without papillary projections on inner side; medial lobe of basal lobe of gonostylus semicircular	***P. wangae***
-	Scutellum yellow brownish black with middle area yellow; abdomen with 2nd tergum mostly brownish black, middle area yellow; epandrial clasper with with two papillary projections on inner side; medial lobe of basal lobe of gonostylus ear-shaped	***P. hekouensis***
13.	Base of Rs with an elliptic cloud; abdomen with sterna yellow	***P. qinggouensis***
-	Base of Rs without cloud; abdomen with sterna black	***P. clitellaria***
14.	Epandrial lobes merged with epandrial claspers	15
-	Epandrial lobes not merged with epandrial claspers	21
15.	Wing with r-m its own length before fork of Rs; epandrial clasper short and blunt	16
-	Wing with r-m at fork of Rs; epandrial clasper slender	17
16.	Fore and mid femora brown with apical 1/3 dark brown; fore and mid tibiae mostly dark brown; abdomen mostly dark brown; epandrial claspers conical with threepapillate projections on inner side	***P. separata***
-	Fore and mid femora yellow; fore and mid tibiae mostly yellow; abdomen mostly yellow; epandrial claspers triangular with two conical projections on inner side	***P. tibialis***
17.	Wing with an elliptic cloud at middle of CuA_1	18
-	Wing without an elliptic cloud at middle of CuA_1	20
18.	Epandrial claspers without a curved finger-shaped projection interiorly	19
-	Epandrial claspers with a curved finger-shaped projection interiorly	***P. xiaohuangshana***
19.	Epandrial claspers curved downward, tip bifurcated	***P. gutianshana***
-	Epandrial claspers straight, tip not bifurcated	***P. bellula***
20.	Gonostylus much longer than gonocoxite	***P. xinglongshana***
-	Gonostylus not longer than gonocoxite	***P. longwangshana***
21.	Epandrium bilobed, epandrial clasper not merged basally	22
-	Epandrium not bilobed, epandrial clasper merged basally	***P. longa***
22.	Abdomen with 2nd and 3rd terga brownish black; epandrial claspers finger-shaped and broad basally, curved inwards at middle	***P. lucida***
-	Abdomen with 2nd and 3rd terga mostly yellow; epandrial claspers flat and acinaciform, middle of inner edge slightly swollen	***P. yankovskiana***

Ptychoptera tibialis Brunetti, 1911 (Fig. 43; Pl. 16b)

Diagnosis. Wing subhyaline, faintly infuscated, unmarked. Rs slightly curved at base, shorter than R_{4+5}, 2–3 times the length of r–m; r–m some distance before fork of Rs, with a length approximately equal to the length of r–m. Epandrial lobe broad and Semicircular, with uniformly short hairs; epandrial clasper short, triangular, with two conical projections on the inner side, with uniformly short hairs. Epiproct papillary, with short hairs.

Material examined. 1 ♂, Xizang, Bomi (3050 m), 1978. Ⅶ. 18, Fasheng Li; 1 ♀, Xizang, Bomi, 1978. Ⅶ. 16, Fasheng Li; 1 ♂, Xizang, Yadong, 1992. Ⅵ. 10, Tianyu Guo; 3 ♂♂ 1 ♀, Yunnan, Gongshan, Xiancheng, (1400 m), 2007. V. 13, Xingyue Liu; 25 ♂♂ 48 ♀♀, Yunnan, Lushui, Pianma, 2012. Ⅶ. 25, Junchao Wang.

Distribution. China (Yunnan, Xizang); India.

Remarks. This species is a new record from China. It was originally recorded in Darjeeling in India, and now is discovered to be distributed in Xizang and Yunnan of China. There is a significant difference in body color between males and females, with fewer black spots on the body of females compared to males.

Blephariceridae

Twenty-eight species belonging to seven genera from China are reported here of which two species are described and illustrated as new to science.

Key to genera of family Blephariceridae

1.	Proboscis with elongate labella, each labellum modified internally into a single long pseudotrachea-like structure	2
–	Proboscis without elongate labella, labellum not modified internally	3
2.	Antenna with 10 segments. Palpus with two segments. Rs short or nearly absent, much shorter than r–m; R_{4+5} sinuous, terminating close to terminus of $R_{1(+2+3)}$	***Apistomyia***
–	Antenna with 8 segments or less. Palpus with one segment. Rs long, approximately one-half as long as r–m; R_{4+5} straight, terminating distal to terminus of $R_{1(+2+3)}$	***Horaia***
3.	Wing with M_2 present	4
–	Wing with M_2 absent	***Neohapalothrix***
4.	R with three branches; R_{2+3} present	5
–	R with two branches; R_{2+3} absent	6
5.	Head and thoracic pleurites setose. Antenna short. Vein R_{2+3} much longer than terminal fusion of R_1	***Bibiocephala***
–	Head and thoracic pleurites glabrous. Antenna long. Vein R_{2+3} much shorter than terminal fusion of R_1	***Agathon***
6.	Basal section of R_{4+5} preserved; cell r_4 long-petiolate; m–cu present	***Philorus***
–	Basal section of R_{4+5} atrophied; cell r_4 sessile; m–cu abesent	***Blepharicera***

1. Genus *Agathon* von Röder, 1890

Diagnosis. Thoracic pleurites glabrous. Vein R with four branches; R_{2+3} merged with R_1 at basal section, forming closed r_1; R_4 as long as $R_{1(+2+3)}$; cell r_4 not long-petiolate; M_2 present; m-cu present. Cercus long, with a wide parallel separation in the middle, each lobe of cercus slender and rod-shaped.

Remarks. *Agathon* is distributed in Palaearctic and Nearctic Regions. There are only one *Agathon* known to occur in China. This genus has similar cercus with the genus *Asioreas* distributed in Central Asia, but the gonostylus of *Agathon* species usually divide into two lobes.

2. Genus *Apistomyia* Bigot, 1862

Diagnosis. Antenna short, approximately equal to head width, with 10 segments. Proboscis well-developed, with both labrum and labium slender and longer than head width; palpus with one segment. R with two branches, $R_{1(+2+3)}$ and R_{4+5}; Rs short; M_2 absent; m-cu absent.

Remarks. *Apistomyia* is distributed in Palaearctic, Nearctic and Australian Regions. There are two *Apistomyia* species known to occur in China.

Key to species

1.	Eye with dorsal division smaller than ventral division; wing with dark smoky spot at anal lobe	***A. nigra***
-	Eye with dorsal division larger than ventral division; wing without dark smoky spot at anal lobe	***A. uenoi***

3. Genus *Bibiocephala* Osten Sacken, 1874

Diagnosis. Head and thoracic pleurites setose. Antenna short. Vein R with three branches; R_{2+3} present, R_{2+3} much longer than terminal fusion of R_1; M_2 present.

Remarks. *Bibiocephala* is distributed in Palaearctic and Nearctic Regions. There is only one *Bibiocephala* species known to occur in China.

4. Genus *Blephariceera* Macquart, 1843

Diagnosis. Compound eyes in female typically with enlarged, flattened dorsal division and wide callis oculi. Mid coxa of female with setose median outgrowth; mid tibial spurs usually absent; hind tibial spurs often present. Vein R with 3 branches; R_4 and R_5 separate for entire length; M_2 present and detached; cross vein m-cu absent.

Remarks. *Blephariceera* is distributed in Palaearctic, Nearctic and Oriental Region. There are 54 *Blephariceera* species known from the world, and 18 species are known to occur in China. Two species are described as new to science.

Key to species

1. Dorsal division of compound eye large, at least 1/3 of ventral division ······ 2
- Dorsal division of compound eye small, at most 1/10 of ventral division ······ 7
2. Gonostylus bifurcated ······ 3
- Gonostylus notched apically but not bifurcated ······ 4
3. Ultimate flagellomere shorter than penultimate flagellomere; Rs 1.5 times as long as r-m; ventral branch of gonostylus glabrous ······ ***B. taiwanica***
- Ultimate flagellomere longer than penultimate flagellomere; Rs as long as or slightly longer than r-m; ventral branch of gonostylus with two tufts of short dense setae ······ ***B. macropyga***
4. Epandrium semicircular; cercus semi-elliptical; gonostylus with a semicircular inside lobe near base ······ ***B. hainana***
- Epandrium trapeziform or rectangular; cercus triangular; gonostylus without a semicircular inside lobe near base ······ 5
5. Dorsal division of compound eye as large as ventral division; inner gonocoxal lobe rod-shaped ······ ***B. balangshana***
- Dorsal division of compound eye 1/3 of ventral division; inner gonocoxal lobe fusiform ······ 6
6. Wing with Rs slightly shorter than r-m; mesonotum brownish black with a brownish yellowmedian stripe at posterior 1/2; scutellum uniformly brown; epandrium trapeziform; dorsal paramere with tip bilobed; dorsal carina with tip very point, spike-like ······ ***B. dushanzica***
- Wing with Rs longer than r-m; mesonotum dark brown with posterior margin yellow, posterior 1/2 with the extensive light brown middle area and a brownish yellow narrow median stripe; scutellum light brown with anterior 1/3 yellow; epandrium rectangular; dorsal paramere with tip arrowhead-shaped; dorsal carina with the tip not very pointed ······ ***B. xinjiangica***
7. Cercus triangular ······ 8
- Cercus semicircular or semi-elliptical ······ 15
8. Outer gonocoxal lobe straight ······ 9
- Outer gonocoxal lobe S-shaped ······ 12
9. Abdomen with second to 7th sterna uniformly dark brown; dorsal carina pointed and downcurved ······ ***B. asiatica***
- Abdomen with second to 7th sterna with the basal or middle pale area; dorsal carina flat or round ······ 10
10. Body length 3.00-4.00 mm; wing with Rs as long as r-m ······ ***B. xizangica***
- Body length 4.00-5.00 mm; wing with Rs longer than r-m ······ 11
11. Wing with Rs 1.5 times as long as r-m; dorsal paramere with tip arrowhead-shaped ······ ***B. beishanica***
- Wing with Rs 1.2 times as long as r-m; dorsal paramere with tip U-shaped ······ ***B. nigra***
12. Ultimate flagellomere shorter than penultimate flagellomere ······ 13
- Ultimate flagellomere longer than penultimate flagellomere ······ 14
13. Posterior margin of hypandrium flat in the middle; dorsal branch of gonostylus broader than ventral branch ······ ***B. kongsica***
- Posterior margin of hypandrium protuberant in the middle; dorsal branch of gonostylus narrower than ventral branch ······ ***B. shaanxica***
14. Compound eye with dorsal division contiguous with ventral division, 1/30 of ventral division in male; Rs slightly curved basally, 1.75 times as long as r-m; gonostylus slightly notched apically ······ ***B. guniushanica***
- Compound eye with dorsal division contiguous with ventral division, 1/20 of ventral division in male; Rs straight, 1.5 times as long as r-m; gonostylus bifurcated ······ ***B. gengdica***
15. Mid coxa with a conical projection, conical projection about half as long as trochanter and densely with stiff black bristles towards tip ······ ***B. yamasakii***
- Mid coxa without projection like above ······ 16
16. Posterior margin of epandrium not distinctly concaved medially; cercus semicircilar; gonostylus bifurcated and strongly notched apically ······ ***B. dimorphops***
- Posterior margin of epandrium concave medially, V-shaped; cercus semi-elliptical; gonostylus not bifurcated and slightly notched apically ······ ***B. hebeiensis***

(1) *Blepharicera guniushanica* Yang, Kang & Zhang, sp. nov. (Fig. 61; Pl. 23a)

Diagnosis. Compound eye with dorsal division contiguous with ventral division, 1/30 of ventral division in male; dorsal division with 3–4 rows of ommatidia, ommatidia brownish yellow. Ultimate flagellomere fusiform, 1.67 times length of penultimate flagellomere. Rs slightly curved basally, 1.75 times as long as r-m; the length from the end of M_1 to end of M_2 longer than the length from the end of M_2 to end of CuA_1. Hind femur pale basally, gradually darkened to brown medially, and gradually lightened to yellowish brown apically, with dark brown ring apically. Tibial spurs 0-0-1.

Type materials. Holotype, ♂, Hunan, Taoyuan, Mt. Guniushan, 2016. Ⅸ. 11, Liang Wang. Paratypes, 4 ♂♂, Hunan, Taoyuan, Mt. Guniushan (276 m), 2016. Ⅸ. 12, Ding Yang.

Distribution. Hunan (Taoyuan).

Etymology. This new species is named after the type locality Mt. Guniushan.

Remarks. This new species is very similar to *B. balangshana* Zhang & Kang, 2022 from China but can be separated by the compound eye with the dorsal division being about 1/30 of the ventral division in male, and the scutum being uniformly brown. In *B. balangshana*, the dorsal division of the compound eye is as large as the dorsal division, and the scutum is dark brown with the middle area of posterior margin being yellow.

(2) *Blepharicera shaanxica* Yang, Kang & Zhang, sp. nov. (Fig. 69; Pl. 26a)

Diagnosis. Wing subhyaline, slightly brown, apical 1/3 of sc brown; Rs slightly curved basally, 1.5 times as long as r-m. Gonostylus bifurcated, dorsal lobe of gonostylus short and narrow, round apically, with uniformly short hairs; ventral lobe of gonostylus large and broad, round apically, with uniformly short hairs. Hypandrium rectangular, slightly narrow and round basally, posterior margin concave, slightly protuberant in the middle.

Type materials. Holotype, ♂, Shaanxi, Zhouzhi, Houzhenzi (1297 m), 2015. Ⅶ. 28, Xuankun Li. Paratypes, 2 ♂♂, Shaanxi, Zhouzhi, Houzhenzi (1297 m, Light trap), 2015. Ⅷ. 2, Peng Hou.

Distribution. Shaanxi (Zhouzhi).

Etymology. This new species is named after the type locality Shaanxi province.

Remarks. This new species is very similar to *B. kongsica* Zhang & Kang, 2022 from China but can be separated by the hypandrium with the posterior margin being slightly protuberant in the middle, the dorsal lobe of the gonostylus being short and narrow, and the ventral lobe of the gonostylus being large and broad. In *B. kongsica*, the posterior margin of the hypandrium is flat in the middle, the dorsal lobe of the gonostylus is broad, and the ventral lobe of the gonostylus is narrow.

5. Genus *Horaia* Tonnoir, 1930

Diagnosis. Antenna short and mostly with 7–10 segments; scape and pedicel inflated;

number and shape of flagellomeres varied. Proboscis with elongate labella; palpus with one segment. R with 2 or 3 branches, as $R_{1(+2+3)}$ and R_{4+5}, or R_4 and R_5; M_2 absent; m-cu absent.

Remarks. *Horaia* is distributed only in Oriental Region. There are eight *Horaia* species known from the world, and two species are known to occur in China.

Key to species

1.	Antenna with 9 segments; antenna and head with long dense black hairs; R_5 vein present; A_1 vein not reaching margin of wing; epandrium with a large black elliptical spot basally …………	***H. xizangana***
–	Antenna with 10 segments; antenna and head glabrous; R_5 vein absent; A_1 vein reaching margin of wing; epandrium without black elliptical spot basally ………	***H. calla***

6. Genus *Neohapalothrix* Kitakami, 1938

Diagnosis. Antenna with 15 segments; R with 3 branches, R_4 and R_5 mostly fused, without a closed cell r_1; cell r_4 long-petiolate; M_2 absent; m-cu absent.

Remarks. *Neohapalothrix* is distributed only in Palaearctic Region. There are three *Neohapalothrix* species known from the world, and one species are known to occur in China.

7. Genus *Philorus* Kellogg, 1903

Diagnosis. R with three branches, R_4 and R_5 mostly fused, without a closed cell r_1; cell r_4 long-petiolate; M_2 present; m-cu present.

Remarks. *Philorus* is distributed in Palaearctic, Nearctic and Oriental Region. There are 27 *Philorus* species known from the world, and three species are known to occur in China.

Key to species

1.	Antenna with 13 segments; hind tibia with 1 spur; anterior branch of dorsal lobe of gonostylus not straight, without a row of black spiny bristles at anterior margin ………	2
–	Antenna with 15 segments; hind tibia with 2 spurs; anterior branch of dorsal lobe of gonostylus nearly straight, with a row of black spiny bristles at anterior margin ………	***P. taiwanensis***
2.	Flagellomeres about 1.5–2.0 times as long as wide; cercus with distal margin of each lobe concave medially; dorsal lobe of gonostylus finger-like; ventral lobe of gonostylus bilobate, dorsal portion finger-like, ventral portion L-shaped ………	***P. emeishanensis***
–	Flagellomeres about 2.8–3.2 times as long as wide; cercus with distal margin of each lobe rounded medially; dorsal lobe of gonostylus with blunt setose medial projection at base, apex of lobe slender; ventral lobe of gonostylus not bilobate, with base narrow, apex wide and round ………	***P. levanidovae***

附表一　褶蚊科在中国各行政区的分布

种名	黑龙江	吉林	辽宁	河北	北京	天津	河南	山东	山西	内蒙古	宁夏	甘肃	陕西	新疆	青海	西藏	四川	重庆	云南	贵州	广西	湖北	湖南	江西	安徽	江苏	上海	浙江	福建	台湾	广东	香港	澳门	海南
Bittacomorphella gongshana																			+															
Bittacomorphella lini																	+								+					+				
Bittacomorphella zhaotongensis																			+															
Ptychoptera bannaensis																			+															
Ptychoptera bellula																								+				+						
Ptychoptera circinans																													+					
Ptychoptera clitellaria																	+																	
Ptychoptera cordata																			+															
Ptychoptera emeica																	+																	
Ptychoptera formosensis																														+				
Ptychoptera gutianshana																												+						
Ptychoptera hekouensis																			+															
Ptychoptera lii																				+														

（续表）

种名	黑龙江	吉林	辽宁	河北	北京	天津	河南	山东	山西	内蒙古	宁夏	甘肃	陕西	新疆	青海	西藏	四川	重庆	云南	贵州	广西	湖北	湖南	江西	安徽	江苏	上海	浙江	福建	台湾	广东	香港	澳门	海南
Ptychoptera longa																				+														
Ptychoptera longwangshana																												+						
Ptychoptera lucida														+																				
Ptychoptera lushuiensis																			+															
Ptychoptera qinggouensis											+																							
Ptychoptera separata																+																		
Ptychoptera tianmushana																												+						
Ptychoptera tibialis																+			+															
Ptychoptera wangae																			+															
Ptychoptera xiaohuangshana																															+			
Ptychoptera xinglongshana												+																						
Ptychoptera yankovskiana										+																								
Ptychoptera yunnanica																			+															

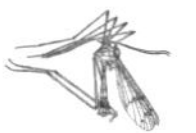

附表二　网蚊科在中国各行政区的分布

种名	黑龙江	吉林	辽宁	河北	北京	天津	河南	山东	山西	内蒙古	宁夏	甘肃	陕西	新疆	青海	西藏	四川	重庆	云南	贵州	广西	湖北	湖南	江西	安徽	江苏	上海	浙江	福建	台湾	广东	香港	澳门	海南
Agathon montanus	+		+																															
Apistomyia nigra																														+				
Apistomyia uenoi																												+						
Bibiocephala komaensis	+																																	
Blepharicera asiatica																			+		+													
Blepharicera balangshana																	+																	
Blepharicera beishanica															+																			
Blepharicera dimorphops																													+					
Blepharicera dushanzica														+																				
Blepharicera gengdica																	+																	
Blepharicera guniushanica																							+											
Blepharicera hainana																																		+
Blepharicera hebeiensis				+					+																									

（续表）

种名	黑龙江	吉林	辽宁	河北	北京	天津	河南	山东	山西	内蒙古	宁夏	甘肃	陕西	新疆	青海	西藏	四川	重庆	云南	贵州	广西	湖北	湖南	江西	安徽	江苏	上海	浙江	福建	台湾	广东	香港	澳门	海南
Blephariceras kongsica																	+																	
Blephariceras macropyga																																		+
Blephariceras nigra																			+															
Blephariceras shaanxica													+																					
Blephariceras taiwanica																														+				
Blephariceras uenoi																														+				
Blephariceras xinjiangica														+																				
Blephariceras xizangica																+																		
Blephariceras yamasakii	+																																	
Horaia calla																			+															
Horaia xizangana																+																		
Neohapalothrix manschukuensis	+																																	
Philorus emeishanensis																	+																	
Philorus levanidovae				+																														
Philorus taiwanensis																														+				

中名索引

学名索引

图　　版

图版1 褶蚊科Ptychopteridae生境照

a

b

图版2　褶蚊科Ptychopteridae生态照

a. 真幻褶蚊*Bittacomorpha* sp. 幼虫伏在水边落叶上（李彦 摄）；
b. 真幻褶蚊*Bittacomorpha* sp. 成虫悬挂在植被上（李彦 摄）

a

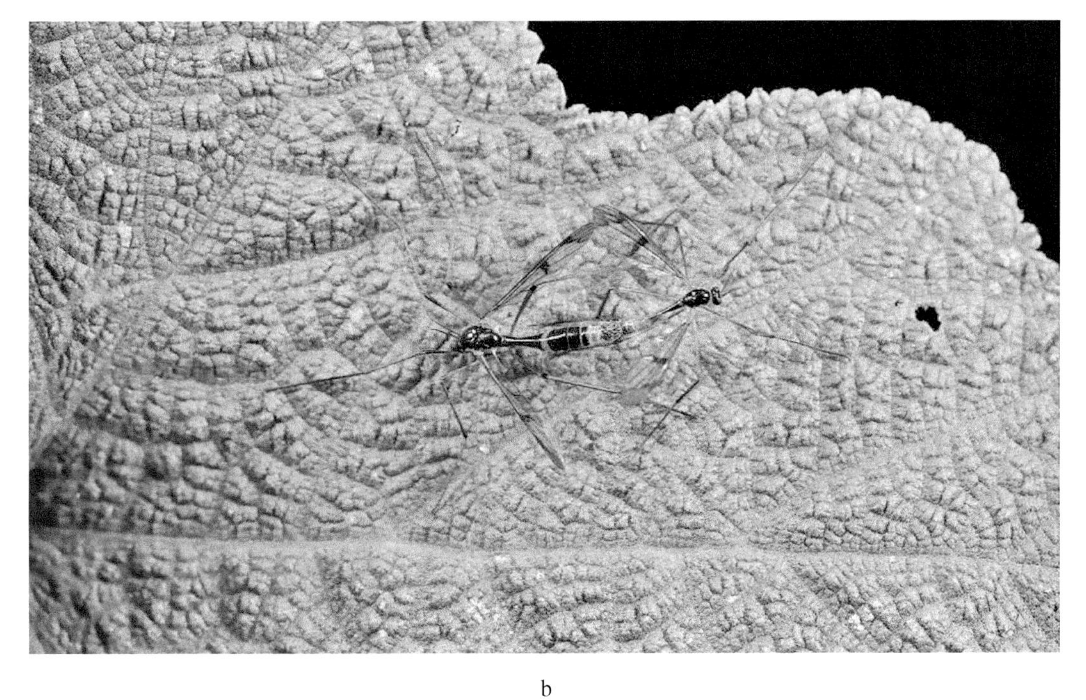

b

图版3 褶蚊科Ptychopteridae生态照

a. 贡山幻褶蚊*Bittacomorphella gongshana* Kang，Wang & Yang 上灯（杨棋程 摄）；

b. 峨眉褶蚊*Ptychoptera emeica* Kang，Xue & Zhang 在叶片上交尾（王勇 摄）

a

b

图版4　褶蚊科Ptychopteridae生态照

a. 黑体褶蚊*Ptychoptera lucida* Kang，Xue & Zhang 在树干上交尾（姜春燕 摄）；
b. 黑体褶蚊*Ptychoptera lucida* Kang，Xue & Zhang 在叶片上交尾（姜春燕 摄）

a

b

图版5　网蚊科Blephariceridae生境照

a

b

图版6 网蚊科Blephariceridae生态照

a. 网蚊属*Blepharicera* sp. 幼虫与其他水生昆虫幼虫聚集在水中光裸石头表面；

b. 网蚊属*Blepharicera* sp. 幼虫伏在水中光裸石头表面

a

b

图版7 网蚊科Blephariceridae生态照

a. 山丽网蚊*Agathon montanus*（Kitakami）停留在叶片表面（李世春 摄）；
b. 草网蚊*Blepharicera asiatica*（Brodsky）停留在叶片背面

a

b

图版8　网蚊科Blephariceridae生态照

a. 东北新网蚊*Neohapalothrix manschukuensis*（Mannheims）停留在叶片背面（李世春 摄）；

b. 东北新网蚊*Neohapalothrix manschukuensis*（Mannheims）访花

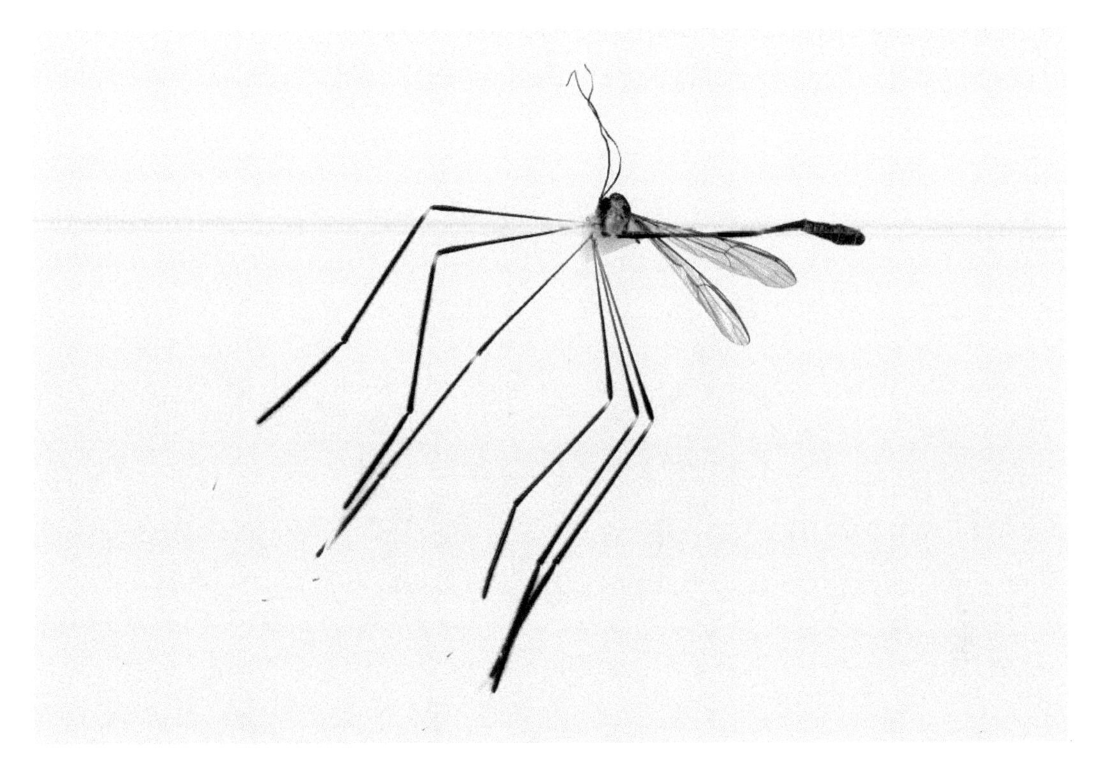

a

b

图版9 褶蚊科Ptychopteridae两种体侧视照

a. 贡山幻褶蚊*Bittacomorphella gongshana* Kang，Wang & Yang；

b. 林氏幻褶蚊*Bittacomorphella lini* Young & Fang

图版10　褶蚊科Ptychopteridae一种体侧视照

昭通幻褶蚊*Bittacomorphella zhaotongensis* Kang，Wang & Yang

a

b

图版11　褶蚊科Ptychopteridae两种体侧视照

a. 版纳褶蚊*Ptychoptera bannaensis* Kang，Yao & Yang；
b. 小丽褶蚊*Ptychoptera bellula* Alexander

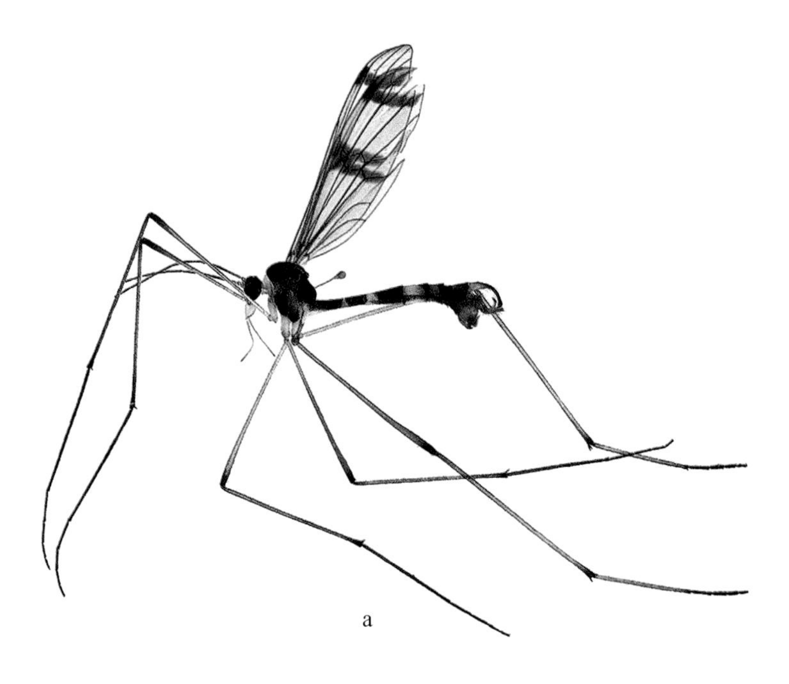

a

b

图版12　褶蚊科Ptychopteridae两种体侧视照

a. 金环褶蚊*Ptychoptera circinans* Kang，Xue & Zhang；

b. 心褶蚊*Ptychoptera cordata* Zhang & Kang

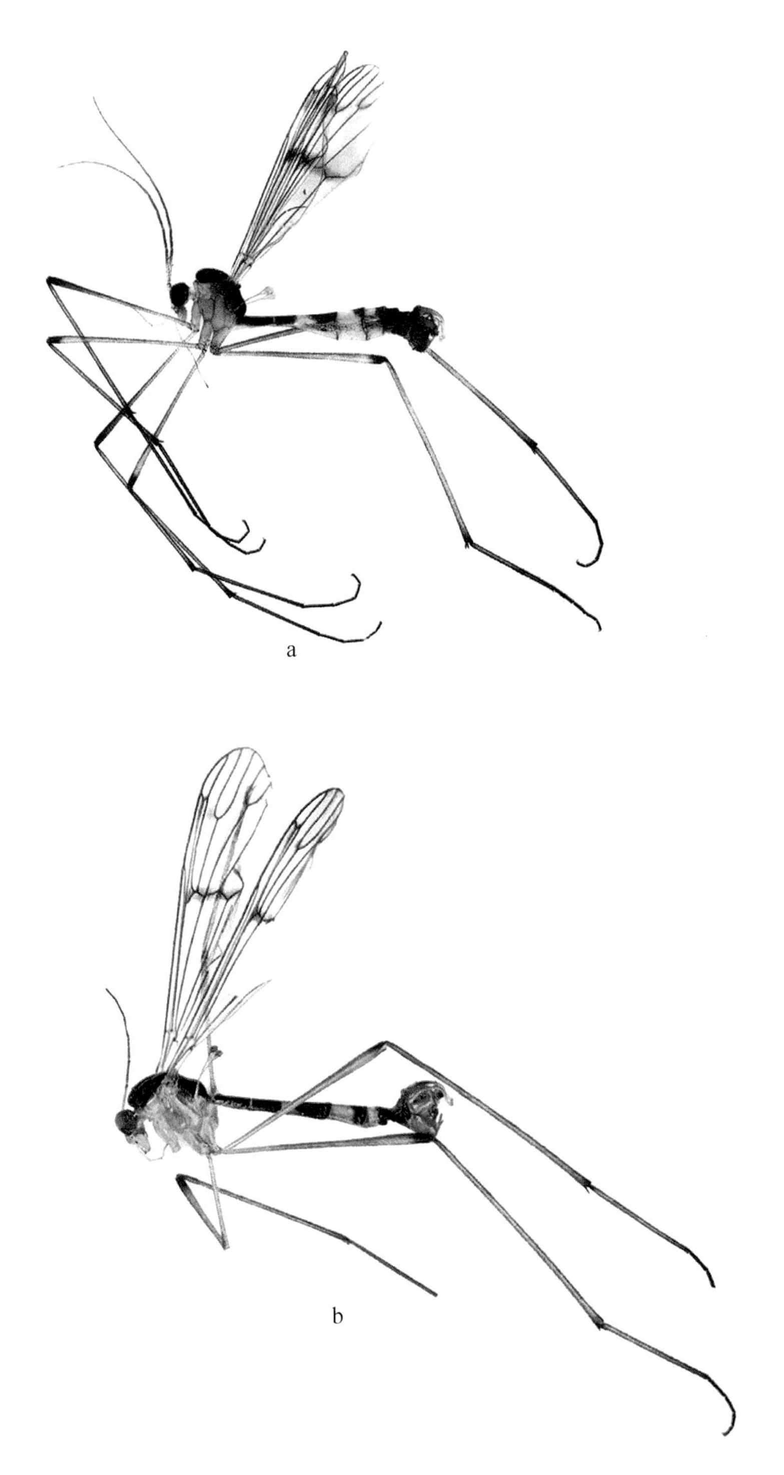

图版13　褶蚊科Ptychopteridae两种体侧视照

a. 峨眉褶蚊*Ptychoptera emeica* Kang，Xue & Zhang；
b. 李氏褶蚊*Ptychoptera lii* Kang，Yao & Yang

a

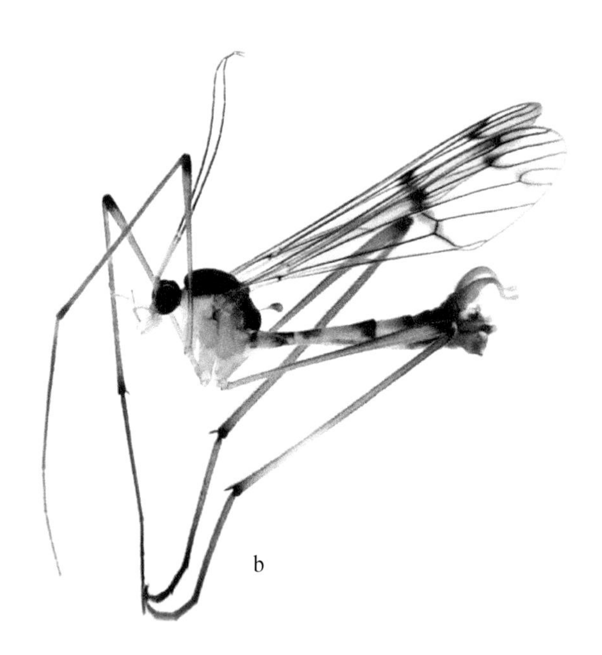

b

图版14　褶蚊科Ptychopteridae两种体侧视照

a. 黑体褶蚊*Ptychoptera lucida* Kang，Xue & Zhang；
b. 泸水褶蚊*Ptychoptera lushuiensis* Kang，Yao & Yang

a

b

图版15 褶蚊科Ptychopteridae两种体侧视照

a. 青沟褶蚊*Ptychoptera qinggouensis* Kang，Yao & Yang；

b. 离脉褶蚊*Ptychoptera separata* Kang，Xue & Zhang

图版16　褶蚊科Ptychopteridae两种体侧视照

a. 天目山褶蚊*Ptychoptera tianmushana* Shao & Kang；
b. 黄胫褶蚊*Ptychoptera tibialis* Brunetti

图版17　褶蚊科Ptychopteridae两种体侧视照

a. 王氏褶蚊*Ptychoptera wangae* Kang，Yao & Yang；

b. 扬褶蚊*Ptychoptera yankovskiana* Alexander

图版18　褶蚊科Ptychopteridae一种体侧视照

云南褶蚊*Ptychoptera yunnanica* Zhang & Kang

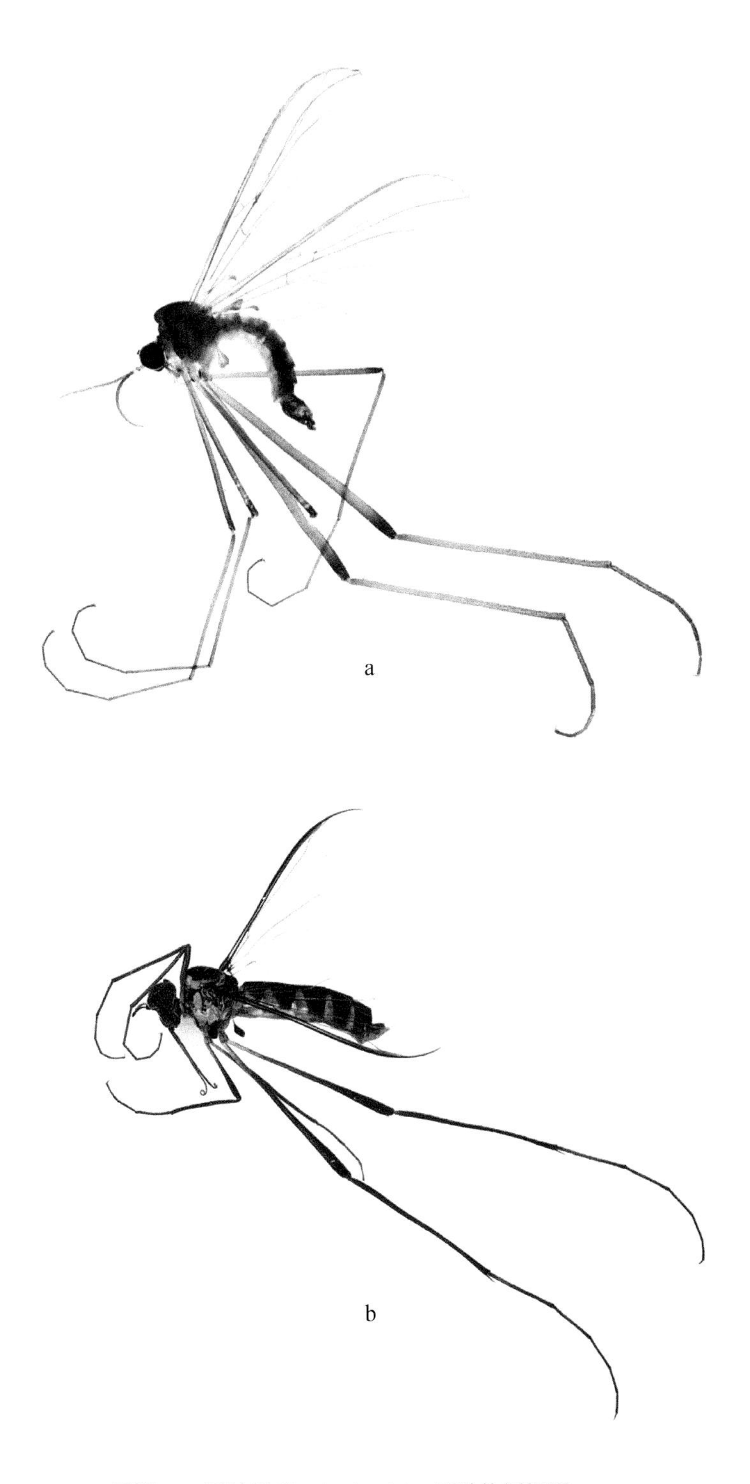

图版19　网蚊科Blephariceridae两种体侧视照

a. 山丽网蚊*Agathon montanus*（Kitakami）；
b. 日本蜂网蚊*Apistomyia uenoi*（Kitakami）

图版20　网蚊科Blephariceridae两种体侧视照

a. 草网蚊*Blepharicera asiatica*（Brodsky）；

b. 巴朗山网蚊*Blepharicera balangshana* Zhang & Kang

a

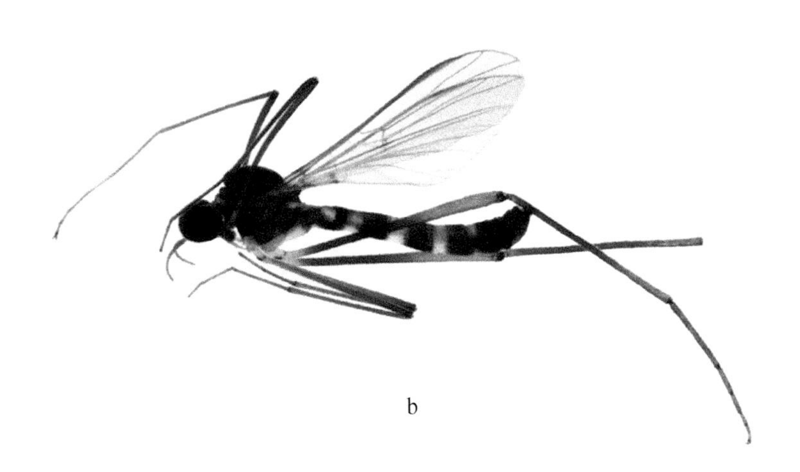

b

图版21　网蚊科Blephariceridae两种体侧视照

a. 北山网蚊*Blepharicera beishanica* Zhang，Yang & Kang；
b. 两型网蚊*Blepharicera dimorphops*（Alexander）

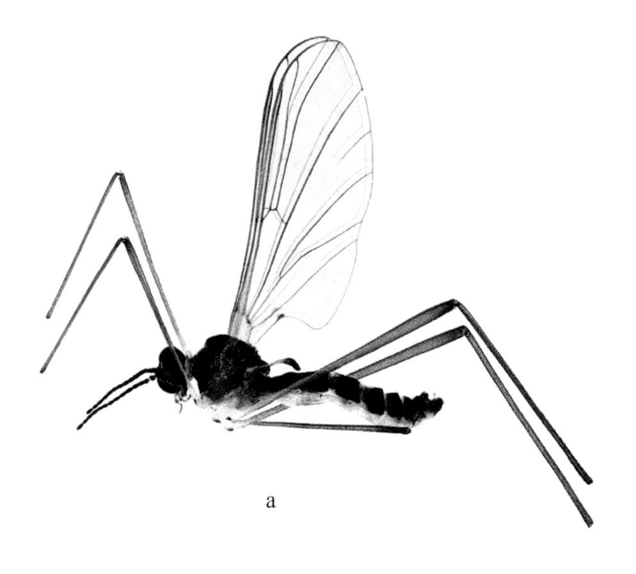

a

b

图版22　网蚊科Blephariceridae两种体侧视照

a. 独山子网蚊*Blepharicera dushanzica* Zhang，Yang & Kang；

b. 耿达网蚊*Blepharicera gengdica* Zhang & Kang

图版23　网蚊科Blephariceridae两种体侧视照

a. 牯牛山网蚊*Blepharicera guniushanica* sp. nov.;
b. 海南网蚊*Blepharicera hainana* Kang & Yang

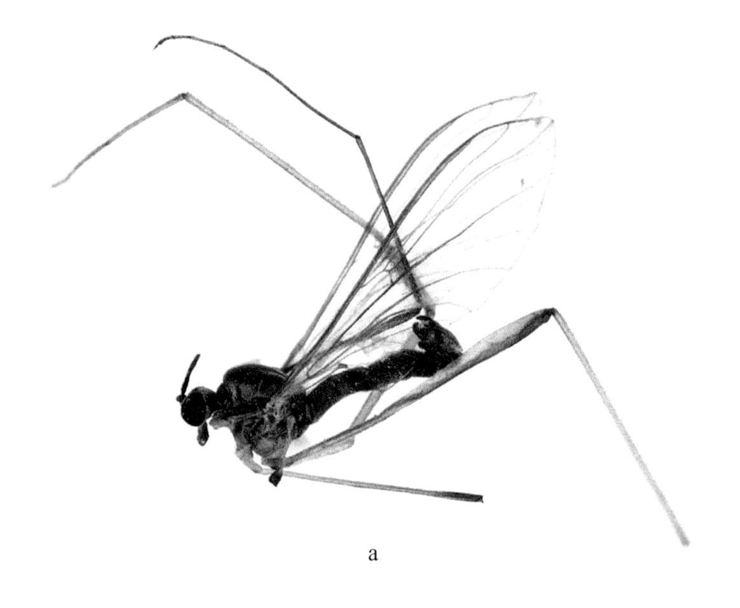

a

b

图版24　网蚊科Blephariceridae两种体侧视照

a. 河北网蚊*Blepharicera hebeiensis* Kang & Yang；

b. 孔色网蚊*Blepharicera kongsica* Zhang & Kang

图版25　网蚊科Blephariceridae两种体侧视照

a. 大尾网蚊*Blepharicera macropyga* Zwick；

b. 黑体网蚊*Blepharicera nigra* Zhang，Yang & Kang

a

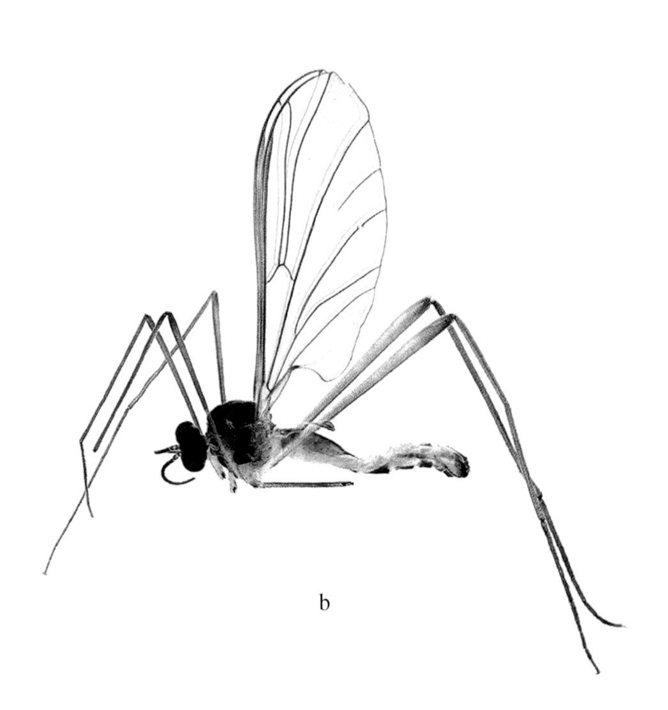

b

图版26　网蚊科Blephariceridae两种体侧视照

a. 陕西网蚊*Blepharicera shaanxica* sp. nov.;

b. 新疆网蚊*Blepharicera xinjiangica* Zhang，Yang & Kang

a

b

图版27 网蚊科Blephariceridae两种体侧视照

a. 西藏网蚊*Blepharicera xizangica* Kang，Zhang & Yang；

b. 丽霍氏网蚊*Horaia calla* Kang & Yang

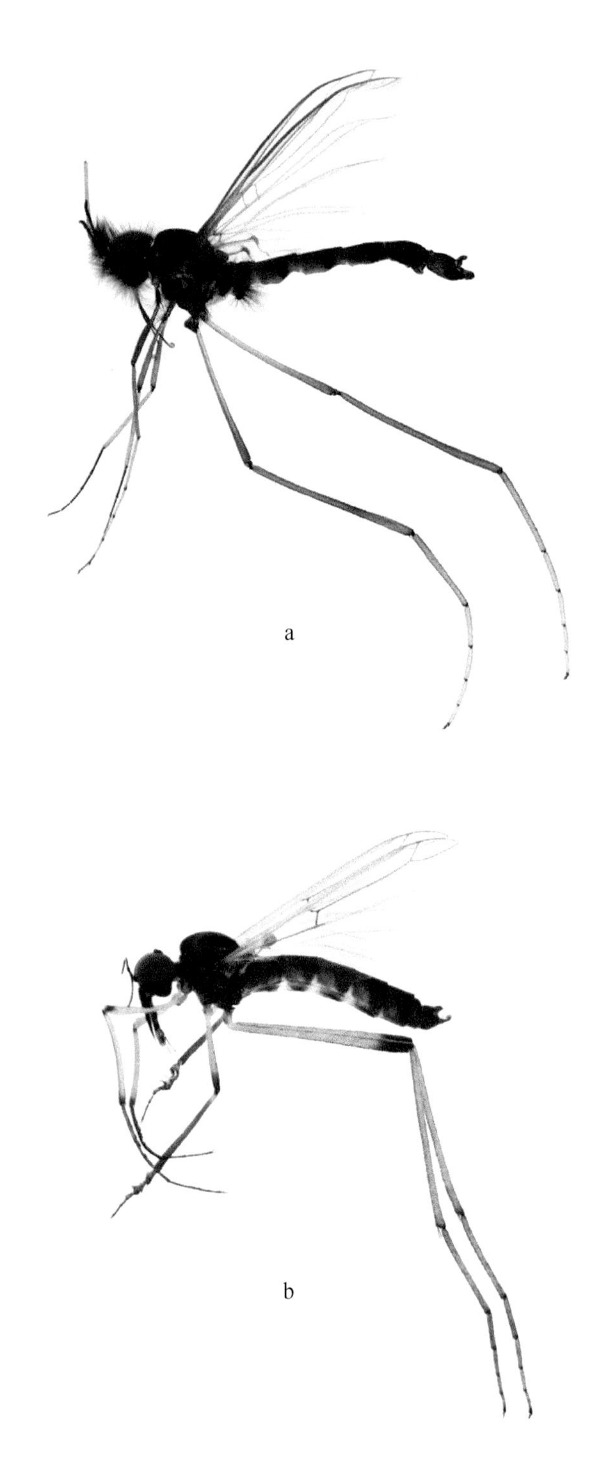

图版28 网蚊科Blephariceridae两种体侧视照

a. 西藏霍氏网蚊*Horaia xizangana* Kang & Yang；

b. 东北新网蚊*Neohapalothrix manschukuensis*（Mannheims）

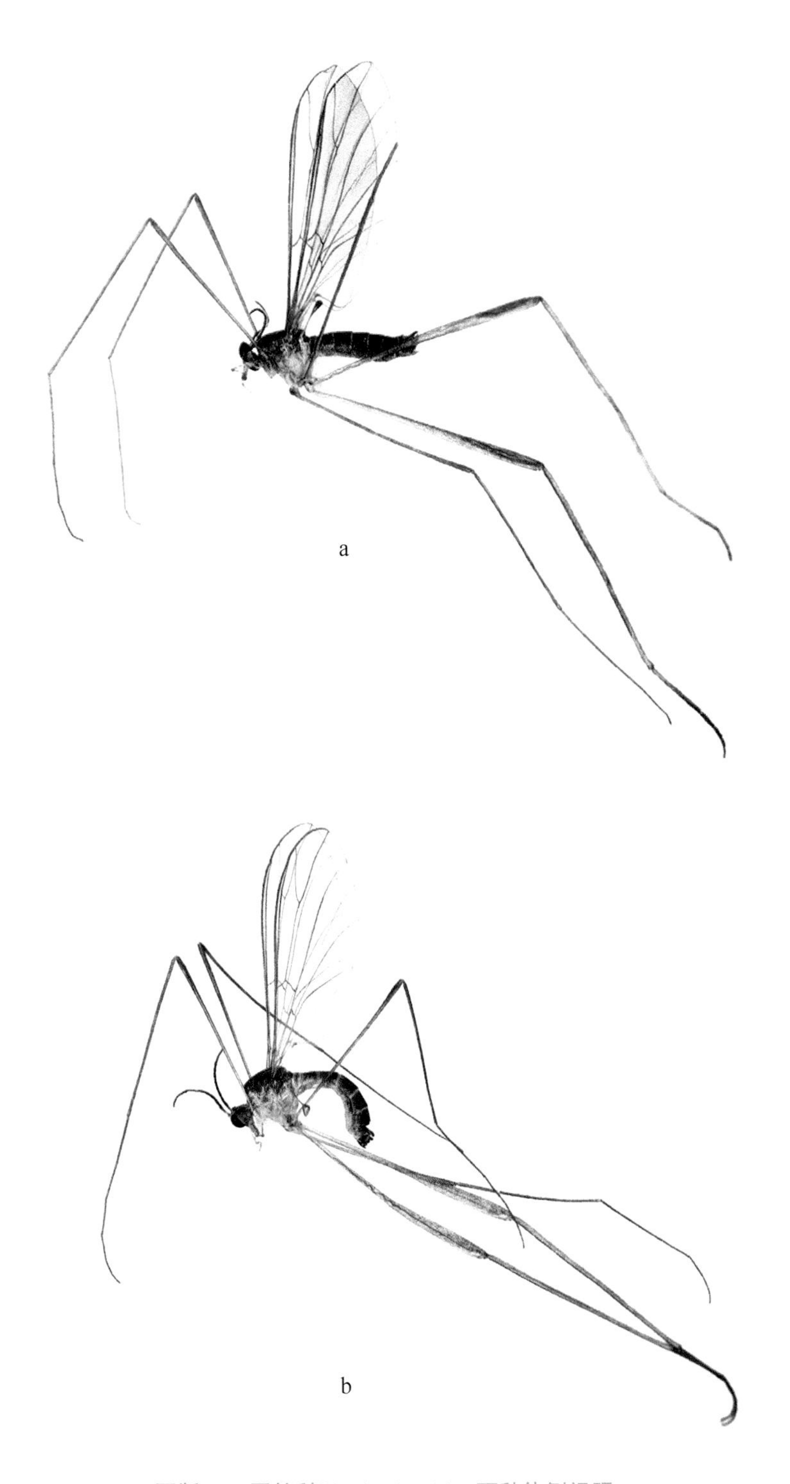

图版29 网蚊科Blephariceridae两种体侧视照

a. 峨眉山望网蚊*Philorus emeishanensis* Kang & Yang；

b. 艾氏望网蚊*Philorus levanidovae* Zwick & Arefina